"十四五"时期国家重点出版物出版专项规划项目

极化成像与识别技术丛书

极化SAR海洋应用的理论与方法

Theory and Methods of Polarimetric SAR for Marine Applications

孟俊敏　张　晰　编著

国防工业出版社

·北京·

内 容 简 介

本书系统阐述了极化 SAR 海洋成像基础理论、关键技术和典型应用等方面的最新研究成果。在分析海浪、海洋内波、海冰、船只目标等海洋动力要素和海上目标的极化 SAR 成像机制和极化特性的基础上，发展了多种海洋要素的极化 SAR 解译分析、信息提取与反演探测的新技术和新方法。

本书总结了作者多年在 SAR 海洋探测相关研究中的创新成果，对从事 SAR 海洋探测研究的广大科技工作者和工程技术人员具有较高的参考价值，也可作为高等院校相关专业高年级本科生、研究生的参考书。

图书在版编目（CIP）数据

极化 SAR 海洋应用的理论与方法 / 孟俊敏，张晰编著．
北京：国防工业出版社，2024.10． -- ISBN 978-7-118-13428-5

Ⅰ．P426.62

中国国家版本馆 CIP 数据核字第 20244B1Q18 号

※

国防工业出版社出版发行
（北京市海淀区紫竹院南路 23 号　邮政编码 100048）
天津嘉恒印务有限公司印刷
新华书店经售

*

开本 710×1000　1/16　印张 17　字数 290 千字
2024 年 10 月第 1 版第 1 次印刷　印数 1—2000 册　定价 168.00 元

（本书如有印装错误，我社负责调换）

国防书店：(010) 88540777　　书店传真：(010) 88540776
发行业务：(010) 88540717　　发行传真：(010) 88540762

极化成像与识别技术丛书
编审委员会

主　任　委　员	郭桂蓉
副主任委员	何　友　　吕跃广　　吴一戎
（按姓氏拼音排序）	
委　　　　员	陈志杰　崔铁军　丁赤飚　樊邦奎　胡卫东
（按姓氏拼音排序）	江碧涛　金亚秋　李　陟　刘宏伟　刘佳琪
	刘永坚　龙　腾　鲁耀兵　陆　军　马　林
	宋朝晖　苏东林　王沙飞　王永良　吴剑旗
	杨建宇　姚富强　张兆田　庄钊文

极化成像与识别技术丛书
编写委员会

主　　　　编	王雪松
执　行　主　编	李　振
副　主　编	李永祯　杨　健　殷红成
（按姓氏拼音排序）	
参　　　　编	陈乐平　陈思伟　代大海　董　臻　董纯柱
（按姓氏拼音排序）	龚政辉　黄春琳　计科峰　金　添　康亚瑜
	匡纲要　李健兵　刘　伟　马佳智　孟俊敏
	庞　晨　全斯农　王　峰　王青松　肖怀铁
	邢世其　徐友根　杨　勇　殷加鹏　殷君君
	张　晞　张　焱

丛书序

极化一词源自英文 Polarization，在光学领域称为偏振，在雷达领域则称为极化。光学偏振现象的发现可以追溯到 1669 年丹麦科学家巴托林通过方解石晶体产生的双折射现象。偏振之父马吕斯于 1808 年利用波动光学理论完美解释了双折射现象，并证明了极化是光的固有属性，而非来自晶体的影响。19 世纪 50 年代至 20 世纪初，学者们陆续提出 Stokes 矢量、Poincaré 球、Jones 矢量和 Mueller 矩阵等数学描述来刻画光的极化现象和特性。

相对于光学，雷达领域对极化的研究则较晚。20 世纪 40 年代，研究者发现：目标受到电磁波照射时会出现变极化效应，即散射波的极化状态相对于入射波会发生改变，二者存在着特定的映射变换关系，其与目标的姿态、尺寸、结构、材料等物理属性密切相关，因此目标可以视为一个极化变换器。人们发现，目标变极化效应所蕴含的丰富物理属性对提升雷达的目标检测、抗干扰、分类和识别等各方面的能力都具有很大潜力。经过半个多世纪的发展，雷达极化学已经成为雷达科学与技术领域的一个专门学科专业，发展方兴未艾，世界各国雷达科学家和工程师们对雷达极化信息的开发利用已经深入到电磁波辐射、传播、散射、接收与处理等雷达探测全过程，极化对电磁正演/反演、微波成像、目标检测与识别等领域的理论发展和技术进步都产生了深刻影响。

总的来看，在 80 余年的发展历程中，雷达极化学主要围绕雷达极化信息获取、目标与环境极化散射机理认知以及雷达极化信息处理与应用这三个方面交融发展、螺旋上升。20 世纪四五十年代，人们发展了雷达目标极化特性测量与表征、天线极化特性分析、目标最优极化等基础理论和方法，兴起了雷达极化研究的第一次高潮。六七十年代，在当时技术条件下，雷达极化测量的实现技术难度大且代价昂贵，目标极化散射机理难以被深刻揭示，相关理论研究成果难以得到有效验证，雷达极化研究经历了一个短暂的低潮期。进入 80 年代，随着微波器件与工艺水平、数字信号处理技术的进步，雷达极化测量技术和系统接连不断获得重大突破，例如，在气象探测方面，1978 年英国的 S 波段雷达和 1983 年美国的 NCAR/CP-2 雷达先后完成极化捷变改造；

在目标特性测量方面，1980年美国研制成功极化捷变雷达，并于1984年又研制成功脉内极化捷变雷达；在对地观测方面，1985年美国研制出世界上第一部机载极化合成孔径雷达（SAR）；等等。这一时期，雷达极化学理论与雷达系统充分结合、相互促进、共同进步，丰富和发展了雷达目标唯象学、极化滤波、极化目标分解等一大批经典的雷达极化信息处理理论，催生了雷达极化在气象探测、抗杂波和电磁干扰、目标分类识别及对地遥感等领域一批早期的技术验证与应用实践，让人们再次开始重视雷达极化信息的重要性和不可替代性，雷达极化学迎来了第二次发展高潮。20世纪90年代以来，雷达极化学受到世界各发达国家的普遍重视和持续投入，雷达极化理论进一步深化，极化测量数据更加丰富多样，极化应用愈加广泛深入。进入21世纪后，雷达极化学呈现出加速发展态势，不断在对地观测、空间监视、气象探测等众多的民用和军用领域取得令人振奋的应用成果，呈现出新的蓬勃发展的热烈局面。

在极化雷达发展历程中，极化合成孔径雷达由于兼具极化解析与空间多维分辨能力，受到了各国政府与科技界的高度重视，几十年来机载/星载极化SAR系统如雨后春笋般不断涌现。国际上最早成功研制的实用化的极化SAR系统是1985年美国的L波段机载AIRSAR系统。之后典型的机载全极化SAR系统有美国的UAVSAR、加拿大的CONVAIR、德国的ESAR和FSAR、法国的RAMSES、丹麦的EMISAR、日本的PISAR等。星载系统方面，美国航天飞行于1994年搭载运行的C波段SIR-C系统是世界上第一部星载全极化SAR。2006年和2007年，日本的ALOS/PALSAR卫星和加拿大的RADARSAT-2卫星相继发射成功。近些年来，多部星载多/全极化SAR系统已在轨运行，包括日本的ALOS-2/PALSAR-2、阿根廷的SAOCOM-1A、加拿大的RCM、意大利的CSG-2等。

1987年，中国科学院电子所研制了我国第一部多极化机载SAR系统。近年来，在国家相关部门重大科研计划的支持下，中国科学院电子所、中国电子科技集团、中国航天科技集团、中国航天科工集团等单位研制的机载极化SAR系统覆盖了P波段到毫米波段。2016年8月，我国首颗全极化C波段SAR卫星高分三号成功发射运行，之后高分三号02星和03星分别于2021年11月和2022年4月成功发射，实现多星协同观测。2022年1月和2月，我国成功发射了两颗L波段SAR卫星——陆地探测一号01组A星和B星，二者均具备全极化模式，将组成双星编队服务于地质灾害监测、土地调查、地震评估、防灾减灾、基础测绘、林业调查等领域。这些系统的成功运行标志着我国在极化SAR系统研制方面达到了国际先进水平。总体上，我国在极化成像雷达与应用方面的研究工作虽然起步较晚，但在国家相关部门的大力支持下，在雷达极化测量的基础理论、测量体制、信号与数据处理等方面取得了不少的创新性成果，研究水平取得了长足进步。

目前，极化成像雷达在地物分类、森林生物量估计、地表高程测量、城区信息提取、海洋参数反演以及防空反导、精确打击等诸多领域中已得到广泛应用，而目标识别是其中最受关注的核心关键技术。在深刻理解雷达目标极化散射机理的基础上，将极化技术与宽带/超宽带、多维阵列、多发多收等技术相结合，通过极化信息与空、时、频等维度信息的充分融合，能够为提升成像雷达的探测识别与抗干扰能力提供崭新的技术途径，有望从根本上解决复杂电磁环境下雷达目标识别问题。一直以来，由于目标、自然环境及电磁环境的持续加速深刻演变，高价值目标识别始终被认为是雷达探测领域"永不过时"的前沿技术难题。因此，出版一套完善严谨的极化、成像与识别的学术著作对于开拓国内学术视野、推动前沿技术发展、指导相关实践工作具有重要意义。

为及时总结我国在该领域科研人员的创新成果，同时为未来发展指明方向，我们结合长期的极化成像与识别基础理论、关键技术以及创新应用的研究实践，以近年国家"863"、"973"、国家自然科学基金、国家科技支撑计划等项目成果为基础，组织全国雷达极化领域的同行专家一起编写了这套"极化成像与识别技术"丛书，以期进一步推动我国雷达技术的快速发展。本丛书共24分册，分为3个专题。

（一）极化专题。着重介绍雷达极化的数学表征、极化特性分析、极化精密测量、极化检测与极化抗干扰等方面的基础理论和关键技术，共包括10个分册。

（1）《瞬态极化雷达理论、技术及应用》瞄准极化雷达技术发展前沿，系统介绍了我国首创的瞬态极化雷达理论与技术，主要内容包括瞬态极化概念及其表征体系、人造目标瞬态极化特性、多极化雷达波形设计、极化域变焦超分辨、极化滤波、特征提取与识别等一大批自主创新研究成果，揭示了电磁波与雷达目标的瞬态极化响应特性，阐述了瞬态极化响应的测量技术，并结合典型场景给出了瞬态极化理论在超分辨、抗干扰、目标精细特征提取与识别等方面的创新应用案例，可为极化雷达在微波遥感、气象探测、防空反导、精确制导等诸多领域中的应用提供理论指导和技术支撑。

（2）《雷达极化信号处理技术》系统地介绍了极化雷达信号处理的基础理论、关键技术与典型应用，涵盖电磁波极化及其数学表征、动态目标宽/窄带极化特性、典型极化雷达测量与处理、目标信号极化检测、极化雷达抗噪声压制干扰、转发式假目标极化识别以及极化雷达单脉冲测角与干扰抑制等内容，可为极化雷达系统的设计、研制和极化信息的处理与利用提供有益参考。

（3）《多极化矢量天线阵列》深入讨论了多极化天线波束方向图优化与自适应干扰抑制，基于方向图分集的波形方向图综合、单通道及相干信号处理，多极化主动感知，稀疏阵型设计及宽带测角等问题，是一本理论性较强的专著，对于阵列雷达的设计和信号处理具有很好的参考价值。

（4）《目标极化散射特性表征、建模与测量》介绍了雷达目标极化散射的电磁理论基础、典型结构和材料的极化散射表征方式、目标极化散射特性数值建模方法和测量技术，给出了多种典型目标的极化特性曲线、图表和数据，对于极化特征提取和目标识别系统的设计与研制具有基础支撑作用。

（5）《飞机尾流雷达探测与特征反演》介绍了飞机尾流这类特殊的分布式软目标的电磁散射特性与雷达探测技术，系统揭示了飞机尾流的动力学特征与雷达散射机理之间的内在联系，深入分析了飞机尾流的雷达可探测性，提出了一些典型气象条件下的飞机尾流特征参数反演方法，对推进我国军民航空管制以及舰载机安全起降等应用领域的技术进步具有较大的参考价值。

（6）《雷达极化精密测量》系统阐述了极化雷达测量这一基础性关键技术，分析了极化雷达系统误差机理，提出了误差模型与补偿算法，重点讨论了极化雷达波形设计、无人机协飞的雷达极化校准技术、动态有源雷达极化校准等精密测量技术，为极化雷达在空间监视、防空反导、气象探测等领域的应用提供理论指导和关键技术支撑。

（7）《极化单脉冲导引头多点源干扰对抗技术》面向复杂多点源干扰条件下的雷达导引头抗干扰需求，基于极化单脉冲雷达体制，围绕极化导引头系统构架设计、多点源干扰多域特性分析、多点源干扰多域抑制与抗干扰后精确测角算法等方面进行系统阐述。

（8）《相控阵雷达极化与波束联合控制技术》面向相控阵雷达的极化信息精确获取需求，深入阐述了相控阵雷达所特有的极化测量误差形成机理、极化校准方法以及极化波束形成技术，旨在实现极化信息获取与相控阵体制的有效兼容，为相关领域的技术创新与扩展应用提供指导。

（9）《极化雷达低空目标检测理论与应用》介绍了极化雷达低空目标检测面临的杂波与多径散射特性及其建模方法、目标回波特性及其建模方法、极化雷达抗杂波和抗多径散射检测方法及这些方法在实际工程中的应用效果。

（10）《偏振探测基础与目标偏振特性》是一本光学偏振方面理论技术和应用兼顾的专著。首先介绍了光的偏振现象及基本概念；其次在目标偏振反射/辐射理论的基础上，较为系统地介绍了目标偏振特性建模方法及经典模型、偏振特性测量方法与技术手段、典型目标的偏振特性数据及分析处理；最后介绍了一些基于偏振特性的目标检测、识别、导航定位方面的应用实例。

（二）成像专题。着重介绍雷达成像及其与目标极化特性的结合，探讨雷达在探地、地表穿透、海洋监测等领域的成像理论技术与应用，共包括7个分册。

（1）《高分辨率穿透成像雷达技术》面向穿透表层的高分辨率雷达成像技术，系统讲述了表层穿透成像雷达的成像原理与信号处理方法。既涵盖了穿透成像的电磁原理、信号模型、聚焦成像等基本问题，又探讨了阵列设计、融合穿透成像等前沿问题，并辅以大量实测数据和处理实例。

（2）《极化SAR海洋应用的理论与方法》从极化SAR海洋成像机制出发，重点阐述了极化SAR的海浪、海洋内波、海冰、船只目标等海洋现象和海上目标的图像解译分析与信息提取方法，针对海洋动力过程和海上目标的极化SAR探测给出了较为系统和全面的论述。

（3）《超宽带雷达地表穿透成像探测》介绍利用超宽带雷达获取浅地表雷达图像实现埋设地雷和雷场的探测。重点论述了超宽带穿透成像、地雷目标检测与鉴别、雷场提取与标定等技术，并通过大量实测数据处理结果展现了超宽带地表穿透成像雷达重要的应用价值。

（4）《合成孔径雷达定位处理技术》在介绍SAR基本原理和定位模型基础上，按照SAR单图像定位、立体定位、干涉定位三种定位应用方向，系统论述了定位解算、误差分析、精化处理、性能评估等关键技术，并辅以大量实测数据处理实例。

（5）《极化合成孔径雷达多维度成像》介绍了利用极化雷达对人造目标进行三维成像的理论和方法，重点讨论了极化干涉成像、极化层析成像、复杂轨迹稀疏成像、大转角观测数据的子孔径划分、多子孔径多极化联合成像等新技术，对从事微波成像研究的学者和工程师有重要参考价值。

（6）《机载圆周合成孔径雷达成像处理》介绍的是基于机载平台的合成孔径雷达以圆周轨迹环绕目标进行探测成像的技术。论述了圆周合成孔径雷达的目标特性与成像机理，提出了机载非理想环境下的自聚焦成像方法，探究了其在目标检测与三维重构方面的应用，并结合团队开展的多次飞行试验，介绍了技术实现和试验验证的研究成果，对推动机载圆周合成孔径雷达系统的实用化有重要参考价值。

（7）《红外偏振成像探测信息处理及其应用》系统介绍了红外偏振成像探测的基本原理，以及红外偏振成像探测信息处理技术，包括基于红外偏振信息的图像增强、基于红外偏振信息的目标检测与识别等，对从事红外成像探测及目标识别技术研究的学者和工程师有重要参考价值。

（三）识别专题。着重介绍基于极化特性、高分辨距离像以及合成孔径雷达图像的雷达目标识别技术，主要包括雷达目标极化识别、雷达高分辨距离像识别、合成孔径雷达目标识别、目标识别评估理论与方法等，共包括7个分册。

(1)《雷达高分辨距离像目标识别》详细介绍了雷达高分辨距离像极化特征提取与识别和极化多维匹配识别方法，以及基于支持矢量数据描述算法的高分辨距离像目标识别的理论和方法。

(2)《合成孔径雷达目标检测》主要介绍了SAR图像目标检测的理论、算法及具体应用，对比了经典的恒虚警率检测器及当前备受关注的深度神经网络目标检测框架在SAR图像目标检测领域的基础理论、实现方法和典型应用，对其中涉及的杂波统计建模、斑点噪声抑制、目标检测与鉴别、少样本条件下目标检测等技术进行了深入的研究和系统的阐述。

(3)《极化合成孔径雷达信息处理》介绍了极化合成孔径雷达基本概念以及信息处理的数学原则与方法，重点对雷达目标极化散射特性和极化散射表征及其在目标检测分类中的应用进行了深入研究，并以对地观测为背景选择典型实例进行了具体分析。

(4)《高分辨率SAR图像海洋目标识别》以海洋目标检测与识别为主线，深入研究了高分辨率SAR图像相干斑抑制和图像分割等预处理技术，以及港口目标检测、船舶目标检测、分类与识别方法，并利用实测数据开展了翔实的实验验证。

(5)《极化SAR图像目标检测与分类》对极化SAR图像分类、目标检测与识别进行了全面深入的总结，包括极化SAR图像处理的基本知识以及作者近年来在该领域的研究成果，主要有目标分解、恒虚警检测、混合统计建模、超像素分割、卷积神经网络检测识别等。

(6)《极化雷达成像处理与目标特征提取》深入讨论了极化雷达成像体制、极化SAR目标检测、目标极化散射机理分析、目标分解与地物分类、全极化散射中心特征提取、参数估计及其性能分析等一系列关键技术问题。

(7)《雷达图像相干斑滤波》系统介绍了雷达图像相干斑滤波的理论和方法，重点讨论了单极化SAR、极化SAR、极化干涉SAR、视频SAR等多种体制下的雷达图像相干斑滤波研究进展和最新方法，并利用多种机载和星载SAR系统的实测数据开展了翔实的对比实验验证。最后，对该领域研究趋势进行了总结和展望。

本套丛书是国内在该领域首次按照雷达极化、成像与识别知识体系组织的高水平学术专著丛书，是众多高等院校、科研院所专家团队集体智慧的结晶，其中的很多成果已在我国空间目标监视、防空反导、精确制导、航天侦察与测绘等国家重大任务中获得了成功应用。因此，丛书内容具有很强的代表性、先进性和实用性，对本领域研究人员具有很高的参考价值。本套丛书的出版既是对以往研究成果的提炼与总结，我们更希望以此为新起点，与广大的同行们一道开启雷达极化技术与应用研究的新征程。

在丛书的撰写与出版过程中，我们得到了郭桂蓉、何友、吕跃广、吴一戎等二十多位业界权威专家以及国防工业出版社的精心指导、热情鼓励和大力支持，在此向他们一并表示衷心的感谢！

王雪松

2022 年 7 月

前言

合成孔径雷达（Synthetic Aperture Radar，SAR）是先进的遥感手段，具有全天候、全天时和大范围成像观测等技术优势。经过几十年的发展，在陆地、海洋、极地等环境，在林业估产、农作物估产、草原环境监测、海洋动力要素反演、海上船只目标监测、海冰与冰川监测、城市沉降监测等方面得到了广泛的应用，已充分展示了其应用价值。但是，通常以来 SAR 只有单一通道信息，以黑白图像示人，远不如光学遥感图像斑斓多彩，而且由于其独特的成像方式，图像的斑点噪声较为严重，影响了对地物目标的解译和分析。

21 世纪初，极化 SAR（Polarimetric SAR，POLSAR）技术蓬勃发展，加拿大 RADARSAT-2、德国 TerraSAR-X 和 TanDEM-X、意大利 Cosmo-SkyMed、日本 ALOS-2 以及我国高分 3 号等 SAR 卫星先后投入使用，这些卫星具备双极化或全极化能力，由此推动了极化 SAR 在各个领域的应用。本人所在团队一直密切跟踪 SAR 遥感技术的发展，在国家自然科学基金、国家"863"计划、海洋行业公益性专项等项目的支持下，积极开展极化 SAR 的海洋应用探索，系统地开展了极化 SAR 对海冰、船只、溢油、海浪以及海洋内波的应用研究，研究结果表明极化 SAR 显著增强了对海洋要素的观测能力，证明了极化 SAR 在海洋领域具有很好的应用前景。

本书系统地介绍了作者所在团队近年来利用极化 SAR 数据开展海洋动力要素和海上目标探测方面的最新成果，全书共六章。各章内容安排如下：

第一章为极化 SAR 海洋应用概述，首先介绍了极化 SAR 的基本原理，其次从船只、海冰、溢油、内波与海浪五个方面详述极化应用的进展情况。

第二章为极化 SAR 船只目标探测，首先详细介绍了船只目标的 SAR 成像机理和检测方法，其次针对小船只目标介绍了所发展的极化 SAR 小船只检测器及其参数设置与性能分析，最后给出了通过外海实验，进行小船只目标检测性能验证的情况。

第三章为极化 SAR 海冰探测，首先针对我国冬季海冰主要分布的渤海海域，介绍了其极化散射特性，其次介绍了基于高分辨率全极化 SAR 的海冰类型分类方法，最后给出了基于极化分解的海冰厚度反演方法。

第四章为极化 SAR 海上溢油探测，首先介绍了海上溢油的微波散射机理，详细说明溢油对海浪散射的抑制过程，其次通过构建简缩极化特征进行溢油与伪油膜及海水的分类，最后针对溢油的乳化过程，通过实验研究了极化雷达对溢油乳化过程的探测能力。

第五章为极化 SAR 海洋内波探测，首先介绍了内波遥感机理与探测方法，其次针对 L 波段 SAR，分析了响应特征并提出了适合内波检测的最优极化特征，进一步探索利用 L 波段全极化 SAR 进行海洋内波引起的海表面粗糙度的反演，最后基于 SAR 的多普勒特性，进行了海洋内波致表面流速的反演，以上工作为内波参数的提取提供了依据。

第六章为极化 SAR 海浪参数反演，首先介绍了海浪 SAR 成像机理与反演方法，其次介绍了极化基变换，研究了不同极化基下截断波长与风和浪参数的相关性，评估了不同极化基下风场和浪场参数的反演性能。

本书是团队成员集体努力的成果，多位同志参加书稿的编写，具体分工为：第一章曹成会、第二章刘根旺、第三章张晰和包萌、第四章张海天、第五章张昊、第六章曹成会和张晰，最后由孟俊敏、张晰统稿。本书的内容源于团队多位博士、硕士学位论文的研究成果，包括：张晰、刘根旺等的博士论文，舒思京、张昊、侯富成和包立威等的硕士论文，同时作者也从网上搜集了大量资料，在此一并表示衷心感谢。

本书的出版要特别感谢国防科技大学的大力支持，同时也得到了国家自然科学基金山东省联合基金项目（U2006207）的支持。

极化 SAR 技术还在不断发展中，本书只是介绍了作者所在团队在这方面的研究成果，不可能覆盖极化 SAR 在海洋领域应用的方方面面，只是希望藉此给从事 SAR 海洋应用研究的学者提供一些参考。而且随着技术的发展，技术和方法必然要向前迭代，希望本书能够为推动我国 SAR 海洋遥感技术发展做一点贡献。同时，鉴于作者学识有限，书中难免存在错误和疏漏，恳请读者给予批评指正。

孟俊敏
2023 年 4 月

目录

第一章 极化SAR海洋应用概述 ... 1

1.1 极化SAR原理 ... 1
1.1.1 电磁波的极化特性描述 ... 1
1.1.2 散射的极化描述 ... 7
1.2 极化SAR海洋应用进展 ... 12
1.2.1 极化SAR船只探测 ... 12
1.2.2 极化SAR海冰探测 ... 17
1.2.3 极化SAR溢油探测 ... 20
1.2.4 极化SAR内波探测 ... 23
1.2.5 极化SAR海浪探测 ... 24
参考文献 ... 25

第二章 极化SAR船只目标探测 ... 37

2.1 船只目标的成像机理与检测方法 ... 37
2.1.1 船只目标SAR成像机理 ... 37
2.1.2 船只目标SAR检测方法 ... 39
2.2 基于极化SAR的小船只目标检测方法 ... 42
2.2.1 小船只目标的界定 ... 42
2.2.2 极化SAR小船只检测器 ... 43
2.2.3 极化SAR小船只检测器参数设置与增强性能分析 ... 48
2.3 小船只目标检测实验验证 ... 53
2.3.1 小船只目标实验与数据处理 ... 54
2.3.2 小船只实验检测结果对比分析 ... 60

参考文献 ………………………………………………………………… 68

第三章　极化 SAR 海冰探测 …………………………………………… 71

3.1　渤海海冰极化散射机理 ……………………………………… 72
3.1.1　渤海海冰微波散射实验 ……………………………… 72
3.1.2　海冰微波散射模型 …………………………………… 76
3.1.3　渤海海冰微波散射特性分析 ………………………… 80

3.2　基于高分辨率全极化 SAR 的海冰分类方法 ………………… 84
3.2.1　海冰类型划分标准 …………………………………… 84
3.2.2　SAR 海冰极化散射特征提取 ………………………… 85
3.2.3　基于二叉树思想的高分辨率全极化 SAR 海冰分类方法 … 90

3.3　基于极化分解的 SAR 渤海海冰厚度反演方法 ……………… 98
3.3.1　问题的提出及 Freeman 分解方法的局限性 ………… 98
3.3.2　海冰表面散射和二次散射分量 ……………………… 99
3.3.3　海冰体散射分量的协方差矩阵 ……………………… 99
3.3.4　极化分解方法 ………………………………………… 109
3.3.5　实例分析 ……………………………………………… 111

参考文献 ………………………………………………………………… 120

第四章　极化 SAR 海上溢油探测 ……………………………………… 124

4.1　溢油微波散射机理研究 ………………………………………… 125
4.1.1　溢油对海浪的抑制比理论模型 ……………………… 125
4.1.2　实测 SAR 数据的抑制比结果 ………………………… 129

4.2　基于简缩极化 SAR 的溢油检测与分类方法 ………………… 134
4.2.1　实验与数据 …………………………………………… 135
4.2.2　简缩极化 SAR 理论 …………………………………… 137
4.2.3　简缩极化特征溢油检测与油膜分类性能分析 ……… 139
4.2.4　溢油简缩极化 SAR 检测与分类方法 ………………… 140

4.3　溢油乳化过程的极化雷达响应 ………………………………… 148
4.3.1　溢油乳化的极化雷达探测实验介绍 ………………… 149

        4.3.2 实验结果与分析 ··· 156
        4.3.3 小结 ··· 165
    参考文献 ··· 166

第五章 极化 SAR 海洋内波探测 ·· 170

  5.1 内波遥感机理与探测方法 ·· 171
        5.1.1 内波遥感机理与成像特征 ·································· 171
        5.1.2 海洋内波遥感探测方法 ····································· 174
  5.2 海洋内波的 L 波段极化 SAR 响应特性分析与检测 ············ 179
        5.2.1 极化特征参数筛选 ·· 180
        5.2.2 内波可检测性分析 ·· 182
        5.2.3 极化 SAR 内波检测 ·· 185
        5.2.4 适合内波检测的最优极化特征 ···························· 187
  5.3 基于 L 波段全极化 SAR 的海洋内波致表面粗糙度变化反演 ··· 190
        5.3.1 Bragg 散射模型 ·· 190
        5.3.2 X-Bragg 散射模型 ·· 191
        5.3.3 X-Bragg 散射模型的应用与分析 ························· 194
  5.4 基于 SAR 多普勒异常的海洋内波致表面流速反演方法 ······ 195
        5.4.1 海表面流速反演算法 ·· 196
        5.4.2 内波致海表面流速的提取算法 ···························· 204
        5.4.3 典型海区结果示例 ·· 208
    参考文献 ··· 221

第六章 极化 SAR 海浪参数反演 ·· 223

  6.1 海浪 SAR 成像机理与反演方法 ···································· 223
        6.1.1 海浪 SAR 成像机理 ·· 223
        6.1.2 海浪 SAR 反演方法 ·· 225
  6.2 实验数据与方法介绍 ··· 228
        6.2.1 实验数据与预处理 ·· 228
        6.2.2 极化基变换 ·· 230

  6.2.3 基于交叉谱的截断波长反演方法 …………………… 232
 6.3 **不同极化基下截断波长与风和浪参数的相关性分析** …………… 234
  6.3.1 特殊极化基下截断波长与风和浪参数相关性分析 ……… 234
  6.3.2 椭圆极化基下截断波长与风和浪参数相关性分析 ……… 235
 6.4 **不同极化基下的风场和浪场参数反演性能评估** ………………… 240
  6.4.1 椭圆极化与VV极化反演海浪信息精度对照 …………… 240
  6.4.2 基于累加平均的海浪信息反演精度验证 ………………… 244
 6.5 **小结** ……………………………………………………………… 248
参考文献 ……………………………………………………………………… 249

第一章

极化 SAR 海洋应用概述

海洋是国民经济可持续发展的战略空间，也是国家安全的重要屏障，世界各国都非常重视对领海以及专属经济区海洋权益的维护。为了能更好地利用和保护海洋，需要对海洋中的目标和环境动力要素进行可靠有效的监测，如船只、海冰、海浪等。合成孔径雷达（Synthetic Aperture Radar，SAR）因其全天时全天候的工作能力而成为海洋监测的主要手段，已在海洋领域得到了广泛的应用。

随着雷达技术的发展，当前 SAR 传感器已经从单极化扩展到多极化甚至简缩极化工作。与单极化 SAR 相比，多/简缩极化 SAR 具有丰富的极化信息，能够完整地描述目标物体的散射状态，可以大大提高目标和海洋要素的探测能力。当前，搭载极化 SAR 系统的卫星，如 RADARSAT-2、TerraSAR-X、Cosmo-SkyMed、ALOS-2、高分 3 号（GF-3）等，其在对地观测中发挥了重要作用。未来极化数据的获取将更加便捷，极化 SAR 也将在海上目标检测、类型识别、参数估计、定量反演中发挥更加重要的作用。

本章首先概述极化 SAR 的基本理论，然后回顾极化 SAR 在船只、海冰、溢油、内波和海浪等海洋监测领域的发展情况。

1.1 极化 SAR 原理

1.1.1 电磁波的极化特性描述

1. 平面极化波

电磁波的极化是指电磁波在传播过程中电场矢量方向随时间的变化。假设单色平面电磁波的传播方向沿 z 轴，在某时刻 $t=t_0$，电场矢量可以分解为两个正交的具有不同初始幅度和相位的正弦波，即 x 轴方向的水平分量和 y 轴方向的垂直分量，且两个正弦波均垂直于传播方向（z 轴）。因此，电场矢量可以利用下述公式描述[1]：

$$E(z,t) = \begin{bmatrix} E_{0x}\cos(wt-kz+\delta_x) \\ E_{0y}\cos(wt-kz+\delta_y) \\ 0 \end{bmatrix} \quad (1.1)$$

当 $z=z_0$ 时，电磁波的时域变化如下式所示，其轨迹可由椭圆方程表示：

$$\left[\frac{E_x(z_0,t)}{E_{0x}}\right]^2 - 2\frac{E_x(z_0,t)E_y(z_0,t)}{E_{0x}E_{0y}}\cos(\delta_y-\delta_x) + \left[\frac{E_y(z_0,t)}{E_{0y}}\right]^2 = \sin^2(\delta_y-\delta_x) \quad (1.2)$$

式（1.2）为具有方向性的椭圆，称为极化椭圆。该椭圆轨迹可由三个几何参数直观描述：幅度 A、椭圆率角 $|\tau|$ 和椭圆方位角 ϕ，如图 1.1 所示。其中，椭圆幅度 A 表示极化椭圆长半轴和短半轴组成的直角三角形的斜边边长：

$$A = \sqrt{E_{0x}^2 + E_{0y}^2} \quad (1.3)$$

椭圆方位角 ϕ 表示极化椭圆长轴与 x 轴正方向之间的夹角，取值范围为 $\phi \in \left[-\frac{\pi}{2},\frac{\pi}{2}\right]$，表达式为

$$-\tan 2\phi = 2\frac{E_{0x}E_{0y}}{E_{0x}^2 - E_{0y}^2}\cos\delta, \quad \delta = \delta_y - \delta_x \quad (1.4)$$

椭圆率角 $|\tau|$ 为极化椭圆的长半轴与短半轴组成的直角三角形的较小内角，取值范围为 $\tau \in \left[-\frac{\pi}{4},\frac{\pi}{4}\right]$，表达式为

$$|\sin 2\tau| = 2\frac{E_{0x}E_{0y}}{E_{0x}^2 + E_{0y}^2}|\sin\delta| \quad (1.5)$$

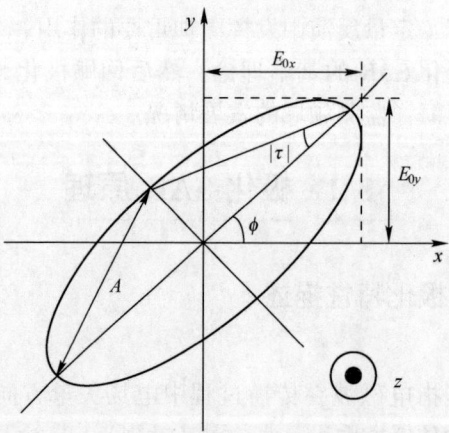

图 1.1 电磁波的极化椭圆

电磁波的极化状态取决于电场矢量的两个正交分量间的关系，极化状态主要有三种：线极化、圆极化和椭圆极化。当 $\delta = \delta_y - \delta_x = 0, \pi$ 时，由于椭圆率

角 $\tau=0$,所以极化为线性的。且有如下关系式:若 $\delta=0$,则 $\phi=\arctan\left(\dfrac{E_{0y}}{E_{0x}}\right)$;若 $\delta=\pi$,则 $\phi=-\arctan\left(\dfrac{E_{0y}}{E_{0x}}\right)$;当 $\delta=\delta_y-\delta_x=\pm\pi/2$, $E_{0x}=E_{0y}$ 时,椭圆率角 $\tau=\pm\pi/4$,为圆极化,且当 $\tau=\pi/4$ 时,为左圆极化;当 $\tau=-\pi/4$ 时,为右圆极化;若 $\tau>0$,为左椭圆极化;若 $\tau<0$,为右椭圆极化。

2. Jones 矢量

Jones 矢量可用于描述单色平面电磁波,即描述完全极化波[2]。已知沿 z 轴传播的单色波电场矢量 $\boldsymbol{E}(z,t)$ 为

$$\boldsymbol{E}(z,t)=E_{0x}\cos(wt-kz+\delta_x)\cdot\boldsymbol{x}+E_{0y}\cos(wt-kz+\delta_y)\cdot\boldsymbol{y} \qquad(1.6)$$

令 $z=0$,并忽略时间 t,电场形式为

$$\boldsymbol{E}=\boldsymbol{E}(z)\mid_{z=0}=E_x\cdot\boldsymbol{x}+E_y\cdot\boldsymbol{y} \qquad(1.7)$$

其中, $E_x=E_{0x}\cos\delta_x$,表示水平方向的电场分量, $E_y=E_{0y}\cos\delta_y$,表示垂直方向的电场分量。

令 $E_0=\sqrt{E_{0x}^2+E_{0y}^2}$, $\gamma=\arctan(E_{0y}/E_{0x})$, $\delta=\delta_y-\delta_x$,则电场矢量可表示为

$$\boldsymbol{E}=E_0(\cos\gamma\cdot\boldsymbol{x}+\sin\gamma\cdot\mathrm{e}^{\mathrm{j}\delta}\cdot\boldsymbol{y}) \qquad(1.8)$$

电磁波的 Jones 矢量可表示为

$$\boldsymbol{E}_{\text{Jones}}=\begin{bmatrix}E_x\\E_y\end{bmatrix}=\begin{bmatrix}E_{0x}\cos\delta_x\\E_{0y}\cos\delta_y\end{bmatrix}=E_0\begin{bmatrix}\cos\gamma\\\sin\gamma\cdot\mathrm{e}^{\mathrm{j}\delta}\end{bmatrix} \qquad(1.9)$$

3. Stokes 矢量

对于完全极化电磁波,其电场矢量末端沿极化椭圆随时间做周期性运动;对于完全非极化电磁波,其电场矢量末端的运动轨迹没有任何规律。而部分极化电磁波是介于完全极化波和完全非极化波之间的电磁波。对于完全极化电磁波,可用 Jones 矢量描述,对于部分极化电磁波和完全非极化电磁波,一般用 Stokes 矢量描述[1]。

完全极化电磁波的电场 Jones 矢量 $\boldsymbol{E}_{\text{Jones}}$,可构造为 2×2 的相干矩阵:

$$\boldsymbol{E}_{\text{Jones}}\cdot\boldsymbol{E}_{\text{Jones}}^{*\mathrm{T}}=\begin{bmatrix}E_xE_x^* & E_xE_y^*\\E_yE_x^* & E_yE_y^*\end{bmatrix}=\dfrac{1}{2}\begin{bmatrix}g_0+g_1 & g_2-\mathrm{j}g_3\\g_2+\mathrm{j}g_3 & g_0-g_1\end{bmatrix} \qquad(1.10)$$

式中: g_0、g_1、g_2、g_3 为 Stokes 参数; g_0 表示电磁波的强度; g_1 表示电场矢量的 x 轴方向分量与 y 轴方向分量之间的强度差; g_2 表示极化椭圆的方位角为 $\pm45°$ 时的线性极化程度; g_3 为圆极化程度。所以,结合 Jones 矢量的 Stokes 参数可表示为

$$\begin{cases} g_0 = E_x E_x^* + E_y E_y^* = |E_x|^2 + |E_y|^2 \\ g_1 = E_x E_x^* - E_y E_y^* = |E_x|^2 - |E_y|^2 \\ g_2 = E_x E_y^* + E_y E_x^* = 2|E_x| \cdot |E_y| \cdot \cos\delta \\ g_3 = j(E_x E_y^* - E_y E_x^*) = 2|E_x| \cdot |E_y| \cdot \sin\delta \end{cases} \quad (1.11)$$

式中：$|E_x|$、$|E_y|$分别为电场矢量在x轴方向和y轴方向上分量的振幅；δ表示两个分量之间的相位差。

由式（1.11）可知，完全极化电磁波的 Stokes 矢量为

$$\boldsymbol{g}_E = \begin{bmatrix} g_0 \\ g_1 \\ g_2 \\ g_3 \end{bmatrix} = \begin{bmatrix} |E_x|^2 + |E_y|^2 \\ |E_x|^2 - |E_y|^2 \\ 2|E_x| \cdot |E_y| \cdot \cos\delta \\ 2|E_x| \cdot |E_y| \cdot \sin\delta \end{bmatrix} \quad (1.12)$$

对于完全极化电磁波，其 Stokes 矢量 $\boldsymbol{J}$ 的 4 个参数之间的关系为 $g_0^2 = g_1^2 + g_2^2 + g_3^2$。Stokes 矢量 $\boldsymbol{J}$ 与极化椭圆参数、Jones 矢量 $\boldsymbol{E}_{\text{Jones}}$ 之间的关系为

$$\boldsymbol{J} = \begin{bmatrix} g_0 \\ g_1 \\ g_2 \\ g_3 \end{bmatrix} = \begin{bmatrix} A^2 \\ A^2 \cdot \cos 2\phi \cdot \cos 2\tau \\ A^2 \cdot \sin 2\phi \cdot \cos 2\tau \\ A^2 \cdot \sin 2\tau \end{bmatrix} = \begin{bmatrix} E_0^2 \\ E_0^2 \cdot \cos 2\gamma \\ E_0^2 \cdot \sin 2\gamma \cdot \cos\delta \\ E_0^2 \cdot \sin 2\gamma \cdot \sin\delta \end{bmatrix} \quad (1.13)$$

4. 部分极化电磁波及其表征

以上讨论了理想单色完全极化电磁波的特性及其表征方法。但在通常情况下，从自然目标上辐射、反射出的电磁波的频率范围极宽，并且电磁波的参数 E_{0x}、E_{0y} 以及 δ 等将不再是常量，而是一些时间或空间的函数。此时，场矢量的端点在传播空间给定点处描绘出的轨迹将不再是一个确定的椭圆，而是一条形状和方向都随时间变化的类似于椭圆的曲线，我们把这样的波称为部分极化电磁波。

1）部分极化波的相干矩阵

设一个沿 z 轴方向传播的准单色平面波的电场矢量为

$$\boldsymbol{E}(t) = \begin{bmatrix} E_H(t) \\ E_V(t) \end{bmatrix} = \begin{bmatrix} a_H(t) \cdot \exp\{j[\omega t + \phi_H(t) - kz]\} \\ a_V(t) \cdot \exp\{j[\omega t + \phi_V(t) - kz]\} \end{bmatrix} \quad (1.14)$$

式中：$a_H(t)$、$a_V(t)$、$\phi_H(t)$ 和 $\phi_V(t)$ 分别表示电场分量的幅度和绝对相位，它们均为时间的缓变过程。定义其相干矩阵为

$$\boldsymbol{C} = \langle \boldsymbol{E}(t) \cdot \boldsymbol{E}(t)^H \rangle = \begin{bmatrix} C_{HH} & C_{HV} \\ C_{HV}^* & C_{VV} \end{bmatrix}$$

第一章 极化 SAR 海洋应用概述

$$= \begin{bmatrix} \langle a_H(t)^2 \rangle & \langle a_H(t) \cdot a_V(t) \cdot e^{j\phi(t)} \rangle \\ \langle a_H(t) \cdot a_V(t) \cdot e^{-j\phi(t)} \rangle & \langle a_V(t)^2 \rangle \end{bmatrix} \quad (1.15)$$

式中：H 表示矩阵的共轭转置；$\langle \cdot \rangle$ 表示求集合平均；$\phi(t) = \phi_H(t) - \phi_V(t)$。由上式可以看出，$C$ 是一个埃米特矩阵。

对 C_{HV} 归一化后，定义参数

$$\mu = \frac{C_{HV}}{\sqrt{C_{HH}C_{VV}}} \quad (1.16)$$

利用 Schwartz 不等式很容易证明相干矩阵的次对角线元素 C_{HV} 或 C_{VH} 满足归一化条件

$$|C_{HV}| = |C_{VH}| \leq (C_{HH}C_{VV})^{1/2} \quad (1.17)$$

于是有

$$|\mu| \leq 1 \quad (1.18)$$

显然，μ 是一个复数，它的模值大小反映了电磁波的电场分量之间的相关程度，因而称为电磁波的相干因子。当 $|\mu|=1$ 时，意味着这个电磁波的两个正交场分量之间具有完全相干性，称为完全极化电磁波；当 $|\mu|<1$ 时，意味着电磁波的两个场分量之间是部分相干的，称为部分极化电磁波；当 $|\mu|=0$ 时，意味着两个场分量之间是完全不相干的，称为完全非极化电磁波。

2) 部分极化波的 Stokes 矢量

将相干矩阵进行分解，可以写为以下形式

$$C = \frac{1}{2} \begin{bmatrix} g_0+g_1 & g_2+jg_3 \\ g_2-jg_3 & g_0-g_1 \end{bmatrix} \quad (1.19)$$

很容易看出，g_0、g_1、g_2 和 g_3 就是部分极化波的 Stokes 参量。由它们组成的列矢量即为用来表征部分极化波的 Stokes 矢量。

$$J = \begin{bmatrix} g_0 \\ g_1 \\ g_2 \\ g_3 \end{bmatrix} = \begin{bmatrix} C_{HH}+C_{VV} \\ C_{HH}-C_{VV} \\ C_{HV}+C_{VH} \\ j(C_{HV}-C_{VH}) \end{bmatrix}$$

$$= \begin{bmatrix} \langle |E_H(t)|^2 \rangle + \langle |E_V(t)|^2 \rangle \\ \langle |E_H(t)|^2 \rangle - \langle |E_V(t)|^2 \rangle \\ 2\mathrm{Re}\langle E_H(t) \cdot E_V^*(t) \rangle \\ -2\mathrm{Im}2\mathrm{Re}\langle E_H(t) \cdot E_V^*(t) \rangle \end{bmatrix} = \begin{bmatrix} \langle a_H(t)^2 \rangle + \langle a_V(t)^2 \rangle \\ \langle a_H(t)^2 \rangle - \langle a_V(t)^2 \rangle \\ 2\langle a_H(t) \cdot a_V(t) \cdot \cos\phi(t) \rangle \\ 2\langle a_H(t) \cdot a_V(t) \cdot \sin\phi(t) \rangle \end{bmatrix} \quad (1.20)$$

引入 Pauli 基矩阵

$$\boldsymbol{\sigma}_0 = \begin{bmatrix} 1 & 0 \\ 0 & 1 \end{bmatrix} \quad \boldsymbol{\sigma}_1 = \begin{bmatrix} 1 & 0 \\ 0 & -1 \end{bmatrix} \tag{1.21}$$

$$\boldsymbol{\sigma}_2 = \begin{bmatrix} 0 & 1 \\ 1 & 0 \end{bmatrix} \quad \boldsymbol{\sigma}_3 = \begin{bmatrix} 0 & j \\ -j & 0 \end{bmatrix} \tag{1.22}$$

于是可以将相干矩阵表示为以下形式

$$\boldsymbol{C} = \frac{1}{2} \sum_{i=0}^{3} g_i \boldsymbol{\sigma}_i \tag{1.23}$$

把式 (1.23) 乘以 $\boldsymbol{\sigma}_j$,并取矩阵的迹,可以得到

$$g_j = \mathrm{tr}(\boldsymbol{\sigma}_j \cdot \boldsymbol{C}) \tag{1.24}$$

式 (1.24) 是相干矩阵与 Stokes 矩阵参量间关系的简洁表示。

为了计算方便,将相干矩阵的行展开后再转置就得到波的相干矢量,记为 $\boldsymbol{C}$,即 $\boldsymbol{C} = [C_{HH} C_{HV} C_{VH} C_{VV}]^T$。我们也可以将相干矢量与 Stokes 矢量间的关系表示为变换矩阵的形式,即

$$\boldsymbol{J} = \boldsymbol{R}\boldsymbol{C} \tag{1.25}$$

式中:$\boldsymbol{R}$ 为变换矩阵

$$\boldsymbol{R} = \begin{bmatrix} 1 & 0 & 0 & 1 \\ 1 & 0 & 0 & -1 \\ 0 & 1 & 1 & 0 \\ 0 & j & -j & 0 \end{bmatrix} \tag{1.26}$$

由式 (1.26) 可知,$\boldsymbol{R}$ 是一个 4 阶满秩矩阵。

由于部分极化波相干矩阵的行列式是非负,即

$$C_{HH}C_{VV} - C_{HV}C_{VH} \geq 0 \tag{1.27}$$

根据 Stokes 参量与相干矩阵之间的关系,易得

$$g_0^2 \geq g_1^2 + g_2^2 + g_3^2 \tag{1.28}$$

对于完全极化波,有 $g_0^2 = g_1^2 + g_2^2 + g_3^2$。因此,可以把一个部分极化波分解为完全极化波与完全非极化波之和

$$\begin{bmatrix} g_0 \\ g_1 \\ g_2 \\ g_3 \end{bmatrix} = \begin{bmatrix} \sqrt{g_1^2 + g_2^2 + g_3^2} \\ g_1 \\ g_2 \\ g_3 \end{bmatrix} + \begin{bmatrix} g_0 - \sqrt{g_1^2 + g_2^2 + g_3^2} \\ 0 \\ 0 \\ 0 \end{bmatrix} \tag{1.29}$$

定义极化度为完全极化波分量的强度与该部分极化波总强度之比

$$P = \frac{\sqrt{g_1^2 + g_2^2 + g_3^2}}{g_0} \tag{1.30}$$

1.1.2 散射的极化描述

雷达发射电磁波，入射波与目标之间发生相互作用，因而散射波与入射波的电磁特性不同，入射波与散射波之间的变化可用于描述或识别目标。

1. 极化散射矩阵

进行散射特性分析时，为描述发射波和接收波，需要在发射天线和接收天线处分别建立坐标系。通常会将入射波或散射波的传播方向作为坐标系的一个坐标轴（记为 k 轴），坐标系的剩余两个坐标轴方向上的单位矢量定义为相应的极化基。因此，按照雷达接收天线的坐标系 $+k$ 轴方向是否与散射波传播方向相同，将散射坐标系定义为：前向散射坐标系（FSA）和后向散射坐标系（BSA）。在雷达极化处理过程中广泛采用后向散射坐标系作为 SAR 系统的发射和接收信号的坐标系。两种坐标系的关系为

$$S_{\text{BSA}} = \begin{bmatrix} -1 & 0 \\ 0 & 1 \end{bmatrix} S_{\text{FSA}} \tag{1.31}$$

设 E^t 为入射波 Jones 矢量，E^r 为散射波 Jones 矢量，H 和 V 分别表示给定的水平和垂直极化基。在全极化 SAR 系统中，水平（H）和垂直（V）极化电磁脉冲交替地发射和接收，在后向散射坐标系下，入射波和散射波可分别表示为

$$E^t = E_V^t v_t + E_H^t h_t \tag{1.32}$$

$$E^r = E_V^r v_t + E_H^r h_t \tag{1.33}$$

入射波与目标相互作用的散射过程可利用 2×2 的矩阵 S 表示，称为极化散射矩阵[1]，可表示为

$$E^r = \frac{e^{jk_0 r}}{r} S \cdot E^t \tag{1.34}$$

或者

$$\begin{bmatrix} E_H^r \\ E_V^r \end{bmatrix} = \frac{e^{jk_0 r}}{r} \begin{bmatrix} S_{\text{HH}} & S_{\text{HV}} \\ S_{\text{VH}} & S_{\text{VV}} \end{bmatrix} \cdot \begin{bmatrix} E_H^t \\ E_V^t \end{bmatrix} \tag{1.35}$$

对角元素 S_{HH} 和 S_{VV} 的发射与接收电磁波具有相同的极化状态，称为同极化；非对角元素 S_{HV} 和 S_{VH} 的发射与接收电磁波具有正交极化状态，称为交叉极化。$e^{-jk_0 r}/r$ 表示雷达天线对幅度和相位的影响，其中，r 表示雷达散射目标与接收天线之间的距离，k_0 为电磁波波数。

2. Mueller 矩阵

极化散射矩阵描述了入射波与散射波 Jones 矢量之间的关系，Mueller 矩阵描述了入射波与散射波 Stokes 矢量之间的关系。因为 Jones 矢量只适用于描

述单色平面电磁波的完全极化现象,不能够描述去极化现象。因此对于分布式或去极化目标则不能通过极化散射矩阵描述,利用入射波与散射波的 Stokes 矢量形式描述目标的极化散射特性。极化波相干矢量定义为电磁波电场矢量的 Kronecker 直积,其统计平均为[1]

$$C = \langle E(t) \otimes E(t)^* \rangle \quad (1.36)$$

式中:运算符"⟨·⟩"表示时间或空间统计平均;"⊗"表示 Kronecker 直积;"*"表示共轭。

极化波相干矢量是一个四维复矢量,也可表示为

$$C = [C_{HH} \quad C_{HV} \quad C_{VH} \quad C_{VV}]^T \quad (1.37)$$

于是,目标的入射波相干矢量 C_t 和散射波 C_s 相干矢量可以分别表示为

$$C_t = \langle E_t \otimes E_t^* \rangle \quad (1.38)$$

$$C_s = \langle E_s \otimes E_s^* \rangle \quad (1.39)$$

由于入射波电场矢量 E_t 与散射波电场矢量 E_s 之间存在如下关系

$$E_s = S \cdot E_t \quad (1.40)$$

则目标散射波的相干矢量表示为

$$C_s = \langle E_s \otimes E_s^* \rangle = \langle (SE_t) \otimes (SE_t^*) \rangle = \langle (S \otimes S^*)(E_t \otimes E_t^*) \rangle \quad (1.41)$$

考虑到散射矩阵 S 与入射电场 E_t 是不相关的,上式进一步表示为

$$C_s = \langle S \otimes S^* \rangle \langle E_t \otimes E_t^* \rangle = WC_t \quad (1.42)$$

$$W = \langle S \otimes S^* \rangle = \left\langle \begin{bmatrix} S_{HH}S_{HH}^* & S_{HH}S_{HV}^* & S_{HV}S_{HH}^* & S_{HV}S_{HV}^* \\ S_{HH}S_{HV}^* & S_{HH}S_{VV}^* & S_{HV}S_{HV}^* & S_{HV}S_{VV}^* \\ S_{HV}S_{HH}^* & S_{HV}S_{HV}^* & S_{VV}S_{HH}^* & S_{VV}S_{HV}^* \\ S_{HV}S_{HV}^* & S_{VV}S_{VV}^* & S_{VV}S_{HV}^* & S_{VV}S_{VV}^* \end{bmatrix} \right\rangle \quad (1.43)$$

令 E_{Stokes}^t 表示入射电磁波的 Stokes 矢量,E_{Stokes}^s 表示散射电磁波的 Stokes 矢量。则入射波与散射波的相干矢量与 Stokes 矢量之间的变换关系如下

$$E_{Stokes}^s = RC_s \quad (1.44)$$

$$E_{Stokes}^t = RC_t \quad (1.45)$$

式中:变换矩阵为

$$R = \begin{bmatrix} 1 & 0 & 0 & 1 \\ 1 & 0 & 0 & -1 \\ 0 & 1 & 1 & 0 \\ 0 & j & -j & 0 \end{bmatrix} \quad (1.46)$$

因此,可以建立目标的入射波电场 Stokes 矢量与散射波电场 Stokes 矢量之间的关系

$$E^s_{\text{Stokes}} = RC_s = RWR^{-1}E^t_{\text{Stokes}} = ME^t_{\text{Stokes}} \tag{1.47}$$

式中：M 为目标的 4×4 Mueller 矩阵，定义为

$$M = RWR^{-1} \tag{1.48}$$

由于 Stokes 矢量可描述完全极化波和部分极化波，因此 Mueller 矩阵可以描述复极化散射现象和去极化散射现象。由于在后向散射坐标系下，互易介质下的交叉极化有 $S_{\text{HV}} = S_{\text{VH}}$。Mueller 矩阵可进一步表示为

$$M = \begin{bmatrix} M_{11} & M_{12} & M_{13} & M_{14} \\ M_{12} & M_{22} & M_{23} & M_{24} \\ M_{13} & M_{23} & M_{33} & M_{34} \\ -M_{14} & -M_{24} & -M_{34} & M_{44} \end{bmatrix} \tag{1.49}$$

根据 BSA 约定，Mueller 矩阵的元素与极化散射矩阵元素有如下关系[1]

$$M_{11} = \frac{1}{2}\langle S^2_{\text{HH}} + 2S^2_{\text{HV}} + S^2_{\text{VV}}\rangle \tag{1.50}$$

$$M_{22} = \frac{1}{2}\langle S^2_{\text{HH}} - 2S^2_{\text{HV}} + S^2_{\text{VV}}\rangle \tag{1.51}$$

$$M_{33} = \langle \text{Re}(S_{\text{HH}}S^*_{\text{VV}} + S^2_{\text{HV}})\rangle \tag{1.52}$$

$$M_{44} = \langle \text{Re}(S_{\text{HH}}S^*_{\text{VV}} - S^2_{\text{HV}})\rangle \tag{1.53}$$

$$M_{12} = M_{21} = \frac{1}{2}\langle S^2_{\text{HH}} - S^2_{\text{VV}}\rangle \tag{1.54}$$

$$M_{13} = M_{31} = \langle \text{Re}(S_{\text{HH}}S^*_{\text{HV}} + S_{\text{HV}}S^*_{\text{VV}})\rangle \tag{1.55}$$

$$M_{14} = -M_{41} = \langle \text{Im}(S_{\text{HH}}S^*_{\text{HV}} + S_{\text{HV}}S^*_{\text{VV}})\rangle \tag{1.56}$$

$$M_{23} = M_{32} = \langle \text{Re}(S_{\text{HH}}S^*_{\text{HV}} - S_{\text{HV}}S^*_{\text{VV}})\rangle \tag{1.57}$$

$$M_{24} = -M_{42} = \langle \text{Im}(S_{\text{HH}}S^*_{\text{HV}} - S_{\text{HV}}S^*_{\text{VV}})\rangle \tag{1.58}$$

$$M_{34} = -M_{43} = \langle \text{Im}(S_{\text{HH}}S^*_{\text{VV}} + S^2_{\text{HV}})\rangle \tag{1.59}$$

其中，Re 和 Im 分别表示实部和虚部。满足互易定理则有

$$M_{11} = M_{22} + M_{33} + M_{44} \tag{1.60}$$

此时 Mueller 矩阵由 9 个独立的参数组成。

3. 极化相干矩阵和协方差矩阵

在极化 SAR 数据的分析与处理过程中，通常需要将目标的极化散射矩阵矢量化得到目标的极化测量矢量，进一步通过二阶矩分析目标的极化散射特性。散射矩阵的矢量化一般基于正交基，常用的正交基矩阵主要包括两类[3]：Lexicographic 基矩阵和 Pauli 基矩阵。Lexicographic 基矩阵和 Pauli 基矩阵分别表示为

$$\psi_L = \left\{ 2\begin{bmatrix} 1 & 0 \\ 0 & 0 \end{bmatrix}, 2\begin{bmatrix} 0 & 1 \\ 0 & 0 \end{bmatrix}, 2\begin{bmatrix} 0 & 0 \\ 1 & 0 \end{bmatrix}, 2\begin{bmatrix} 0 & 0 \\ 0 & 1 \end{bmatrix} \right\} \tag{1.61}$$

$$\psi_P = \left\{ \sqrt{2}\begin{bmatrix} 1 & 0 \\ 0 & 1 \end{bmatrix}, \sqrt{2}\begin{bmatrix} 1 & 0 \\ 0 & -1 \end{bmatrix}, \sqrt{2}\begin{bmatrix} 0 & 1 \\ 1 & 0 \end{bmatrix}, \sqrt{2}\begin{bmatrix} 0 & -j \\ j & 0 \end{bmatrix} \right\} \tag{1.62}$$

其中，系数 2 与 $\sqrt{2}$ 是为了保证散射矩阵矢量化后不改变极化散射矩阵中极化元素的极化总功率。

1) 基于 Lexicographic 基的极化散射

基于 Lexicographic 基矩阵，极化散射矩阵 S 可矢量化为极化散射矢量

$$X = [S_{HH} \quad S_{HV} \quad S_{VH} \quad S_{VV}]^T \tag{1.63}$$

利用极化散射矢量 X 的 Kronecker 积的统计平均定义目标的极化协方差矩阵 C，即

$$C = \langle X \cdot X^{*T} \rangle = \begin{bmatrix} \langle |S_{HH}|^2 \rangle & \langle S_{HH}S_{HV}^* \rangle & \langle S_{HH}S_{VH}^* \rangle & \langle S_{HH}S_{VV}^* \rangle \\ \langle S_{HV}S_{HH}^* \rangle & \langle |S_{HV}|^2 \rangle & \langle S_{HV}S_{VH}^* \rangle & \langle S_{HV}S_{VV}^* \rangle \\ \langle S_{VH}S_{HH}^* \rangle & \langle S_{VH}S_{HV}^* \rangle & \langle |S_{VH}|^2 \rangle & \langle S_{VH}S_{VV}^* \rangle \\ \langle S_{VV}S_{HH}^* \rangle & \langle S_{VV}S_{HV}^* \rangle & \langle S_{VV}S_{VH}^* \rangle & \langle |S_{VV}|^2 \rangle \end{bmatrix} \tag{1.64}$$

在满足互易准则条件下，存在 $S_{HV} = S_{VH}$，此时极化散射矢量为

$$X = [S_{HH} \quad \sqrt{2}S_{HV} \quad S_{VV}]^T \tag{1.65}$$

这样，极化协方差矩阵变为 3 阶形式：

$$C = \langle X \cdot X^{*T} \rangle = \begin{bmatrix} \langle |S_{HH}|^2 \rangle & \sqrt{2}\langle S_{HH}S_{HV}^* \rangle & \langle S_{HH}S_{VV}^* \rangle \\ \sqrt{2}\langle S_{VH}S_{HH}^* \rangle & 2\langle |S_{HV}|^2 \rangle & \sqrt{2}\langle S_{HV}S_{VV}^* \rangle \\ \langle S_{VV}S_{HH}^* \rangle & \sqrt{2}\langle S_{VV}S_{HV}^* \rangle & \langle |S_{VV}|^2 \rangle \end{bmatrix} \tag{1.66}$$

此外，极化协方差矩阵还可以表示为

$$C = \sigma \begin{bmatrix} 1 & \beta\sqrt{\delta} & \rho\sqrt{\gamma} \\ \beta^*\sqrt{\delta} & \delta & \varepsilon\sqrt{\gamma\delta} \\ \rho^*\sqrt{\gamma} & \varepsilon^*\sqrt{\gamma\delta} & \gamma \end{bmatrix} \tag{1.67}$$

式中：$\sigma = \langle |S_{HH}|^2 \rangle$、$\gamma = \dfrac{\langle |S_{VV}|^2 \rangle}{\langle |S_{HH}|^2 \rangle}$、$\delta = \dfrac{2\langle |S_{HV}|^2 \rangle}{\langle |S_{HH}|^2 \rangle}$、$\rho = \dfrac{\langle S_{HH}S_{VV}^* \rangle}{\sqrt{\langle |S_{HH}|^2 \rangle \langle |S_{VV}|^2 \rangle}}$、$\beta = \dfrac{\langle S_{HH}S_{HV}^* \rangle}{\sqrt{\langle |S_{HH}|^2 \rangle \langle |S_{HV}|^2 \rangle}}$、$\varepsilon = \dfrac{\langle S_{HV}S_{VV}^* \rangle}{\sqrt{\langle |S_{HV}|^2 \rangle \langle |S_{VV}|^2 \rangle}}$ 为 6 个常用的极化统计参数。

当目标均匀且各向同性时，由于相同极化分量（HH 或 VV）与相交极化

分量（HV）之间近似统计独立，因此这种情况下协方差矩阵的 4 个元素为零值，即

$$C = \sigma \begin{bmatrix} 1 & 0 & \rho\sqrt{\gamma} \\ 0 & \delta & 0 \\ \rho^*\sqrt{\gamma} & 0 & \gamma \end{bmatrix} \tag{1.68}$$

2）基于 Pauli 基的极化散射

基于 Pauli 基矩阵，将极化散射矩阵依次与 4 个 Pauli 基矩阵相乘，并取乘积矩阵的迹，则极化散射矩阵 S 可矢量化为

$$\boldsymbol{k} = \frac{1}{\sqrt{2}}[S_{HH}+S_{VV} \quad S_{HH}-S_{VV} \quad S_{HV}+S_{VH} \quad j(S_{HV}-S_{VH})]^T \tag{1.69}$$

满足互易准则条件下，基于 Pauli 基的极化散射矢量可表示为

$$\boldsymbol{k} = \frac{1}{\sqrt{2}}[S_{HH}+S_{VV} \quad S_{HH}-S_{VV} \quad 2S_{HV}]^T \tag{1.70}$$

通过极化散射矢量 $\boldsymbol{k}$ 可定义极化相干矩阵为

$$\begin{aligned} \boldsymbol{T}_3 &= \langle \boldsymbol{k} \cdot \boldsymbol{k}^{*T} \rangle \\ &= \begin{bmatrix} \langle |S_{HH}+S_{VV}|^2 \rangle & \langle (S_{HH}+S_{VV})(S_{HH}-S_{VV})^* \rangle & 2\langle (S_{HH}+S_{VV})S_{HV}^* \rangle \\ \langle (S_{HH}-S_{VV})(S_{HH}+S_{VV})^* \rangle & \langle |S_{HH}-S_{VV}|^2 \rangle & 2\langle (S_{HH}-S_{VV})S_{HV}^* \rangle \\ 2\langle (S_{HH}+S_{VV})^*S_{HV} \rangle & 2\langle (S_{HH}-S_{VV})^*S_{HV} \rangle & 4\langle |S_{HV}|^2 \rangle \end{bmatrix} \\ &= \begin{bmatrix} 2A_0 & C-jD & H+jG \\ C+jD & B_0+B & E+jF \\ H-jG & E-jF & B_0-B \end{bmatrix} \end{aligned} \tag{1.71}$$

上述矩阵中的 9 个参数称为 Huynen 参数，常用于无参考模型的一般目标分析，每个参数都包含了真实的物理目标信息：

A_0：表示散射体的规则、光滑、凸面部分的总散射功率。

B_0：表示散射体的不规则、粗糙、非凸面去极化部分的总散射功率。

A_0+B_0：粗略表示总体的对称散射功率。

B_0+B：总的对称或不规则去极化功率。

B_0-B：总的非对称去极化功率。

C, D：对称目标的去极化成分。

C：目标整体形状产生（线性）。

D：目标局部形状产生（曲度）。

E, F：非对称目标的去极化成分。

E：目标局部弯曲产生（扭曲）。

F：目标整体弯曲产生（螺旋性）。

G, H：目标的对称与非对称部分之间的耦合。

G：目标局部耦合产生（分布式）。

H：目标整体耦合产生（方向）。

此外，极化散射矢量 X 与 k 之间存在变换关系：

$$k = \frac{1}{\sqrt{2}} \begin{bmatrix} 1 & 0 & 1 \\ 1 & 0 & -1 \\ 0 & \sqrt{2} & 0 \end{bmatrix} X = U_3 X \qquad (1.72)$$

其中，U_3 为 3×3 的可逆矩阵。

极化协方差矩阵与极化相干矩阵之间可相似对角化

$$T_3 = k \cdot k^{*T} = U_3 X \cdot (U_3 X)^{*T} = U_3 X \cdot X^{*T} U_3^{*T} = U_3 C_3 U_3^{*T} \qquad (1.73)$$

1.2 极化 SAR 海洋应用进展

随着极化 SAR 系统的发展，极化信息日益丰富，极化 SAR 广泛应用于船只、海冰、溢油、内波和海浪探测等领域，大大提高了目标和海洋动力要素的探测能力。本节回顾极化 SAR 在船只、海冰、溢油、内波和海浪探测领域的应用概况，可为推进极化 SAR 的海洋应用研究提供理论基础。

1.2.1 极化 SAR 船只探测

提升海上船只目标的预警管控能力至关重要，一方面，海上交通日益繁忙，海上事故时有发生，海上航行安全需要保障；另一方面，非法船只目标的检测也是亟待解决的问题，如禁渔期进行海上捕捞的渔船、走私/偷渡的非法船只，以及国外进入我国海域获取水文/地质资料等重要战略信息和掠夺海洋资源的非法船只目标。

为了满足海上航运、渔业生产以及国防安全等各种需求，目前许多国家都构建了星载 SAR 船只监测系统。较早的有美国的 AKDEMO 系统、挪威的 Eldhuset 系统以及加拿大的 OMW 系统。这三个系统都是在 20 世纪 90 年代开始研制并投入使用。欧盟于 2003 年 5 月启动了 DECLIMS 项目，有力地推动了船只遥感监测发展，扩展了其在渔业监测、溢油污染监测、海岸安全防卫以及军事中的应用，并构建了一批成熟的船只遥感监测系统。此外，各沿海国家也在积极推进船只检测系统的发展，公开可知的有：英国 QinetiQ 的 MaST 系统，挪威 Kongsberg 的 MeosView 系统，欧盟 JCR 的 VDS 系统，法国的 CLS 系统和 SARTool 系统，德国的 DEKO 等[4-5]。典型星载 SAR 船只检测系统如

表 1.1 所示。

表 1.1 典型星载 SAR 船只检测系统 SEASAT（海洋卫星）

系统名称	机构，国家	可处理的 SAR 数据
AKDEMO	NASA，美国	RADARSAT-1
Eldhuset	NDRE，挪威	SEASAT、ERS
OMW	Satlantic 公司，加拿大	RADARSAT-1、ERS
MaST	QinetiQ，英国	RADARSAT-1、ENVISAT
MeosView	Kongsberg，挪威	RADARSAT-1、ENVISAT
VDS	JCR，欧盟	RADARSAT-1、ENVISAT
CLS	Kerguelen 公司，法国	RADARSAT-1、ENVISAT
SARTool	BOOST，法国	RADARSAT-1、ENVISAT、ERS
DEKO	DLR，德国	TerraSAR-X
ShipSurveillance	中国科学院电子学研究所，中国	RADARSAT-1
SARWAMS	国防科技大学，中国	ENVISAT、RADARSAT-1、TerraSAR-X
星载 SAR 船只探测系统	自然资源部第一海洋研究所，中国	ENVISAT、COSMO-SkyMed、TerraSAR-X、RADARSAT-2

AKDEMO 由 NASA 研制，主要功能是利用 RADARSAT-1 数据进行船舶检测和渔业监测，可近实时探测进入阿拉斯加附近海域的渔船，并对特定区域的渔船数量进行监测以保护濒危鱼类。

Eldhuset 系统是挪威 FFI 开发的渔业监测系统。该系统能够实现 SAR 图像的地理校正和海陆分割；系统将恒虚警率（Constant False Alarm Rate，CFAR）算法和船舶尾迹探测等技术结合，使得 Eldhuset 系统在船舶监测中取得了很好的效果，该系统已实现业务化运行。

OMW 系统是加拿大 Satlantic 公司应海洋及水产部要求研发的辅助海上执法和渔业监测的系统，实现了利用 RADARSAT-1 图像的近实时船只检测。

MaST 系统由英国 QinetiQ 公司研制成功，该系统提供了 SAR 图像的船只和溢油探测服务，并能够近实时地将结果发送给用户。系统使用了 CFAR 算法进行船只探测，并结合聚类算法减小虚警，最后还能够提取每个目标的图像切片。MsST 系统较为强大，除了能进行船只目标检测外，还可提供海水、波浪、溢油等信息，并与其他数据融合形成不同的产品。

MeosView 系统是挪威 Kongsberg 公司基于 RADARSAT-1 和 ENVISAT 先进合成孔径雷达（Advanced Synthetic Aperture Radar，ASAR）数据研发的船只探测系统，该系统实现了近岸水域的船只和溢油探测。

VDS 系统是由欧盟主导研发的系统,该系统将 SUMO 检测器和 K 分布的 CFAR 算法结合,从 RADARSAT-1 和 ENVISAT ASAR 图像中提取船只的长、宽、航向等信息。其作为船舶交通管理系统(Vessel Traffic System,VTS)的信息源,为海上渔业管理提供了丰富的船只目标信息。

CLS 系统由法国渔业局主管,该系统可以综合利用 VTS 和 SAR 数据进行非法目标判别,以支持巡逻船能够更高效、及时地截获非法船只。该系统可以在卫星过境两小时内给出 SAR 船只监测报告。

法国 BOOST 研发的 SARTool 系统主要用于海洋环境监测,将船舶自动识别系统(Automatic Identification System,AIS)作为辅助数据源,进行溢油和船只目标探测。

此外国防科技大学和中国科学院电子学研究所都开展了相关研究,构建了 SARWAMS 和 ShipSurveillance 系统。自然资源部第一海洋研究所在海洋公益性行业项目的支持下,也构建了星载 SAR 船只探测系统,可以兼容目前大多数的商业卫星 SAR,结合 AIS 信息,实现非合作目标的探测。由此可见,目前不论国际或国内,都构建了 SAR 船只探测系统,但这些系统各有优劣,大部分系统的检测算法只是集成了 CFAR 方法,适用于单极化 SAR 数据的目标检测,有一定的适用范围。

船只目标 SAR 检测方法可根据 SAR 的极化模式,分为单极化 SAR 船只目标检测方法和多极化 SAR 船只目标检测方法。本节将对两类方法进行综述,详细介绍船只目标检测的进展。

1. 单极化 SAR 船只目标检测研究现状

基于海洋背景杂波分布的 CFAR 检测方法是单极化 SAR 船只检测中应用最广泛、最经典的一种方法。CFAR 检测方法在给定虚警率下,结合 SAR 图像海杂波的概率密度函数计算船只目标检测的阈值,通过阈值判定目标。比较有代表性的有:Henschel 以及 Vachon 等利用 K 分布海杂波模型结合 CFAR 进行船只检测[6-7];Novak 等提出利用高斯模型的双参数 CFAR 方法[8],可适用于不同海况,现已成为中低分辨率单极化 SAR 图像船只检测的主流方法[9-10]。后来,种劲松分析了双参数 CFAR 算法和 K 分布 CFAR 算法的特点,并使用 RADARSAT 不同模式的 SAR 图像进行实验[11-12]。Gao 等提出了针对高分辨率 SAR 的快速自适应 CFAR 检测方法等[13]。

CFAR 方法的关键在于两方面:第一方面,需要建立 SAR 海杂波统计分布模型。目前用于模拟海杂波的概率密度模型很多,且各有优点和缺点。常见的分布模型可分为先验假设统计模型和经验分布模型,前者包含 K 分布[14]、瑞利分布、高斯分布[15]、G^0 分布[16]、伽马分布,后者则包含对数正态分布[17]、韦布尔分布、广义伽马分布[18]和 alpha 稳态分布[19]等。一般利用直方图拟合来选择合适的分布模型，通常对于不同分辨率、入射角、极化方式或者海况等，每一种模型都有各自的适用性。一般来说，影响 SAR 海洋背景建模的因素有两种：首先，SAR 自身成像的固有特点，如相干斑噪声的存在导致船海分离比较困难，在船只检测过程中容易出现漏检目标；其次，海浪、锋面、内波、流场和涡旋等海洋环境现象的存在，容易破坏 SAR 海杂波的散射特性，导致海杂波建模偏差，船海对比度降低，进而影响检测。刘根旺等详细研究了各种杂波模型对 C 波段不同分辨率 SAR 数据建模和检测的影响，结果表明韦布尔分布、广义伽马分布、K 分布的建模效果较好，而在复杂海况下，各分布模型的适用性都大幅降低[20]。Nicolas 等也讨论了 CFAR 算法中的统计模型对海杂波拟合的优劣，结论是 CFAR 检测器在均匀背景区域中具有较好的检测性能，但在多目标及杂波边缘等环境时，检测结果会受到较大影响。CFAR 方法的第二方面就是要设置合适的虚警概率（PFA）。虚警率的设置并没有统一的标准，一般来说，主要根据经验设定。当虚警概率设置较大，会产生较多的虚警目标，而当虚警率设置较小时，又可能导致目标的漏检，检测概率降低。此外，由于存在较多的人工干预，从而降低了算法的自动性，不利于工程应用。在标准 CFAR 的基础上，也有学者相继发展了 OS-CFAR[21]、CA-CFAR[22]等算法。

为提高海上船只目标的检测性能，研究者们不再局限于单一的 CFAR 算法，而是将 CFAR 检测方法与其他检测方法结合，发展新的检测算法。例如，艾加秋等将传统的船海对比度方法与灰度相关性方法结合，该方法能够适用于复杂海况、强斑点噪声情况下的船只目标检测，提高了检测算法的鲁棒性[23]。Leng 等提出了同时考虑像素的强度和空间分布的双边 CFAR 方法，双边 CFAR 与普通 CFAR 相比，可以减小海杂波和 SAR 图像模糊带来的影响[24]。此外，Schwegmann 等提出将 CA-CFAR 中的标量阈值转化成多样化阈值以用于不同背景环境，结合船只分布图，进行模拟退火处理以选择合适的阈值，从而进行船只目标检测[25]。

随着 SAR 图像分辨率不断提高，船只由低分辨率 SAR 图像中的点目标扩展为面目标，新的检测算法相继提出，如 Tello 等提出了基于小波变换及其扩展的方法[26-27]，Ouchi 等提出基于子视图相关的方法[28]等，由此可见，基于中低分辨率单极化星载 SAR 的海上船只检测方法已经发展得较为成熟。

2. 多极化 SAR 船只目标检测研究现状

相比于单极化 SAR 数据，多极化 SAR 数据能够提供多种目标信息，包括强度、相位、极化度、总散射能量等，能够从更多角度来描述目标。因此基于多极化 SAR 数据的船只检测研究逐渐发展起来，受到广泛关注。

基于多极化 SAR 数据的船只检测方法主要分为两类，一类是基于极化统计的方法，一类是基于极化散射特性分析的方法。

基于极化统计的方法实际上是单极化 CFAR 船只检测技术在全极化数据的推广，其关键在于选择合适的极化统计模型。Wei 等将极化散射总功率值作为迭代准则，结合 Wishart 分类器进行海上船只目标检测[29]；Ding 等较为全面地总结了极化 SAR 协方差矩阵的统计特性[30]，Deng 等研究了高分辨率极化 SAR 的统计特性，并通过不同散射机制的仿真结果，对极化 SAR 纹理的形成进行了物理解释，为基于极化分布的 SAR 船只检测方法提供了新的思路[31-32]。

基于极化散射特性分析的方法主要分为两种：第一，利用极化目标分解方法区分船只与海杂波，或利用船海散射差异构建一个能够用简单阈值区分船海的特征量；第二，利用极化特征参数构建增强船海对比度的检测量。

基于极化目标分解是将极化 SAR 的观测矩阵分解成几个简单的代表特定散射机制的矩阵的加权和。主要分解方法包括相干目标分解和非相干目标分解。基于相干目标分解的研究有：Ringrose 等利用 Cameron 分解分析了船只的主导散射机制，用于船只检测。Touzi 将改进的 Cameron 分解即 SSCM 分解用于船只特征描述和检测。对于非相干目标分解，Wang 等利用 Cloude 分解提取极化相干矩阵的最小特征值，并利用该特征值的局部均匀性进行船只检测[33]；Wu 等充分考虑相干矩阵 T 三个特征值的大小特点，对特征值进行稀疏约束-非负矩阵分解，并结合 OS-CFAR 得到最终检测结果[34]；Sugimoto 等分析了船海散射机制的差异，将 Yamaguchi 分解理论和 CFAR 方法结合用于船只检测。除了通过目标分解的手段提取极化散射机制以外，也可以将观测矩阵矢量化，直接把矢量作为目标散射机制的表达[35]。Marino 等利用两个散射矢量的相干性发展了 Notch 滤波器，用于船只目标的检测[36]。

通过将极化特征参数融合，构建新的检测量，可提高船海对比度，从而有利于进行海上船只目标检测。在进行船只检测时，将新构建的检测量与 CFAR 方法相结合可以实现船只的自动检测。典型的方法包括极化总功率（Span）检测器，功率最大化合成检测器以及极化白化滤波（PWF）检测器。Wu 等[37]将 Span 值、Cloude 分解提取的最小特征值，以及极化熵与反熵的乘积 HA 等参数融合得到一个新的船海对比度显著增强的检测量，再结合 CFAR 方法进行船只目标检测；Wang 等将相似性参数与 Span 值相乘得到船海对比度增强的检测量，再利用 CFAR 检测方法进行船只目标检测[38]；Yang 等结合相似参数与能量项构造目标函数，利用 GOPCE 最优化问题求解得到一个使船海对比度增强的检测量，然后进行 CFAR 自动检测[39]；Zhang 等基于船海主散射机制差异，通过检验同极化相关系数实部的正负达到船只检测的目的，并利用 UAVSAR 做了验证[40]；Touzi 等利用雷达后向散射波特征，构建了极化度最优参数 DoP，并使用 RADARSAT-2 全极化数据进行了船只检测，验证了该方法对于不稳定的船目标具有很好的增强效果[41]。还有部分学者利用参数融合方法，采用全极化数据来消除方位向模糊，降低了虚警目标个数，提升了整体检测性能。如 Velotto 等将 TerraSAR-X 数据的 HV 通道和 VH 通道进行组合，得到一幅消除方位模糊的 HV_{free} 图，然后利用广义 K 分布对 HV_{free} 图进行统计建模，并利用模型参数构造检测量实现船只目标检测[42]；Wang 等为了消除方位模糊，取 HV 通道与 VH 通道乘积的实部作为船只检测量进行检测[43]。

此外，有学者基于散射对称性开展了海上船只目标检测。Nunziata 等基于反射对称性发展了基于经验阈值的滤波器，用于海上船只目标的检测[44]；Wang 等基于散射对称性分析，利用相干矩阵 T_{23} 元素进行 CFAR 检测[45]。极化 SAR 船只检测除以上主流方法外，基于机器学习和图像分割的方法也被应用于海上船只目标的检测[46]。

由于双极化 SAR 数据可以获得较大幅宽，且比单极化 SAR 数据提供的信息要丰富，基于双极化 SAR 的船只目标检测也受到广泛的关注。有学者分别利用两个独立的极化通道进行检测后，再将两通道的检测结果进行融合给出检测结果[47]，另一种方法是将两个通道联合起来实行船只检测，Velotto 等将散射对称性分析推广到 X 波段双极化数据上，利用同极化与交叉极化的相关系数实现船只检测[48]；Gao 等从提高信杂比的角度出发，将不完整的双极化数据融合得到检测量，实行 CFAR 自动检测[49]。

1.2.2 极化 SAR 海冰探测

海冰的覆盖面积约占海洋面积的 7%，主要分布在两极地区，即以南极大陆为中心的南大洋和以北极海域为中心的北冰洋；还分布在鄂霍次克海、波罗的海、白令海、哈德逊海、库克湾和芬兰湾等亚极区；我国渤海和黄海北部每年冬季也有海冰出现。海冰对全球气候、海表物理特性和大洋环流等地球物理过程，以及海上航运和交通等经济活动等都具有显著的影响，因而备受关注。

在各种海冰参数的监测中，海冰类型和海冰厚度是冰量估算、冰情评估、灾害评价和海上交通管理的重要依据。准确探测海冰类型与厚度不仅可为结冰区的海上船舶航行提供重要信息，也可为掌握大气与海洋热交换，准确预报气象变化提供关键信息。因此海冰遥感监测关键问题是如何快速、准确地提取海冰类型和海冰厚度等信息,这些海冰信息的获取不仅有助于海上交通和海上工程的安全,还有助于推动气象预报及气候变化的相关研究。

1. SAR 海冰类型识别

由于 SAR 是成像雷达,海冰类型的识别可归结为模式识别及图像分类在 SAR 影像中的应用,国内外的学者已开展了相当多的研究工作。目前,可将 SAR 海冰分类算法归结为三类,分别是图像分类法、基于多维度信息的分类法、基于机器学习的分类法。

1) 图像分类

该方法是将 SAR 影像看成具有强相干斑点噪声的图像来处理,主要有纹理特征分析法、小波变换法、图像分割和模式识别等常用的图像处理方法。在这方面加拿大滑铁卢大学 Clausi 所在的研究团队开展得较为深入,他们利用图像处理的方法开展了大量的海冰 SAR 影像的分割与分类算法[50-53],并形成了具有业务化海冰监测能力的 MAGIC(MAp-guided ice classification system)海冰探测系统。

2) 基于多维度信息的分类

该方法是利用雷达多波段、多极化特征来区分海冰类型。目前海冰的极化分类方法,大多是利用 H-α 极化分解方法结合 Wishart 分类器对海冰进行分类[54-55]。Wakabayashi 等利用圆极化基变换和极化熵信息区分了海冰类型[56]。Arkett 等利用先进陆地观测卫星(Advanced Land Observing Satellite,ALOS)相控阵 L 波段合成孔径雷达(Phased Array Type L-band Synthetic Aperture Radar,PALSAR)数据区分海冰、一年冰和多年冰[57]。Rignot 等利用机载多波段、全极化 SAR 数据在北极 Beaufort 海域开展了海冰类型识别研究,结果表明利用单频单极化的 ERS-1 和 RADARSAT 数据的海冰类型识别准确度仅为 67% 和 71%,而利用多极化多频率数据组合后可将海冰类型识别准确度提高 14%~20%[58]。

3) 基于机器学习的分类

机器学习技术的发展给 SAR 海冰识别提供了强大的手段,可以挖掘潜在的图像特征或是特征与类别间的复杂关系以提高分类的精度。Cui 等以 TensorFlow 为框架搭建了卷积神经网络,以渤海海冰遥感图像为例,分析了不同代价函数和激活函数的组合对分类结果的影响,认为交叉熵代价函数与 ReLU 激活函数为最佳的组合,获取的分类精度为 98.4%。该方法直接以图像作为输入,利用深度学习模型自行挖掘图像特征用于海冰分类,不需要人工选定分类特征,具有更高的分类精度[59]。Park 等将冰况图产品与 SAR 图像进行时空匹配进行训练样本的标定，并基于纹理特征采用随机森林进行分类，将训练好的分类器直接应用于Sentinel-1 SAR图像的纹理特征中进行海冰类型识别，结果表明，海冰分类的总体精度为87%，错分主要是由于样本标定的错误造成的，相较于传统的分类器，该方法获得的海冰类型精度更高[60]。这两种方法都证明了机器学习在SAR海冰类型识别中的潜力，具有比传统分类器更高的分类精度；但是，分类结果的表现受到样本精度的影响，大量、准确的样本是保证高精度识别结果的前提。此外，机器学习对分类结果的解释能力仍存在一定的不足，难以获得明确的机理性解释。

2. SAR海冰厚度反演

SAR海冰厚度反演方法主要有三类：基于海冰SAR分类的海冰厚度分级探测方法、SAR海冰厚度经验模型方法和基于海冰散射模型的海冰厚度SAR反演方法。

1）基于海冰SAR分类的海冰厚度分级探测

根据海冰类型的定义，不同类型海冰的厚度对应一定的厚度范围，这种方法可视为一种海冰厚度分级提取方法，反演精度主要依赖于海冰类型的识别精度。这方面主要的代表工作有：Kwok等利用多景时序SAR影像识别出初生冰，再对其厚度范围进行赋值[61]；Haverkamp等利用SAR影像的海冰强度和形状等信息识别海冰类型，在此基础上对其厚度范围进行赋值[62]；Winebrenner等利用JPL实验室的机载L波段全极化SAR数据，对北极冰间水道中的海冰以及一年冰和多年冰等多种海冰类型和它们对应的厚度进行了相关性分析，并结合理论模型证明了该方法的有效性[63]；张晰基于二叉树思想对高分辨率全极化C波段RADARSAT-2 SAR海冰影像进行分类，并给出各类的厚度范围。但该方法只是对海冰厚度进行范围估算，无法实现海冰厚度定量反演[64]。

2）SAR海冰厚度经验模型方法

该方法的主要思路是，利用大量的现场实测海冰厚度数据和同步的SAR影像，分析海冰厚度和散射信息之间的相关性，结合海冰厚度和海冰盐度、介电常数等物理参数的经验方程，建立海冰厚度的经验或半经验模型，用于定量反演海冰厚度。这方面代表性工作有：Similä等利用机载SAR数据和同步海冰厚度数据，证实了SAR后向散射与海冰厚度存在相关性[65]。Nakamura等利用机载双波段（L/X波段）Pi-SAR海冰数据和同步"Soya号"的走航数据，分析了海冰厚度和SAR后向散射系数（HH/VV/HV极化）及同极化比的相关性，并建立了海冰厚度和同极化比的经验模型；还将此结论用于星载C波段ENVISAT ASAR浮冰和固定冰的厚度反演，证实了此方法的可行性[66-67]。Kim 等基于扩展 Bragg 模型计算了海冰 SAR 去极化效应的理论值，并利用 TerraSAR-X 和 RADARSAT-2 的海冰 SAR 数据以及同步现场数据，对理论分析进行了验证，证实了去极化因子估计海冰厚度的有效性[68]。Wadhams 等利用海冰对海浪的抑制效果，通过从 Cosmo-SkyMed 图像中提取开阔水域的海浪谱和海冰中的海浪谱，利用海冰对海浪的谱作用平衡关系，进行了薄冰厚度的反演[69]。Aulicino 等利用波弗特海的航测实测数据，进一步验证了海冰厚度对海浪的抑制关系[70]。

3) 基于海冰散射模型的海冰厚度 SAR 反演方法

该方法的主要思路是，基于海冰电磁散射模型，直接反推公式，得到海冰厚度的解析模型，是海冰厚度定量反演方法。这方面代表性工作有：Veysoglu 等基于海冰电磁散射模型，从单极化 SAR 影像中反演海冰厚度，由于单极化 SAR 影像信息量少，计算时缺少边界条件，反演结果并不理想[71]。Kwok 等将极地实测海冰的 SAR 散射系数与电磁散射模型的理论结果匹配后，训练了神经网络并反演海冰厚度，这种方法不稳定且精度不高，当入射角小于 35°时，该方法失效[72]。Shih 等利用时间序列 SAR 影像和室内海冰生长实验数据，结合电磁散射模型和热力学生长理论，进行了冰厚反演，与实测数据相比较为吻合[73]。Zhang 等利用解析波理论模拟了不同波段（L/C/X）下海冰厚度的探测能力，并进行了验证，证实了 SAR 海冰厚度探测的可行性[74]。Zhang 等利用紧缩极化 SAR 图像建立了一个海冰极化 SAR 电磁散射模型，通过机载实测数据对比发现，在 0.1~0.8m 厚的平整冰上进行反演时，均方根误差为 8cm，最大相关系数为 0.94[75]。Dabboor 等利用紧缩极化 SAR 观测了北极雷索特湾区固定冰对热力生长的敏感性，研究结果显示紧缩极化参数可探测 30cm 厚度的海冰，极化度与厚度具有高相关性（0.95）[76]。

1.2.3 极化 SAR 溢油探测

海上溢油是海洋环境污染重要来源之一。溢油一般由海上事故引起，如船舶（特别是油船）碰撞、翻沉，海上油井平台和水下油管泄漏等。随着海洋运输业和海洋石油开采业的迅猛发展，溢油事故屡见不鲜，海洋环境受到严重污染，造成海洋鱼类、鸟类、海藻和海洋哺乳动物的大量死亡，对沿海生态环境和生物多样性构成严重威胁，直接影响沿海经济和社会的健康与可持续发展。溢油不仅对海洋环境造成严重污染，还造成巨大的经济损失。从 2000 年到 2004 年，我国海域发生包括油轮事故和石油平台渗漏等的较大溢油灾害事件 26 起，造成直接经济损失 1.3 亿多元。因此溢油监测对保护海洋环境和挽回经济损失是至关重要的。

近年来航空航天技术迅猛发展，其中遥感以其检测范围广、效率高、响应快、自动化程度高等优势得到了广泛应用。目前 SAR 是公认的能全天时、全天候、高分辨率、大面积检测溢油的重要手段[77]。SAR 之所以能探测海面溢油，其物理机制是海面油膜对海面微尺度波产生的抑制作用，导致 Bragg 共振回波强度减弱，进而油膜覆盖海域在回波强度图像中呈现为暗区[78]。因此，早期的 SAR 溢油检测常常是通过探测图像中的暗斑区进行的[79]。即利用单极化 SAR，通过图像处理技术进行溢油检测[80]。国外，Solberg 等提出了一种基于 SAR 图像暗区特征的溢油自动检测算法[81]。Migliaccio 等使用基于阈值分割的方法对海面溢油进行检测，其阈值大小取决于油膜的性质和数据采集时的海洋状态[82]。Gemme 等基于图像分割提出了一种自动无监督方法用于海面溢油检测和溢油信息提取[83]。Topouzelis 和 Del Frate 等将神经网络的方法应用于高分辨率卫星 SAR 图像的溢油检测[84-85]。Karathanassi 等提出了基于面向对象方法和图像分割技术的高分辨率 SAR 图像溢油自动检测方法[86]。国内，苏腾飞等基于溢油区域的形状特征、物理特征和纹理特征，发展了一种基于凝聚层次聚类的 SAR 图像溢油分割算法[87]。邹亚荣等基于雷达后向散射系数的梯度均值和均值差进行溢油识别[88]，此外还提出了一种基于 CFAR 方法计算油和海水分割阈值的溢油检测算法[89]。吴一全等提出了一种基于 Tsallis 熵多阈值分割与改进 CV（Chan Vese）模型相结合的海面溢油分割方法，该方法具有分割边界定位准确、运行高效和无须设置初始条件等优点[79]。Zhang 等提出了一种 SAR 图像纹理信息与支持向量机结合的海面溢油分割的算法[90]。张伟伟等提出了基于多个纹理特征的谱聚类算法，构建谱聚类的特征矩阵，并用 k-means 聚类方法对拉普拉斯矩阵的第二小特征值所对应的特征向量进行聚类，实现 SAR 图像的溢油分割[91]。

尽管单极化 SAR 能够有效地进行溢油检测，但是在 SAR 图像中不仅是溢油区域呈现暗区，有机膜、浮游生物、雨团的阴影、陆地、峰区、流切变区和上升流区等都会呈现暗区特征，这些在溢油检测工作中通常称为类油膜[92-93]。很多情况下，即使非常有经验的学者也无法直接区分溢油和类油膜[94]，并且对大量图像进行处理以区别溢油和类油膜是非常繁重的工作。

随着多极化 SAR 系统的发展与应用，多极化 SAR 不仅能够获取海面油膜的后向散射特征、纹理特征和几何特征等，而且还能提取多种极化特征参数，更能表征海面油膜的微波散射特性。近年来相关研究已证实，多极化 SAR 能够获取比单极化 SAR 更全面的极化信息，能够有效地克服单极化 SAR 溢油探测精度低的问题，使得溢油和类溢油的区分成为可能。Nunziata 等提出了一种基于 Mueller 矩阵的滤波器，并采用 C 波段的 SIR-C/X-SAR 全极化数据进行实验，该滤波器可区分具有 Bragg 散射特征的区域（自然生物油膜/清洁海面）与非 Bragg 散射特征的区域（溢油区域）[95]。随后，Migliaccio 等将该滤波器应用于 L 波段 SAR 数据测试[96]。此外，有研究指出同极化相位差的标准差，能够区分溢油和类油膜，在 C 波段和 X 波段 SAR 数据中进行了初步验证[97]。Milgliaccio 等利用 $H/A/\alpha$ 进行油膜类型区分，并采用重油、油醇、油酸甲酯等不同类型油膜进行了实验[98]。Zheng 等提出了一种新的溢油检测极化特征参数 P，该特征能够反映 Bragg 散射和镜面散射的比例关系，并应用于 SIR-C/X-SAR 和 RADARSAT-2 全极化 SAR 数据进行溢油检测[99]。Liu 等基于全极化 SAR 获取的同极化相关系数、平均散射角、各向异性度和极化散射熵等特征参数，组合成新的极化特征参数 F，并采用墨西哥湾溢油事故获取的 L 波段 UAVSAR 数据成功地提取了溢油区域[100]。

全极化 SAR 具有较好的溢油检测和油膜识别能力，但全极化 SAR 幅宽远小于单极化 SAR 数据（如 RADARSAT-2 的全极化 SAR 数据幅宽仅有 25/50km，而单极化 ScanSAR 模式的幅宽为 500km），并且全极化 SAR 的系统结构复杂、成本高，这极大地限制了全极化 SAR 的应用。为克服全极化 SAR 系统的缺陷，简缩极化 SAR 于 2005 年被提出[101-102]，其采用特殊的双极化 SAR 结构，不仅能实现大幅宽观测（可达 350km），还能获取接近全极化的极化散射信息。鉴于简缩极化 SAR 的独特优势，加拿大的"雷达卫星星座任务"（RCM）、印度 RISAT 卫星以及日本的 ALOS-2 卫星都已支持了简缩极化模式，当前简缩极化 SAR 已成为新的研究与应用热点。

在简缩极化 SAR 溢油检测方面，Zhang 等利用简缩极化的一致性参数进行了最初的溢油检测尝试[103]；Shirvany 等将极化度 DoP 引入简缩极化中，并利用 C 波段 RADARSAT-2 和 X 波段 UAVSAR 全极化数据模拟的简缩极化数据进行实验验证，结果表明简缩极化度能够有效地进行溢油检测[104]。Salberg 等将部分全极化 SAR 极化特征引入简缩极化 SAR[105]，并将简缩极化 $m-\chi$ 分解得到了简缩极化椭圆率应用于溢油检测[106]；谢广奇等基于简缩极化特征值参数简缩极化熵、简缩极化比和简缩极化基准高度等进行溢油检测[107]。Sabry[108]和 Zhang[109]等对比分析了全极化 SAR 和简缩极化 SAR 溢油检测性能，结果表明两者溢油检测能力相当。

综上所述，随着极化雷达的发展，从海面散射回波中提取的极化特征为海上溢油探测技术提供了更多的特征量。极化 SAR 不仅能够准确地检测溢油，而且还可以克服单极化 SAR 无法区分溢油和疑似溢油的缺陷。近几年发展的简缩极化 SAR 技术兼顾了多极化 SAR 和大幅宽监测的需求，是目前极化 SAR 在溢油探测中具有较大应用潜力的手段。

1.2.4 极化 SAR 内波探测

海洋内波是发生在海洋内部的波动，常发生在密度层结分化特性显著的水体中，其最大振幅出现于密度分层界面，且波动频率处于惯性频率和浮性频率之间[110]。在真实海洋里，海水密度分层现象与扰动效应十分普遍，所以内波广泛存在于世界各个大洋[111]。内波的特性十分显著，如其波长介于几十米到上千米，生存周期可从几分钟到几十小时，振幅通常在几米到数十米之间，目前实测内波振幅最大可达 240m[112]。内波的这些特性对海洋资源循环配置、人类海洋生产建设和海上军事活动的影响瑕瑜可见。一方面，内波是海洋中动量、能量、热量及营养物的重要运输交换机制，调节了局部初级生产力，对渔业的发展十分有利。另一方面，内波的强大剪切力和垂向位移对潜艇航行、水声探测、石油钻井平台安全等会造成巨大威胁。因此，掌握内波的传播特性和演化规律对了解海洋大中小尺度现象的串联过程和能量分布、促进大陆架海洋渔业资源和石化能源的安全可持续开发利用、保障海洋军事活动安全执行等具有重要意义。

SAR 之所以能探测到内波，是因为其传播时改变了海水表面特征，影响了海表面流场与传感器发射的电磁波之间的相互作用，从而改变了 SAR 传感器接收的后向散射强度，最终在 SAR 图像中呈现为亮暗相间的条带[113]。最初的内波 SAR 研究多基于单极化 SAR 影像开展，如内波成像机理、成像仿真等。Alpers 首先提出了 SAR 内波成像理论[114]，之后开展的 JOWIP 实验[115]和 IWSEX 实验[116]进一步验证了内波雷达成像的机制。此后国内外众多研究人员利用单极化 SAR 影像对内波开展了参数反演、时空分布等研究。如 Elachi 等试图从 SAR 图像反演内波垂向动力学参数，其利用飞行时间法和波长变化法反演得到了内波振幅[117]。Li 等使用 RADARSAT-1 SAR 影像提取了波长、两相邻波包之间的距离、内波极性位置等内波参数并反演了海洋上层动力学参数[118]。Zheng 等基于 1995—2001 年的 SAR 影像分析了我国南海北部海洋内波的时空分布特征[119]。Kozlov 等利用 ENVISAT ASAR 影像，分别研究了白海[120]、喀拉海[121]和拉普捷夫海[122]的内波特征。Magalhaes 等使用 ENVISAT ASAR 影像首次揭示了热带西大西洋亚马逊陆架坡折处一个较强内波的二维水平结构[123]。da Silva 等根据 TerraSAR-X 影像对安达曼海十度海峡的类模态二内波的生成与传播进行了分析[124]。Jia 等提出了一种基于 eKdV 方程结合连续两幅 SAR 影像反演内波振幅的方法[125]。Wang 等基于多种 SAR 影像分析了乔治亚海峡 500 多组内波，讨论了海峡中部内波的时空分布及遥感图像中内波的发生与风速、潮位的关系[126]。曾智等利用 TerraSAR-X 影像，对南海东沙岛海域的内波动力要素和海表流速信息进行了提取分析[127]。

在极化 SAR 应用方面，Schuler 首次将全极化 SAR 运用到内波观测上，研究了内波及波流前沿与 SAR 极化指向角之间的关系，并为识别这些海洋特征提供了一种新的手段[128]。Kozlov 等研究了内波在同极化 SAR 图像中的特征，他通过将同极化 SAR 分解为极化 Bragg 散射和由破碎波引起的非极化散射两种成分，发现内波特征可以在非极化散射图像中可以更好地检测到[129]。Meng 等开展了内波极化 SAR 成像的分析研究，其仿真了不同雷达参数组合下 SAR 图像中的内波信号，并指出交叉极化和 C 波段更有利于从海洋背景中提取内波特征[130]。李鲁靖等利用 L 波段全极化 SAR 内波影像，综合分析了内波在不同极化特征图像与后向散射系数影像中的可视性[131]。Zhang 等开展了简缩极化 SAR 在内波探测中的应用分析，筛选得到了对内波响应较好的简缩极化特征参数[132]。Macedo 等基于全极化 ALOS PALSAR 影像，分析了内波的 Bragg 散射和由波浪破碎所引起的非极化散射[133]。

综上所述，随着极化 SAR 技术快速发展，针对内波的 SAR 研究不再局限于其时空分布特征，而是更广泛地应用于散射和参数反演等研究。此外，简缩极化 SAR 技术兼顾了多极化 SAR 和大幅宽监测需求，已在诸多海洋现象观测中得到了应用，是内波 SAR 研究的一个重要方向。

1.2.5 极化 SAR 海浪探测

海浪是重要的海洋动力要素，对于上层海洋过程和海气能量交换均有着重要的影响[134-135]。海浪也与人类的海上活动安全息息相关，其准确获取不仅可以推动海上工程的顺利实施，还可以保障海上交通的安全畅通。因此，如何准确获取海浪信息是非常有价值的研究课题。

海浪在 SAR 成像主要有波流相互作用调制、倾斜调制和速度聚束等三种调制过程。其中当海浪沿 SAR 方位向的轨道运动时，长波轨道速度使后向散射单元产生了额外的多普勒频移，这种频移会导致成像面元在 SAR 图像上产生方位向偏移，这种影响称为"速度聚束"[136]。速度聚束现象会严重破坏 SAR 回波的相干特性，导致海浪信息的丢失，因此，SAR 无法观测到波长小于某个阈值的高频波，人们将 SAR 这种缺陷量化为截断波长[137-138]。

目前已经有大量的研究证明了截断波长在海浪信息反演研究中的潜力，在雷达参数确定以及考虑风向影响的情况下，截断波长与海表面风和海浪参数高度相关，近乎呈线性的关系[139]。因此，很多学者将截断波长应用于反演波轨道速度[140]、风速[141-142]、有效波高（SWH）[143-145]等参数反演模型的建立，且反演模型的精度已经通过实验对比得到印证。

影响 SAR 图像的截断波长有多种影响因素：①速度聚束调制是截断波长的决定性因素，当海浪沿方位向以运动状态传播时，SAR 图像散射面元的方位向位移通常表示为雷达距速比与长波轨道速度在斜距方向上速度分量的乘积。②固有场景相干时间也是产生方位向截断的重要因素，固有场景相干时间为回波存在于散射面元的时间，当这一时间小于 SAR 相干积分时间时也会产生方位向截断。除此之外，方位向截断还受到极化状态、入射角等多方面的影响[146-148]。Li 等使用 RADARSAT-2 和 GF-3 全极化数据分析了极化状态对方位向截断估计的影响，研究表明，交叉极化（VH/HV）下 SAR 图像的截断波长远高于同极化（HH/VV）影像[138]，主要是因为交叉极化信号对海面粗糙度的变化以及波浪破碎的发生具有更高的敏感，最终导致较高的截断波长[149-152]。此外，同极化中，HH 极化截断波长估计值通常比 VV 极化大[153]，而且这一趋势会随着入射角的增大更加明显。

极化状态不仅会影响方位向截断的估计，在一定程度上还会影响 SAR 反演风和浪参数的能力。Ren 等针对 RADARSAT-2 全极化数据的不同极化状态（HH、HV/VH、VV）对比了两种模型（Look up Table 模型、经验模型）应用截断波长反演 SWH 的性能，结果表明，同极化的反演效果远远优于交叉极化[154]。

除了 HH、VV 和 HV/VH 这种特殊的线极化外，电磁波还存在其他线极化（如 45°线极化）、圆极化以及椭圆极化。目前已经有很多研究表明，一些极化状态在某些情况下获取风和浪信息的能力比 H-V 极化更强。例如，Zhu 等使用 45°线极化实现了海浪斜率谱的精确估算[155]。Collins 等使用深度学习对简缩极化 SAR 进行了有效波高（SWH）反演，发现右旋-左旋等极化状态的反演精度与线极化接近，且在某些极端情况下右旋-左旋的反演性能会优于线极化[156]。

参 考 文 献

[1] 李仲森. 极化雷达成像基础与应用 [M]. 北京：电子工业出版社, 2013.

[2] 种劲松. 合成孔径雷达图像舰船目标检测算法与应用研究 [D]. 北京：中国科学院电子学研究所, 2002.

[3] 张晰. 星载 SAR 舰船目标探测实验研究 [D]. 青岛：中国海洋大学, 2008.

[4] 王超, 张红. 高分辨率 SAR 图像船舶目标检测与分类 [M]. 北京：科学出版社, 2013.

[5] 张风丽, 张磊, 吴炳方. 欧盟船舶遥感探测技术与系统研究的进展 [J]. 遥感学报, 2007, 11(4)：552-562.

[6] Henschel M D, Rey M T, Campbell J W M, et al. Comparison of probability statistics for automated ship detection in SAR imagery [C]//1998 International Conference on Applications of Photonic Technology III: Closing the Gap between Theory, Development, and Applications. SPIE, 1998, 3491: 986-991.

[7] Vachon P W, Campbell J W M, Bjerkelund C A, et al. Ship detection by the RADARSAT SAR: validation of detection model predictions [J]. Canadian Journal of Remote Sensing, 1997, 23(1): 48-59.

[8] Novak L M, Burl M C, Irving W W. Optimal polarimetric processing for enhanced target detection [J]. IEEE Transactions on Aerospace Electronic Systems, 1993, 29(1): 234-244.

[9] Nicolas J M. Introduction to second kind statistics: application of Log-moments and Log-cumulants to SAR image law analysis [J]. Traitement Du Signal, 2002, 19(3): 139-167.

[10] Crisp D J. The state-of-the-art in ship detection in synthetic aperture radar imagery [R]. Technical Report: DSTO Information Sciences Laboratory, 2004.

[11] 种劲松, 朱敏慧. SAR 图像舰船目标检测算法的对比研究 [J]. 信号处理, 2003, 19(6): 580-582.

[12] 李晓玮, 种劲松. 基于小波分解的 K-分布 SAR 图像舰船检测 [J]. 测试技术学报, 2007, 21(4): 350-354.

[13] Gao G, Liu L, Zhao L, et al. An adaptive and fast CFAR algorithm based on automatic censoring for target detection in high-resolution SAR images [J]. IEEE Transactions on Geoscience and Remote Sensing, 2009, 47(6): 1685-1697.

[14] 种劲松, 朱敏慧. SAR 图像局部窗口 K 分布目标检测算法 [J]. 电子与信息学报, 2003, 25(9): 1276-1280.

[15] 侯四国, 张红, 王超, 等. 一种新的 SAR 图像船只检测方法 [J]. 遥感学报, 2005, 9(1): 50-56.

[16] Jung C H, Yang H J, Kwag Y K. Local cell-averaging fast CFAR for multi-target detection in high-resolution SAR images [C]//IEEE 2nd Asian-Pacific Conference on Synthetic Aperture Radar. IEEE, 2009: 206-209.

[17] Xing X W, Chen Z L, Zou H X, et al. A fast algorithm based on two-stage CFAR for detecting ships in SAR images [C]//IEEE 2nd Asian-Pacific Conference on Synthetic Aperture Radar. IEEE, 2009: 506-509.

[18] Qin X, Zhou S, Zou H, et al. A CFAR detection algorithm for generalized gamma distributed background in high-resolution SAR images [J]. IEEE Geoscience and Remote Sensing Letters, 2013, 10(4): 806-810.

[19] Wang C, Liao M, Li X. Ship detection in SAR image based on the alpha-stable distribution [J]. Sensors, 2008, 8(8): 4948-4960.

[20] 刘根旺, 张杰, 张晰, 等. 不同分辨率合成孔径雷达舰船检测中杂波模型适用性分析 [J]. 中国海洋大学学报 (自科版), 2017, 02: 70-78.

[21] Blake S. OS-CFAR theory for multiple targets and nonuniform clutter [J]. IEEE Transac-

tions on Aerospace and Electronic Systems, 1988, 24(6): 785-790.
[22] Ferrara M N, Torre A. Automatic moving targets detection using a rule-based system: comparison between different study cases [C]//IEEE International Geoscience and Remote Sensing Symposium (IGARSS). IEEE, 1998: 1593-1595.
[23] 艾加秋. 基于灰度相关性的 SAR 图像联合 CFAR 舰船检测算法 [J]. 雷达科学与技术学报, 2014(2): 149-155.
[24] Leng X, Ji K, Yang K, et al. A Bilateral CFAR algorithm for ship detection in SAR images [J]. IEEE Geoscience and Remote Sensing Letters, 2015, 12(7): 1536-1540.
[25] Schwegmann C P, Kleynhans W, Salmon B P. Manifold adaptation for constant false alarm rate ship detection in South African oceans [J]. IEEE Journal of Selected Topics in Applied Earth Observations and Remote Sensing, 2015, 8(7): 3329-3337.
[26] Tello M, Mallorqui J J, Lopez-Martinez C. Application of multiresolution and multispectral polarimetric techniques for reliable vessel monitoring and control [C]//International Conference on Geoscience and Remote Sensing Symposium, (IGARSS). IEEE, 2005: 24-27.
[27] Tello M, Lopez-Martinez C, Mallorqui J, et al. Automatic detection of spots and extraction of frontiers in sar images by means of the wavelet transform: application to ship and coastline detection [C]//IEEE International Conference on Geoscience and Remote Sensing Symposium IGARSS, IEEE, 2006: 383-386.
[28] Ouchi K, Tamaki S, Yaguchi H, et al. Ship detection based on coherence images derived from cross correlation of multilook SAR images [J]. IEEE Geoscience and Remote Sensing Letters, 2004, 1(3): 184-187.
[29] Wei J, Li P, Yang J, et al. A new automatic ship detection method using L-band polarimetric SAR imagery [J]. IEEE Journal of Selected Topics in Applied Earth Observations and Remote Sensing, 2014, 7(4), 1383-1393.
[30] Ding T, Anfinsen S N, Brekke C. A comparative study of sea clutter covariance matrix estimators [J]. IEEE Geoscience and Remote Sensing Letters, 2014, 11(5): 1010-1014.
[31] Deng X, López-Martínez C, Varona E M. A physical analysis of polarimetric SAR data statistical models [J]. IEEE Transactions on Geoscience and Remote Sensing, 2016, 54(5): 3035-3048.
[32] Deng X, López-Martínez C. Higher order statistics for texture analysis and physical interpretation of polarimetric SAR data [J]. IEEE Geoscience and Remote Sensing Letters, 2016, 13(7): 912-916.
[33] Wang C, Wang Y, Liao M. Removal of azimuth ambiguities and detection of a ship: using polarimetric airborne C-band SAR images [J]. International Journal of Remote Sensing, 2012, 33(10): 3197-3210.
[34] Wu B, Zhang B, Zhang H, et al. Ship detection based on improved S-NMF method for fully polarimetric RADARSAT-2 data [C]//IEEE International Geoscience and Remote Sensing Symposium (IGARSS). IEEE, 2012: 1789-1792.

[35] Sugimoto M, Ouchi K, Nakamura Y. On the novel use of model-based decomposition in SAR polarimetry for target detection on the sea [J]. Remote Sensing Letters, 2013, 4(9): 843-852.

[36] Marino A, Sugimoto M, Ouchi K, et al. Validating a notch filter for detection of targets at sea with ALOS-PALSAR data: Tokyo Bay [J]. IEEE Journal of Selected Topics in Applied Earth Observations and Remote Sensing, 2014, 7(12): 4907-4918.

[37] Wu B J, Wang C, Zhang B, et al. Ship detection based on RADARSAT-2 full-polarimetric images [C]//Proceedings of 2011 IEEE CIE International Conference on Radar. IEEE, 2011: 634-637.

[38] Wang N, Liu L, Zhao L, et al. A novel polarimetric SAR ship detection method [C]// 2011 3rd International Asia-Pacific Conference on Synthetic Aperture Radar (APSAR). IEEE, 2011: 1-4.

[39] Yang J, Zhang H, Yamaguchi Y. GOPCE-based approach to ship detection [J]. IEEE Geoscience and Remote Sensing Letters, 2012, 9(6): 1089-1093.

[40] Zhang X, Zhang J, Meng J, et al. A novel polarimetric SAR ship detection filter [C]//Radar Conference 2013, IET International. IET, 2013: 1-5.

[41] Touzi R, Hurley J, Vachon P W. Optimization of the degree of polarization for enhanced ship detection using polarimetric RADARSAT-2 [J]. IEEE Transactions on Geoscience and Remote Sensing, 2015, 53(10): 5403-5424.

[42] Velotto D, Soccorsi M, Lehner S. Azimuth ambiguities removal for ship detection using full polarimetric X-band SAR data [J]. IEEE Transactions on Geoscience and Remote Sensing, 2014, 52(1): 76-88.

[43] Wang Y, Liu X, Li H, et al. Targets detecting in the ocean using the cross-polarized channels of fully polarimetric SAR data [J]. Acta Oceanologica Sinica, 2015, 34(1): 85-93.

[44] Nunziata F, Migliaccio M, Brown C E. Reflection symmetry for polarimetric observation of man-made metallic targets at sea [J]. IEEE Journal of Oceanic Engineering, 2012, 37(3): 384-394.

[45] Wang N, Shi G, Liu L, et al. Polarimetric sar target detection using the reflection symmetry [J]. IEEE Geoscience and Remote Sensing Letters, 2012, 9(6): 1104-1108.

[46] Xing X, Ji K, Zou H, et al. Feature selection and weighted SVM classifier-based ship detection in PolSAR imagery [J]. International Journal of Remote Sensing, 2013, 34(22): 7925-7944.

[47] Brekke C, Anfinsen S N. Ship detection in ice-infested waters based on dual-polarization SAR imagery [J]. IEEE Geoscience and Remote Sensing Letters, 2011, 8(3): 391-395.

[48] Velotto D, Nunziata F, Migliaccio M, et al. Dual-polarimetric terrasar-x SAR data for target at sea observation [J]. IEEE Geoscience and Remote Sensing Letters, 2013, 10(5): 1114-1118.

[49] Gao G, Shi G, Zhou S. Ship detection in high-resolution dual-Polarization SAR amplitude

images [J]. International Journal of Antennas and Propagation, 2013, 2013(3): 188-192.

[50] Clausi D A, Yue B. Comparing co-occurrence probabilities and Markov random fields for texture analysis of SAR sea ice imagery [J]. IEEE Transactions on Geoscience and Remote Sensing, 2004, 42(1): 215-228.

[51] Maillard P, Clausi D A, Deng H. Operational map-guided classification of SAR sea ice imagery [J]. IEEE Transactions on Geoscience and Remote Sensing, 2005, 43(2): 2940-2951.

[52] Deng H, Clausi D A. Unsupervised segmentation of synthetic aperture radar sea ice imagery using a novel Markov random field model [J]. IEEE Transactions on Geoscience and Remote Sensing, 2005, 43(3): 528-538.

[53] Yu Q, Clausi D A. Filament preserving segmentation for SAR sea ice imagery using a new statistical model [J]. IEEE Transactions on Geoscience and Remote Sensing, 2006, 44(12): 3678-3684.

[54] Scheuchl B, Caves R, Cumming I, et al. Automated sea ice classification using spaceborne polarimetric SAR data [C]//IEEE International Geoscience and Remote Sensing Symposium. IEEE, 2001, 3117-3119.

[55] Scheuchl B, Hajnsek I, Cumming I. Sea ice classification using multi-frequency polarimetric SAR data [C]//IEEE International Geoscience and Remote Sensing Symposium. IEEE, 2002, 1914-1916.

[56] Wakabayashi H, Matsuoka T, Nakamura K, et al. Polarimetric characteristics of sea ice in the sea of Okhotsk observed by airborne L-band SAR [J]. IEEE Transactions on Geoscience and Remote Sensing, 2004, 42(11): 2412-2425.

[57] Arkett M, Flett D, Abreu R D, et al. Evaluating ALOS-PALSAR for ice monitoring-What can L-band do for the North American ice service? [C]//IEEE International Geoscience and Remote Sensing Symposium (IGARSS). IEEE, 2008, 188-191.

[58] Rignot E, Drinkwater M R. Winter sea-ice mapping from multi-parameter synthetic-aperture radar data [J]. Journal of Glaciology, 1994, 40(134): 31-45.

[59] Cui Y R, Zou B, Han Z, et al. Application of convolutional neural networks in satellite remote sensing sea ice image classification: a case study of sea ice in the Bohai Sea [J]. Acta Oceanologica Sinica, 2020, 42(9): 100-109.

[60] Park J W, Korosov A A, Babiker M, et al. Classification of sea ice types in Sentinel-1 synthetic aperture radar images [J]. The Cryosphere, 2020, 14(8): 2629-2645.

[61] Kwok R, Cunningham G F. Use of time series SAR data to resolve ice type ambiguities in newly-opened leads [C]//IEEE International Geoscience and Remote Sensing Symposium (IGARSS). IEEE, 1994, 2: 1024-1026.

[62] Haverkamp D, Soh L K, Tsatsoulis C. A comprehensive, automated approach to determining sea ice thickness from SAR data [J]. IEEE Transactions on Geoscience and

Remote Sensing, 1995, 33(1): 46-57.

[63] Winebrenner D P, Farmer L D, Joughin I R. On the response of polarimetric synthetic aperture radar signatures at 24-cm wavelength to sea ice thickness in Arctic leads [J]. Radio Science, 1995, 30(2): 373-402.

[64] 张晰. 极化SAR渤海海冰厚度探测研究[D]. 青岛: 中国海洋大学, 2011.

[65] Similä M, Karvonen J, Hallikainen M, et al. On SAR-based statistical ice thickness estimation in the Baltic Sea [C]//IEEE International Geoscience and Remote Sensing Symposium (IGARSS). IEEE, 2005, 6: 4030-4032.

[66] Nakamura K, Wakabayashi H, Uto S, et al. Sea ice thickness retrieval in the Sea of Okhotsk using dual-polarization SAR data [J]. Annals of Glaciology, 2006, 44(1): 261-268.

[67] Nakamura K, Wakabayashi H, Uto S, et al. Observation of sea-ice thickness using ENVISAT data from Lützow-Holm bay, east Antarctica [J]. IEEE Geoscience and Remote Sensing Letters, 2009, 6(2): 277-281.

[68] Kim J W, Kim D J, Hwang B. J. Characterization of Arctic sea ice thickness using high-resolution spaceborne polarimetric SAR data [J]. IEEE Transactions on Geoscience and Remote Sensing, 2012, 50(1): 13-22.

[69] Wadhams P, Aulicino G, Parmiggiani F, et al. Pancake ice thickness mapping in the Beaufort Sea from wave dispersion observed in SAR imagery [J]. Journal of Geophysical Research: Oceans, 2018, 123(3): 2213-2237.

[70] Aulicino G, Wadhams P, Parmiggiani F. SAR pancake ice thickness retrieval in the Terra Nova Bay (Antarctica) during the PIPERS expedition in winter 2017 [J]. Remote Sensing, 2019, 11(21): 2510.

[71] Veysoglu M E, Ewe H T, Jordan A K, et al. Inversion algorithms for remote sensing of sea ice [C]//IEEE International Geoscience and Remote Sensing Symposium (IGARSS). IEEE, 1994, 1: 626-628.

[72] Kwok R, Nghiem S V, Yueh S H, et al. Retrieval of thin ice thickness from multi-frequency polarimetric SAR data [J]. Remote Sensing of Environment, 1995, 51(3): 361-374.

[73] Shih S E, Ding K H, Nghiem S V, et al. Thin saline ice thickness retrieval using time-Series C-band polarimetric radar measurements [J]. IEEE Transactions on Geoscience and Remote Sensing, 1998, 36(5): 1589-1598.

[74] Zhang X, Zhang J, Meng J, et al. Analysis of multi-dimensional SAR for determining the thickness of thin sea ice in the Bohai sea [J]. Chinese Journal of Oceanology and Limnology, 2013, 31(3): 681-698.

[75] Zhang X, Dierking W, Zhang J, et al. Retrieval of the thickness of undeformed sea ice from simulated C-band compact polarimetric SAR images [J]. The Cryosphere, 2016, 10: 1529-1545.

[76] Dabboor M, Shokr M. Compact polarimetry response to modeled fast sea ice thickness [J].

Remote Sensing, 2020, 12(19): 3240.
[77] 刘秦涛. 海面溢油微波散射测量方法研究 [D]. 成都: 电子科技大学, 2016.
[78] 袁孝康. 星载合成孔径雷达导论 [M]. 北京: 国防工业出版社, 2003.
[79] 吴一全, 吉玚, 沈毅, 等. Tsallis 熵和改进 CV 模型的海面溢油 SAR 图像分割 [J]. 遥感学报, 2012, 16(4): 678-690.
[80] 郑洪磊. 基于极化特征的 SAR 溢油检测研究 [D]. 青岛: 中国海洋大学, 2015.
[81] Solberg A H S, Storvik G, Solberg R, et al. Automatic detection of oil spills in ERS SAR images [J]. IEEE Transactions on Geoscience and Remote Sensing, 1999, 37(4): 1916-1924.
[82] Migliaccio M, Gambardella A, Tranfaglia M. SAR polarimetry to observe oil spills [J]. IEEE Transactions on Geoscience and Remote Sensing, 2007, 45(2): 506-511.
[83] Gemme L, Dellepiane S G. An automatic data-driven method for SAR image segmentation in sea surface analysis [J]. IEEE Transactions on Geoscience and Remote Sensing, 2018, 56(5): 1-14.
[84] Topouzelis K, Karathanassi V, Pavlakis P, et al. Dark formation detection using neural networks [J]. International Journal of Remote Sensing, 2008, 19: 473-483.
[85] Del Frate F, Petrocchi A, Lichtenegger J, et al. Neural networks for oil spill detection using ERS-SAR data [J]. IEEE Transactions on Geoscience and Remote Sensing, 2000, 38(5): 2282-2287.
[86] Karathanassi V, Topouzelis K, Pavlakis P, et al. An object-oriented methodology to detect oil spills [J]. International Journal of Remote Sensing, 2006, 27(23): 5235-5251.
[87] 苏腾飞. 面向对象的 SAR 溢油检测算法与系统构建 [D]. 青岛: 国家海洋局第一海洋研究所, 2013.
[88] 邹亚荣, 卢青, 邹斌. 基于 SAR 后向散射的海上溢油检测研究 [J]. 遥感信息, 2010, 2010(4): 76-79.
[89] 邹亚荣, 王华, 邹斌. 基于 CFAR 海上溢油检测研究 [J]. 遥感技术与应用, 2008(6): 32-35.
[90] Zhang F, Shao Y, Tian W, et al. Oil spill identification based on textural information of SAR image [C]//IEEE International Geoscience and Remote Sensing Symposium (IGARSS). IEEE, 2008, 4: IV-1308-IV-1311.
[91] 张伟伟, 薄华, 王晓峰. 多特征-谱聚类的 SAR 图像溢油分割 [J]. 智能系统学报, 2010, 5(6): 551-555.
[92] Nunziata F, Gambardella A, Migliaccio M. On the degree of polarization for SAR sea oil slick observation [J]. ISPRS Journal of Photogrammetry and Remote Sensing, 2013, 78: 41-49.
[93] Alpers W, Zhang B, Mouche A, et al. Rain footprints on C-band synthetic aperture radar images of the ocean-Revisited [J]. Remote Sensing of Environment, 2016, 187: 169-185.

[94] Velotto D, Migliaccio M, Nunziata F, et al. Dual-polarized TerraSAR-X data for oil-spill observation [J]. IEEE Transactions on Geoscience and Remote Sensing, 2011, 49(12): 4751-4762.

[95] Nunziata F, Gambardella A, Migliaccio M. On the Mueller scattering matrix for SAR sea oil slick observation [J]. IEEE Geoscience and Remote Sensing Letters, 2008, 5(4): 691-695.

[96] Migliaccio M, Gambardella A, Nunziata F, et al. The PALSAR polarimetric mode for sea oil slick observation [J]. IEEE Transactions on Geoscience and Remote Sensing, 2009, 47(12): 4032-4041.

[97] Migliaccio M, Nunziata F, Gambardella A. On the co-polarized phase difference for oil spill observation [J]. International Journal of Remote Sensing, 2009, 30(6): 1587-1602.

[98] Migliaccio M, Tranfaglia M. A study on the capability of SAR polarimetry to observe oil spills [C]//ESA Special Publication. 2005, 586: 25.

[99] Zheng H, Zhang Y, Wang Y, et al. The polarimetric features of oil spills in full polarimetric synthetic aperture radar images [J]. Acta Oceanologica Sinica, 2017, 36(5): 105-114.

[100] Liu P, Li X, Qu J J, et al. Oil spill detection with fully polarimetric UAVSAR data [J]. Marine Pollution Bulletin, 2011, 62(12): 2611-2618.

[101] Souyris J C, Mingot S. Polarimetry based on one transmitting and two receiving polarizations: the/spl pi//4 mode [C]//IEEE International Geoscience and Remote Sensing Symposium (IGARSS). IEEE, 2002, 1: 629-631.

[102] Souyris J C, Imbo P, Fjortoft R, et al. Compact polarimetry based on symmetry properties of geophysical media: The/spl pi//4 mode [J]. IEEE Transactions on Geoscience and Remote Sensing, 2005, 43(3): 634-646.

[103] Zhang B, Perrie W, Li X, et al. Mapping sea surface oil slicks using RADARSAT-2 quad-polarization SAR image [J]. Geophysical Research Letters, 2011, 38(10): L10602.

[104] Shirvany R, Chabert M, Tourneret J Y. Ship and oil-spill detection using the degree of polarization in linear and hybrid/compact dual-pol SAR [J]. IEEE Journal of Selected Topics in Applied Earth Observations and Remote Sensing, 2012, 5(3): 885-892.

[105] Salberg A B, Rudjord Ø, Solberg A H S. Oil spill detection in hybrid-polarimetric SAR images [J]. IEEE Transactions on Geoscience and Remote Sensing, 2014, 52(10): 6521-6533.

[106] Nunziata F, Migliaccio M, Li X. Sea oil slick observation using hybrid-polarity SAR architecture [J]. IEEE Journal of Oceanic Engineering, 2015, 40(2): 426-440.

[107] 谢广奇, 杨帅, 陈启浩, 等. 简缩极化特征值分析的溢油检测 [J]. 遥感学报, 2019, 23(2): 303-312.

[108] Sabry R, Vachon P W. A unified framework for general compact and quad polarimetric SAR data and imagery analysis [J]. IEEE transactions on geoscience and remote sensing, 2013, 52(1): 582-602.

[109] Zhang Y, Li Y, Liang X S, et al. Comparison of oil spill classifications using fully and compact polarimetric SAR images [J]. Applied Sciences, 2017, 7(2): 193.

[110] 杜涛, 吴巍, 方欣华. 海洋内波的产生与分布 [J]. 海洋科学, 2001, 25(4): 25-28.

[111] Jackson C. Internal wave detection using the Moderate Resolution Imaging Spectroradiometer (MODIS) [J]. Journal of Geophysical Research: Oceans, 2007, 112 (C11): 4220-4239.

[112] Huang X D, Chen Z H, Zhao W, et al. An extreme internal solitary wave event observed in the northern South China Sea [J]. Scientific Reports, 2016, 6(30041): 1-9.

[113] Osborne A R, Burch T L. Internal solitons in the Andaman Sea [J]. Science, 1980, 208 (4443): 451-460.

[114] Alpers W. Theory of radar imaging of internal waves [J]. Nature, 1985, 314(6008): 245-247.

[115] Hughes B A, Dawson T W. Joint Canada-U.S. ocean wave investigation project: an overview of the Georgia Strait experiment [J]. Journal of Geophysical Research: Oceans, 1988, 93(C10): 12219-12234.

[116] Kasischke E S, Lyzenga D R, Shuchman R A, et al. Contrast ratios of internal waves in synthetic aperture radar imagery: a comparison of SAR internal wave signature experiment observations with theory [J]. Journal of Geophysical Research: Oceans, 1988, 93(C10): 12355-12369.

[117] Elachi C, Apel J R. Internal wave observations made with an airborne synthetic aperture imaging radar [J]. Geophysical Research Letters, 1976, 3(11): 647-650.

[118] Li X F, Clemente P, Friedman K S, et al. Estimating oceanic mixed-layer depth from internal wave evolution observed from RADARSAT-1 SAR [J]. Johns Hopkins APL Technical Digest, 2000, 21(1): 130-135.

[119] Zheng Q A, Susanto R D, Ho C R, et al. Statistical and dynamical analyses of generation mechanisms of solitary internal waves in the northern South China Sea [J]. Journal of Geophysical Research: Oceans, 2007, 112(C3): 21-36.

[120] Kozlov I, Romanenkov D, Zimin A, et al. SAR observing large-scale nonlinear internal waves in the White Sea [J]. Remote Sensing of Environment, 2014, 147(10): 99-107.

[121] Kozlov I, Kudryavtsev V N, Zubkova E V, et al. Characteristics of short-period internal waves in the Kara Sea inferred from satellite SAR data [J]. Izvestiya, Atmospheric and Oceanic Physics, 2015, 51(9): 1073-1087.

[122] Kozlov I, Zubkova E V, Kudryavtsev V N. Internal solitary waves in the Laptev Sea: first results of spaceborne SAR observations [J]. IEEE Geoscience and Remote Sensing Letters, 2017, 14(11): 2047-2051.

[123] Magalhaes J M, da Silva J C, Buijsman M C, et al. Effect of the North Equatorial Counter Current on the generation and propagation of internal solitary waves off the Amazon shelf

(SAR observations)[J/OL]. Ocean Science, 2016, 12(1): 243-255.

[124] da Silva J C, Magalhaes J M, Gerkema T, et al. Internal solitary waves in the Red Sea: an unfolding mystery [J]. Oceanography, 2012, 25(2): 96-107.

[125] Jia T, Liang J, Li X M, et al. Retrieval of internal solitary wave amplitude in shallow water by tandem spaceborne SAR [J]. Remote Sensing, 2019, 11(14): 1706-1723.

[126] Wang C X, Wang X, da Silva J C. Studies of internal waves in the strait of Georgia based on remote sensing images [J]. Remote Sensing, 2019, 11(1): 96-111.

[127] 曾智, 李晓明, 任永政, 等. 基于 TerraSAR-X 卫星数据的内孤立波参数和海表流速信息提取的探索研究 [J]. 海洋学报, 2020, 42(1): 90-101.

[128] Schuler D, Jansen R, Lee J, et al. Polarisation orientation angle measurements of ocean internal waves and current fronts using polarimetric SAR [J]. IEE Proceedings-Radar, Sonar and Navigation, 2003, 150(3): 135-143.

[129] Kozlov I, Kudryavtsev V, Chapron B, et al. Co-polarized SAR imaging of oceanic internal waves [C]//Fluxes and Structures in Fluids 2013. St. Petersburg, 2013.

[130] Meng Y, Zhang Y, Wei Y. The polarization analysis of the influence on internal wave imaging by SAR [C]//IEEE International Geoscience and Remote Sensing Symposium (IGARSS). IEEE, 2018: 9339-9342.

[131] 李鲁靖, 孟俊敏, 张晰, 等. SAR 极化特征图像与 σ-0 图像的海洋内波可视性对比 [J]. 海洋学研究, 2014, 32(002): 23-34.

[132] Zhang H, Meng J M, Sun L N, et al. Performance analysis of internal solitary wave detection and identification based on compact polarimetric SAR [J]. IEEE Access, 2020, 8: 172839-172847.

[133] Macedo C R, da Silva J C, Buono A, et al. Multi-polarization radar backscatter signatures of internal waves at L-band [J]. International Journal of Remote Sensing, 2022, 43(6): 1943-1959.

[134] Bourassa M A, Meissner T, Cerovecki I, et al. Remotely sensed winds and wind stresses for marine forecasting and ocean modeling [J]. Frontiers in Marine Science, 2019, 6: 443-471.

[135] Young I R, Ribal A. Multiplatform evaluation of global trends in wind speed and wave height [J]. Science, 2019, 364(6440): 548-552.

[136] Kerbaol V, Chapron B, Vachon P W. Analysis of ERS-1/2 synthetic aperture radar wave mode imagettes [J]. Journal of Geophysical Research: Oceans, 1998, 103(C4): 7833-7846.

[137] Hasselmann K, Hasselmann S. On the nonlinear mapping of an ocean wave spectrum into a synthetic aperture radar image spectrum and its inversion [J]. Journal of Geophysical Research: Oceans, 1991, 96(C6): 10713-10729.

[138] Li H, Mouche A, Wang H, et al. Polarization dependence of azimuth cutoff from quad-pol SAR images [J]. IEEE Transactions on Geoscience and Remote Sensing, 2019, 57(12):

9878-9887.

[139] Grieco G, Lin W, Migliaccio M, et al. Dependency of the Sentinel-1 azimuth wavelength cut-off on significant wave height and wind speed [J]. International Journal of Remote Sensing, 2016, 37(21): 5086-5104.

[140] Stopa J E, Ardhuin F, Chapron B, et al. Estimating wave orbital velocity through the azimuth cutoff from space-borne satellites [J]. Journal of Geophysical Research: Oceans, 2015, 120(11): 7616-7634.

[141] Corcione V, Grieco G, Portabella M, et al. A novel azimuth cutoff implementation to retrieve sea surface wind speed from SAR imagery [J]. IEEE Transactions on Geoscience and Remote Sensing, 2018, 57(6): 3331-3340.

[142] Montuori A, De Ruggiero P, Migliaccio M, et al. X-band COSMO-SkyMed wind field retrieval, with application to coastal circulation modeling [J]. Ocean Science, 2013, 9(1): 121-132.

[143] Ren L, Yang J, Zheng G, et al. Significant wave height estimation using azimuth cutoff of C-band RADARSAT-2 single-polarization SAR images [J]. Acta Oceanologica Sinica, 2015, 34(12): 93-101.

[144] Yang J, Wang H, Chen X, et al. A new method for significant wave height retrieval from SAR imagery [C]//Microwave Remote Sensing of the Atmosphere and Environment VI. SPIE, 2008, 7154: 89-93.

[145] Wang H, Yang J, Lin M, et al. Quad-polarimetric SAR sea state retrieval algorithm from Chinese Gaofen-3 wave mode imagettes via deep learning [J]. Remote Sensing of Environment, 2022, 273: 112969.

[146] Vachon P W, Krogstad H E, Paterson J S. Airborne and spaceborne synthetic aperture radar observations of ocean waves [J]. Atmosphere-Ocean, 1994, 32(1): 83-112.

[147] Engen G, Johnsen H. SAR-ocean wave inversion using image cross spectra [J]. IEEE Transactions on Geoscience and Remote Sensing, 1995, 33(4): 1047-1056.

[148] Krogstad H E. A simple derivation of Hasselmann's nonlinear ocean-synthetic aperture radar transform [J]. Journal of Geophysical Research: Oceans, 1992, 97(C2): 2421-2425.

[149] Kudryavtsev V, Kozlov I, Chapron B, et al. Quad-polarization SAR features of ocean currents [J]. Journal of Geophysical Research: Oceans, 2014, 119(9): 6046-6065.

[150] Zhang B, Zhao X, Perrie W, et al. On modeling of quad-polarization radar scattering from the ocean surface with breaking waves [J]. Journal of Geophysical Research: Oceans, 2020, 125(8): e2020JC016319.

[151] Hwang P A, Plant W J. An analysis of the effects of swell and surface roughness spectra on microwave backscatter from the ocean [J]. Journal of Geophysical Research: Oceans, 2010, 115(4): C04014.

[152] Sergievskaya I A, Ermakov S A, Ermoshkin A V, et al. The role of micro breaking of

small-scale wind waves in radar backscattering from sea surface [J]. Remote Sensing, 2020, 12(24): 4159.

[153] Kudryavtsev V, Chapron B, Makin V. Impact of wind waves on the air-sea fluxes: a coupled model [J]. Journal of Geophysical Research: Oceans, 2014, 119(2): 1217-1236.

[154] Ren L, Yang J, Zheng G, et al. Significant wave height estimation using azimuth cutoff of C-band RADARSAT-2 single-polarization SAR images [J]. Acta Oceanologica Sinica, 2015, 34(12): 93-101.

[155] Zhu S, Shao W, Armando M, et al. Evaluation of Chinese quad-polarization Gaofen-3 SAR wave mode data for significant wave height retrieval [J]. Canadian Journal of Remote Sensing, 2018, 44(6): 588-600.

[156] Collins M J, Ma M, Dabboor M. On the effect of polarization and incidence angle on the estimation of significant wave height from SAR data [J]. IEEE Transactions on Geoscience and Remote Sensing, 2019, 57(7): 4529-4543.

第二章

极化 SAR 船只目标探测

船只作为人类海洋活动的直接载体，在人类的涉海活动中发挥着重要作用，随着人类涉海活动的日益频繁和国家海洋安全意识的增强，利用 SAR 开展船只检测已经成为海洋领域的重要研究内容。大型船只在 SAR 图像中一般都表现为高亮的目标，检测较为简单，目前已有很多的有效的方法。但渔船等小船只目标的散射回波弱，船海目标杂波比（Target Clutter Ratio，TCR）低，容易被海洋回波淹没，目前在 SAR 小船只检测方面开展研究较少。

本章利用极化 SAR 对小尺寸船只目标进行检测，提出基于极化 SAR 的小船只检测方法，开展全极化 SAR 小船只探测实验，并验证方法的有效性。

2.1 船只目标的成像机理与检测方法

2.1.1 船只目标 SAR 成像机理

目标的散射机理是指自然界或人造的地物目标对于雷达入射电磁波的散射或者反射过程。对于极化 SAR，地物目标对电磁波的散射过程可以称为目标的极化散射机理。自然界中物体对电磁波的散射过程多种多样，通常可以认为是由表面散射、Bragg 散射、偶次散射、体散射四种基本的散射机制构成，如图 2.1 所示。

表面散射类似于光学中的镜面反射，平静的湖面、低风速区的海面容易产生表面散射，在 SAR 图中表现为较暗的区域。Bragg 散射多为自然界中大部分粗糙起伏的表面产生，模型适用于波动的海面、农田、沙漠等。偶次散射则多为城市建筑物、船只、海上平台等具有固定结构的人造硬目标以及自然界中自然形成的表面较为平滑的二面角结构产生。体散射是能被雷达电磁波穿透并形成随机散射过程的区域产生，如植被稀疏的树冠等目标。实际上自然界中地物非单一的结构，多种散射混叠在一起。

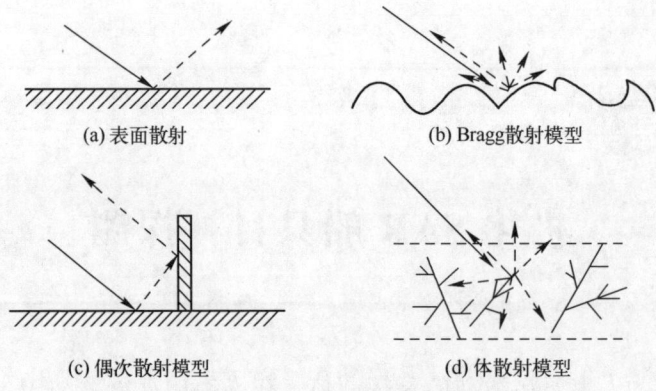

图 2.1 四种基本微波散射类型

目标的后向散射特征受到目标的介电常数、表面粗糙度、方位角、大小、形状等参数的影响。对于海上船只,一方面,其自身为结构复杂的人造硬目标;另一方面,船只又随着海水运动,利用 SAR 对航行于海面的船只发射电磁波并接收回波进行成像时,船只的大小、长宽、上层结构、船体的材料、船只运行的方向都会影响其散射特性。

图 2.2 给出了海上船只散射机制示意图。对于星载 SAR,其成像入射角的范围在 20°~60°之间,在此角度范围内,一般认为海面主要是 Bragg 散射。而海上船只则由于自身结构复杂且受海面运动的影响,散射情况较为复杂,主要包含船只表面的单次散射、船海之间的二次散射、船体结构造成的二次散射,船海之间的多次散射,船只上层结构间的多次散射。此外,当船上装有能够被电磁波透射的物资或船只为非金属材质的船只(如木船)时,船只还有一定量的体散射;船只上的复杂结构,也导致其可能会包含螺旋体散射等其他散射成分。

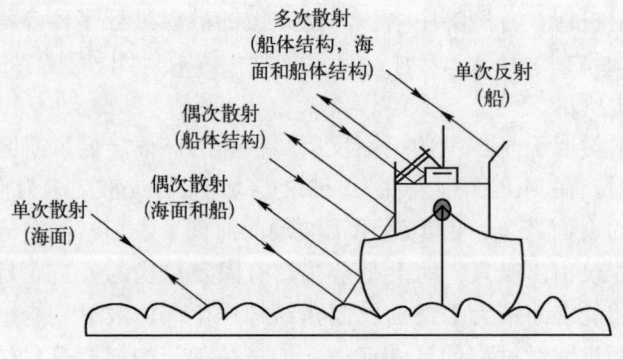

图 2.2 海上船只目标散射机制示意图

在多种散射机制中,船只的散射主要以二次散射为主,这是因为:①海上大多数船只结构中有很多二面角结构,如外壁两侧都是垂直或近似垂直于海面,构成了很多的二面角散射结构,产生的二面角散射较多;②二次散射有两条电磁波传播路径(雷达→船→海→雷达,雷达→海→船→雷达);③由于粗糙海表面的散射,二次反射回波的聚焦质量要小于船只的单次回波,二次散射在船只上的散射面积要大于单次散射回波。当利用 SAR 对船只成像时,上述各种散射机制都混叠在一起。极化 SAR 提供了丰富的散射信息,可以采用极化分解等方法,解译船只目标和海洋的散射机制,提取多种极化特征,进而可以分析船只目标和海洋在不同极化特征中的表现,评价船只的可探测性能。

2.1.2 船只目标 SAR 检测方法

船只目标 SAR 检测方法根据 SAR 图像的极化情况,可以分为基于单极化数据的方法和基于多极化数据的方法。

1. 单极化 SAR 船只检测方法

对于单极化 SAR,将海杂波统计模型与恒虚警率(Constant False Alarm Rate,CFAR)目标检测方法相结合的船只检测方法是最常见的。CFAR 方法进行精确目标检测受到两方面的影响:第一方面是 SAR 海杂波统计分布模型的选取;第二方面就是要设置合适的恒虚警概率(PFA)。下面分别对恒虚警率目标检测方法和海杂波建模方法予以介绍。

1) 恒虚警率目标检测方法

恒虚警率检测方法根据预先设定的恒虚警概率,结合海杂波的概率密度函数(Probability Density Function,PDF)自适应地计算检测阈值,从海杂波中检测船只[1]。

假定某 SAR 图像 $I(m,n)$ 的海杂波概率密度函数为 $p(x)$,根据检测需要预设的恒虚警概率为 PFA,解下式的恒虚警率方程,得到检测阈值 T_{th}:

$$1 - \text{PFA} = \int_0^{T_{th}} p(x) \, dx \tag{2.1}$$

根据检测阈值 T_{th},对 SAR 图像 $I(m,n)$ 进行预筛选,若 $I(m,n) > T_{th}$,对应的像素为船只目标,反之为海杂波。为了消除噪声的影响,通常在预筛选过程后增加一个结合图像和船只先验知识的甄别过程,提高船只检测的准确性。这些先验知识包括图像分辨率、船只长宽信息等。在标准 CFAR 的基础上,学者相继发展了众多 CFAR 改进方法,如 OS-CFAR[2]、CA-CFAR[3]、VI-CFAR[4] 及双边 CFAR[5] 等算法。

2)海杂波建模方法

海杂波模型是否精确直接决定着恒虚警率船只检测方法的准确率。目前大部分学者主要根据海杂波的统计特性来进行建模,下面介绍几种典型的海杂波模型:

(1)瑞利(Rayleigh)分布。

对于低分辨率雷达,在雷达所照射的区域内,相对应的散射体的回波信号都是相互独立的,通过中心极限定理分析其幅度分布服从瑞利分布[6],其PDF 的表达式为

$$f(x) = \frac{x}{\sigma^2}\exp\left(-\frac{x^2}{2\sigma^2}\right), \quad x>0 \tag{2.2}$$

从式(2.2)可以看出,海杂波的幅度概率密度函数属于高斯型的,且其均值为 0、标准差为 σ;式中,x 为海杂波的幅度值。

(2)对数正态(Log-normal)分布。

随着雷达的分辨率提高,海杂波会出现很多峰值杂波,使得此时海杂波的概率密度函数曲线有更长的拖尾,这可用对数正态分布模型去建模,其 PDF 的表达式为[7]

$$f(x) = \frac{1}{\sqrt{2\pi}\sigma x}\exp\left[-\frac{(\ln x - \mu)^2}{2\sigma^2}\right], \quad \sigma>0, \mu \in \mathbf{R} \tag{2.3}$$

其中,对数 $\ln x$ 是均值为 μ、方差为 σ^2 的正态分布,σ 的大小可用来控制对数正态分布的 PDF 的形状。

(3)韦布尔(Weibull)分布。

通过分析瑞利分布和对数正态分布模型可知,瑞利分布模型的拖尾比较小,改进之后的对数正态分布的拖尾比较大。韦布尔分布介于这两种模型之间,其 PDF 的表达式为

$$f(x) = \frac{p}{q}\left(\frac{x}{q}\right)^{p-1}\exp\left[-\left(\frac{x}{q}\right)^p\right], \quad x,p,q>0 \tag{2.4}$$

式中:p 为形状参数;q 为比例参数;x 为随机变量,即海洋数据。

(4)K 分布。

为了更好地描述海杂波的相关特性和其在幅度分布上的长拖尾特性,Jakeman 和 Pusey 于 1976 年提出了 K 分布[8]。在这种模型中海杂波回波信号的幅度被分解为纹理和散斑两个分量,并且在实际应用中已经验证了该分布可以更有效地描述海杂波的幅度分布。K 分布的复合形式被分解为具有不同去相关时间的两个杂波分量,其中第一部分称为慢变的纹理分量,它通常用取平方根的伽马分布来表示,具有秒级的去相关时间,并且该相关性和风速

等自然环境有很大关系，一般不受频率捷变的影响；而第二部分是快变的散斑分量，它是由各个散射单元中杂波的多路径散射产生的，具有毫秒级的去相关时间，可以通过散射体频率捷变或散射体内部运动去相关。K 分布的概率密度函数定义为[9]

$$f(x) = \frac{2}{a\Gamma(\gamma)}\left(\frac{x}{2a}\right)^v K_{v-1}\left(\frac{x}{a}\right), \quad x,a,v>0 \qquad (2.5)$$

其中，$K_v(\cdot)$ 为 v 阶修正第二类贝塞尔函数，$\Gamma(\cdot)$ 为伽马函数，v 为形状参数，描述分布的倾斜度。对于大多数杂波来说，v 的取值范围通常为 $0.1<v<\infty$，a 为尺度参数，和杂波的平均功率大小相关。

2. 多极化 SAR 船只检测方法

单极化 SAR 数据只能利用单景影像的幅度信息进行船只检测，全极化 SAR 提供了四个通道的极化信息，综合利用四个极化通道的信息，将会提高船只目标的检测性能。

多极化 SAR 舰船检测可分为基于极化统计和基于极化散射特性分析两大类方法，基于极化统计的方法关键在于选择合适的极化统计模型[10-11]。基于极化散射特性分析的方法的核心是利用船海之间的散射差异，构建能够显著增强 TCR 且能够有效区分船海的检测量[12-16]。随着极化 SAR 技术的发展，越来越多的极化特征被提出并在船只检测中得到了应用。

在进行舰船检测时，将检测量与 CFAR 方法相结合可以实现舰船的自动检测。典型的方法包括极化总功率（Span）检测器，功率最大化合成（Power Maximization Synthesis, PMS）检测器以及极化白化滤波（PWF）检测器。

Span 检测器是一种被广泛使用的极化 SAR 处理方法，它将四个极化通道的 SAR 数据的后向散射系数的平方加和，代表四个极化信道的总散射能量[17]。公式如下：

$$\text{Span}(S) = |S_{HH}|^2 + |S_{HV}|^2 + |S_{VH}|^2 + |S_{VV}|^2 \qquad (2.6)$$

单站情况下，满足互易定理，Pauli 基简化为 3 个，相应的

$$\text{Span}(S) = |S_{HH}|^2 + 2|S_{HV}|^2 + |S_{VV}|^2 \qquad (2.7)$$

由于船只属于人造硬目标，船只的后向散射的能量一般要高于海洋回波，通过设定能量阈值 T 来实现船海分割

$$\text{Span}(S) > T \qquad (2.8)$$

总之，极化包含了不同收发极化方式组合，代表了目标较为全面的散射属性，不同极化通道之间信息存在互补，充分挖掘极化 SAR 中的目标与杂波的散射差异信息，可以构建出更多适用于船只检测的新特征。

2.2 基于极化 SAR 的小船只目标检测方法

SAR 船只检测的研究已开展了数十年，发展了众多的检测方法，常规的 SAR 目标检测方法能够适用于大部分的情况，但是对于小船只检测目前还未有很有效的方法。本节首先对小船只目标进行界定；其次，基于船只与海洋的散射差异，提出基于极化 SAR 的小船只检测方法；最后，分析小船只检测器的参数设置，探讨检测器的性能。

2.2.1 小船只目标的界定

"小"目标指的是目标的尺寸较小，反映到 SAR 图像中就是指目标所占的像素个数较少，目标的"小"是个相对概念，它除了与目标自身的长宽大小有关外，也与 SAR 的分辨率有关。在低分辨率条件下，即使较大的船只也只占几个像素，而在高分辨率条件下，长度较小的目标也可能占十几个以上的像素。

"小"目标到目前为止未有确切定义，编者尝试通过已有的 SAR 船只可探测性研究结果来界定"小"目标。SAR 船只可探测性研究是为了评估各卫星的目标探测能力，建立起 SAR 模式与可探测船只长度的联系。早期的船只可检测性工作都是针对于 ERS、RADARSAT-1。Wahl 等分析了 ERS-1 SAR 30m 分辨率数据中的船只，发现风速对船只可见性影响很大，无风时，大多数船只都可见；风速大于 4m/s 时，长度小于 50m 的船只不可见；风速为 10m/s 时，长度小于 100m 的船只不可见[18]。Vachon 等利用 CMOD 模型和 Skolnik 假设，分析发现对于 RADARSAT-1 标准模式的数据（30m 分辨率），风速小于 2m/s 时，最小可探测船长为 20m，风速大于 20m/s 时，最小可探测船长为 70m，其他成像模式也有类似的结果[19]。Robertson 研究发现 RADARSAT-1 ScanSAR Narrow（50m 分辨率）模式的数据，在风速为 5~10m/s 的条件下，船只可检测长度为 30~40m[20]。

表 2.1 总结了上述各卫星的船只探测性能，船只的可检测性长度与分辨率呈非线性关系，且受风速的影响较大。尽管有 RADARSAT-2 最小可探测到长度为 18m 船只的结论，但上述的研究结果都是对于金属船只，这些船只本身就有很强的反射特性，RCS 较强，所占像元个数较多。

表 2.1 各卫星的船只探测性能

卫　　星	模　　式	分辨率/m	最小可探测长度/m	风速/(m/s)
ERS	—	30	50	4
		30	100	10

续表

卫　星	模　式	分辨率/m	最小可探测长度/m	风速/(m/s)
RADARSAT-1	Standard	30	20	2
		30	70	20
	ScanSAR Narrow	50	30~40	5~10
		50	32	—
	ScanSAR Wide	100	35	—
RADARSAT-2	Fine Quad	8	18	—

目标可见性最直接的影响因素就是船只长度，且需要有较强的RCS。船只的RCS较为复杂，影响RCS的因素有船只的大小、几何结构材料属性、雷达的频率和极化方式；此外，船体与雷达视向的夹角、船体运动等也会影响船只在SAR图像中的RCS大小[21]。而对于非金属的木质渔船而言，即使在结构等其他参数都相同的情况下，其RCS也比金属船只要弱很多。Stastny等在利用搭载角反射器的长度为6~25m的木船进行实验时，即使是使用RADARSAT-2的Ultrafine模式（3m分辨率）高分辨率图像，也很难提供可靠的检测结果，甚至无法检测到目标[22]。挪威国防研究所FFI的Hannevik等在2011年研究了全极化RADARSAT-2和紧缩极化SAR的船只探测问题时，就将60m以下的船只认为是小船只目标[23]。全极化分辨率为8m，船只长度60m为分辨率的7.5倍。徐军在红外图像中弱小目标检测技术研究中，认为目标所占像元个数是空间分辨率的1~5倍之间都能称为小目标[24]。

本书借鉴以上的结论来界定小船只的长度。本书定义：船只长度小于空间分辨率的5倍，即可认为是小目标，所以对于SAR分辨率为3m时，长度小于15m可认为是小目标，分辨率为8m时，可认为长度小于40m的为小目标。

我们认为"小"目标的检测困难有两方面的原因：一是由于小尺寸船只所占像元个数较少，在检测中容易被当作斑点噪声滤除；二是"小"船只多为非金属材质的船只，其后向散射回波较弱，导致发生漏检。

2.2.2 极化SAR小船只检测器

1. 目标极化矩阵的物理意义

船只检测首先要做的是提高TCR，尤其是对于反射回波较弱的非金属、小尺寸船只目标，提高TCR是减少漏检保证检测性能的关键。当利用极化SAR对船只成像时，能够获得船只与海面的全部极化散射信息。目标的极化特性可以用散射矩阵S完整表述，S不仅包含了不同极化通道的散射幅值，也包含了丰富的相位信息[25]。

$$S = \begin{bmatrix} S_{HH} & S_{HV} \\ S_{VH} & S_{VV} \end{bmatrix} \quad (2.9)$$

由于散射矩阵 S 中的元素存在相干性，在 S 矩阵的基础上，进一步提取其二阶统计特征，极化相干矩阵[26-27]和极化协方差矩阵[28-29]。极化散射矩阵 S 的 Pauli 基极化散射矢量 k 的表示形式如下：

$$k = \frac{1}{\sqrt{2}}[S_{HH}+S_{VV} \quad S_{HH}-S_{VV} \quad S_{HV}+S_{VH} \quad j(S_{HV}-S_{VH})]^T \quad (2.10)$$

在满足互易准则条件下，基于 Pauli 基的极化散射矢量的形式变成

$$k = \frac{1}{\sqrt{2}}[S_{HH}+S_{VV} \quad S_{HH}-S_{VV} \quad 2S_{HV}]^T \quad (2.11)$$

通过极化散射矢量 k 可定义极化相干矩阵为

$$T = \langle k \cdot k^{*T} \rangle = \begin{bmatrix} T_{11} & T_{12} & T_{13} \\ T_{21} & T_{22} & T_{23} \\ T_{31} & T_{32} & T_{33} \end{bmatrix}$$

$$= \frac{1}{2}\begin{bmatrix} \langle |S_{HH}+S_{VV}|^2 \rangle & \langle (S_{HH}+S_{VV})(S_{HH}-S_{VV})^* \rangle & 2\langle (S_{HH}+S_{VV})S_{HV}^* \rangle \\ \langle (S_{HH}-S_{VV})(S_{HH}+S_{VV})^* \rangle & \langle |S_{HH}-S_{VV}|^2 \rangle & 2\langle (S_{HH}-S_{VV})S_{HV}^* \rangle \\ 2\langle (S_{HH}+S_{VV})^*S_{HV} \rangle & 2\langle (S_{HH}-S_{VV})^*S_{HV} \rangle & 4\langle |S_{HV}|^2 \rangle \end{bmatrix}$$

$$(2.12)$$

通过集合平均可以达到抑制相干斑的效果。同时，T 矩阵与 Kennaugh 矩阵存在一一对应关系：

$$T = \begin{bmatrix} T_{11} & T_{12} & T_{13} \\ T_{12}^* & T_{22} & T_{23} \\ T_{13}^* & T_{23}^* & T_{33} \end{bmatrix} = \begin{bmatrix} 2A_0 & C+jD & H+jG \\ C+jD & B_0+B & E+jF \\ H-jG & E-jF & B_0-B \end{bmatrix} \quad (2.13)$$

Kennaugh 矩阵中的 A_0 表示散射体的规则、光滑、凸面部分的总散射功率，B_0 表示散射体的不规则、粗糙、非凸面去极化部分的总散射功率。我们知道船只去极化效应强，而海水的去极化效应非常弱，因此，船海在 A_0 和 B_0 中的差异会较为明显。根据式（2.13），可以得到 A_0 和 B_0 的 T 矩阵表达形式如下：

$$2B_0 = T_{22}+T_{33} \quad (2.14)$$

$$2A_0 = T_{11} \quad (2.15)$$

下面从 S 矩阵的角度来说，进一步说明 T 矩阵和 S 矩阵在船只与海面散射特性表达及其之间的联系。对 S 矩阵进行 Pauli 分解，有

第二章 极化 SAR 船只目标探测

$$S = \frac{a}{\sqrt{2}}\begin{bmatrix} 1 & 0 \\ 0 & 1 \end{bmatrix} + \frac{b}{\sqrt{2}}\begin{bmatrix} 1 & 0 \\ 0 & -1 \end{bmatrix} + \frac{c}{\sqrt{2}}\begin{bmatrix} 0 & 1 \\ 1 & 0 \end{bmatrix} + \frac{d}{\sqrt{2}}\begin{bmatrix} 0 & -j \\ j & 0 \end{bmatrix} \quad (2.16)$$

其中,复系数权重分别为

$$a = \frac{S_{HH}+S_{VV}}{\sqrt{2}}, \quad b = \frac{S_{HH}-S_{VV}}{\sqrt{2}}, \quad c = \frac{S_{HV}+S_{VH}}{\sqrt{2}}, \quad d = j\frac{S_{HV}-S_{VH}}{\sqrt{2}} \quad (2.17)$$

Pauli 基矩阵是相互正交的,而且每个基矩阵对应着一种基本的散射机制。$|S_{HH}+S_{VV}|$ 表示表面散射,$|S_{HH}-S_{VV}|$ 表示方向角为 0°的二面角反射器形成的二面角散射,即二次散射或偶次散射,$|S_{HV}+S_{VH}|$ 表示方向角为 45°的二面角反射器形成的二次散射,j*$|S_{HV}-S_{VH}|$ 表示散射矩阵中除去前三种分量后的所有的不对称的散射分量。式(2.13)中相干矩阵 T 的三个主对角元素与 Pauli 基对照,可认为 T_{11}、T_{22}、T_{33} 分别表示表面散射的功率、方位角为 0°和 45°的二面角散射功率。至此,我们得到了 S 和 T 矩阵中关于单次和二次散射的分量、非规则表面去极化功率和规则表面总功率的分量表达及其对应关系。下面考虑如何利用这些参量构建一个 TCR 增强的检测量。

2. 极化 SAR 小船只检测器

1) 检测器的提出

船只主要以二次散射为主,海面以 Bragg 单次散射为主,二者的比值可以表示船海之间的对比度,根据式(2.13),二次散射与单次散射的功率比可表示为

$$M = \frac{|S_{HH}-S_{VV}|^2 + |2S_{HV}|^2}{|S_{HH}+S_{VV}|^2} \quad (2.18)$$

结合式(2.13)~式(2.18)该表达式可写为

$$M = \frac{T_{22}+T_{33}}{T_{11}} = \frac{\langle|S_{HH}-S_{VV}|^2\rangle + 4\langle|S_{HV}|^2\rangle}{\langle|S_{HH}+S_{VV}|^2\rangle} = \frac{B_0}{A_0} \quad (2.19)$$

$$\rho_B = \arctan\frac{T_{22}+T_{33}}{T_{11}} = \arctan\frac{B_0}{A_0} \quad (2.20)$$

Hajnsek 等指出了对于随机表面,M 参数不依赖于表面粗糙度,仅与目标介电常数和雷达入射角有关[30]。进一步,Cloude 对 M 参数进行了三角函数变换得到式(2.20),称 ρ_B 为 Bragg 散射角(Bragg angle)[31],ρ_B 具有旋转不变性,与平均散射角有类似的性质,小于 45°时,认为是 Bragg 散射,随着其值的增大二次散射成分逐渐增加。Yin 的研究表明 M 参数在船只检测和溢油检测中均有较好的结果[32]。M 参数或者 ρ_B 具有较高的 TCR,但幅值整体上分布范围较小,且如果分母中存在 0 值或非常接近于 0 的值,则会在某些像素点处产生很大的奇异值。

考虑到船只以二次散射为主,且存在较强的去极化效应,利用船只目标与其周围像素的散射特性差异,从去极化功率与总功率、二次散射与单次散射的差异角度出发,在前述工作的基础上,利用 B_0、A_0 两个极化参数,构建了一个新的增强 TCR 的检测器 $\Lambda\rho_B$,命名为小船只检测器(如式(2.21)),该检测器的说明如图 2.3 所示,选取合适的训练窗口和测试窗口,对整幅图像进行滑窗操作,得到一个新的增强 TCR 的检测器。整个训练区域由测试区域和背景区域构成,test 表示测试窗口,tr 表示训练窗口,bg 表示背景窗口,有 tr=bg+test。

$$\Lambda\rho_B = \frac{\langle B_0 \rangle_{\text{test}} - \langle B_0 \rangle_{\text{tr}}}{\langle A_0 \rangle_{\text{tr}}} \tag{2.21}$$

式中:符号 <> 代表区域内的空间平均;<>$_{\text{test}}$ 表示测试窗口区域内的空间平均;<>$_{\text{tr}}$ 表示整个训练范围内的空间平均。B_0 具有很高的 TCR,A_0 具有较低 TCR,所以该检测器有望获得更好的增强对比度能力。

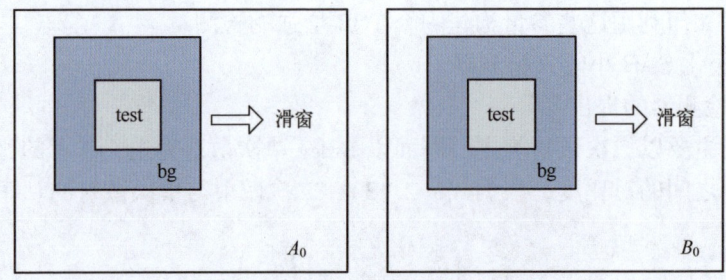

图 2.3 小船只检测器构建示意图

将式(2.21)进行变换,可以得到 $\Lambda\rho_B$ 的另一种表达方式。已知

$$\Lambda\rho_B = \frac{\langle B_0 \rangle_{\text{test}} - \langle B_0 \rangle_{\text{tr}}}{\langle A_0 \rangle_{\text{tr}}} = \frac{\langle\langle |S_{\text{HH}} - S_{\text{VV}}|^2 + 4|S_{\text{HV}}|^2 \rangle\rangle_{\text{test}} - \langle\langle |S_{\text{HH}} - S_{\text{VV}}|^2 + 4|S_{\text{HV}}|^2 \rangle\rangle_{\text{tr}}}{\langle\langle |S_{\text{HH}} + S_{\text{VV}}|^2 \rangle\rangle_{\text{tr}}}$$

$$\tag{2.22}$$

此处,我们定义:$\frac{\langle B_0 \rangle_{\text{tr}}}{\langle A_0 \rangle_{\text{tr}}} = \rho_{\text{tr}}$,$\frac{\langle B_0 \rangle_{\text{bg}}}{\langle A_0 \rangle_{\text{bg}}} = \rho_{\text{bg}}$

则式(2.22)可以写为

$$\Lambda\rho_B = \frac{\langle B_0 \rangle_{\text{test}}}{\langle A_0 \rangle_{\text{tr}}} - \rho_{\text{tr}} \tag{2.23}$$

空间平均可以表示为区间内的像素总和除以总像素个数,即有如下表述

$$\langle B_0 \rangle_{\text{test}} = \frac{1}{N_{\text{test}}} \sum_{i=1}^{N_{\text{test}}} (B_{0_i}), \quad \langle B_0 \rangle_{\text{bg}} = \frac{1}{N_{\text{bg}}} \sum_{i=1}^{N_{\text{bg}}} (B_{0_i}), \quad \langle B_0 \rangle_{\text{tr}} = \frac{1}{N_{\text{tr}}} \sum_{i=1}^{N_{\text{tr}}} (B_{0_i}),$$

$$\langle A_0 \rangle_{tr} = \frac{1}{N_{tr}} \sum_{i=1}^{N_{tr}} (A_{0_i}), \quad \langle A \rangle_{test} = \frac{1}{N_{test}} \sum_{i=1}^{N_{test}} (A_{0_i}), \quad \langle A_0 \rangle_{bg} = \frac{1}{N_{bg}} \sum_{i=1}^{N_{bg}} (A_{0_i})$$

进一步，可将式（2.23）表示为

$$\Lambda \rho_B = \frac{\sum_{i=1}^{N_{test}} B_{0_i}}{N_{test}} \frac{N_{test} + N_{bg}}{\sum_{i=1}^{N_{test}} A_{0_i} + \sum_{i=1}^{N_{bg}} A_{0_i}} - \rho_{tr} = \frac{\sum_{i=1}^{N_{test}} B_{0_i}}{\sum_{i=1}^{N_{test}} A_{0_i} + \sum_{i=1}^{N_{bg}} A_{0_i}} \frac{N_{test} + N_{bg}}{N_{test}} - \rho_{tr}$$

(2.24)

假设背景窗口像素个数是测试窗口中像素个数的 c 倍，有 $N_{bg} = cN_{test}$，

$$\Lambda \rho_B = \frac{1+c}{\dfrac{\sum_{i=1}^{N_{test}} A_{0_i}}{\sum_{i=1}^{N_{test}} B_{0_i}} + \dfrac{\sum_{i=1}^{N_{bg}} A_{0_i}}{\sum_{i=1}^{N_{test}} B_{0_i}}} - \rho_{tr} = \frac{1+c}{\rho_{test}^{-1} + \dfrac{\langle A_0 \rangle_{bg} N_{bg}}{\langle B_0 \rangle_{test} N_{test}}} - \rho_{tr}$$

(2.25)

为了便于表达，定义 $R_{B0} = \dfrac{\langle B_0 \rangle_{test}}{\langle B_0 \rangle_{bg}}$，$R\rho = \dfrac{\rho_{test}}{\rho_{bg}}$。

最终 $\Lambda \rho_B$ 可表示为

$$\Lambda \rho_B = \frac{1+c}{\rho_{bg}^{-1} R\rho^{-1} + c\rho_{bg}^{-1} R_{B0}^{-1}} - \rho_{tr} = \rho_{bg} \frac{1+c}{R\rho^{-1} + c R_{B0}^{-1}} - \rho_{tr}$$

(2.26)

其中，R_{B0} 表示测试窗内与背景窗内二次散射的功率之比，ρ_{bg} 表示背景窗内的二次散射与单次散射的功率比，ρ_{test} 表示测试窗内的二次散射与单次散射的功率比，R_ρ 表示测试窗和背景窗中功率比的差异。

2) 极化 SAR 小船只检测器的性质

根据以上推导，利用式（2.26），可以进一步分析得到 $\Lambda \rho_B$ 所特有的性质：

（1）当训练窗口在纯海洋区域滑动时，测试窗口区域较为均匀，且测试区域和训练区域内的极化功率比基本保持不变，此时，$\rho_{tr} = \rho_{bg}$，$R\rho = R_{B0} = 1$，如式（2.27）所示，则 $\Lambda \rho_B$ 约等为 0。

$$\Lambda \rho_B = \rho_{bg} \frac{1+c}{1+c} - \rho_{tr} = 0$$

(2.27)

（2）当船只目标落入测试窗中，测试区域中 B_0 的均值必然大于其周围背景区域 B_0 的均值，R_{B0} 变大，且测试区域中的船只目标的二次散射功率大于一次散射功率，ρ_{test} 变大，而背景海洋区域的二次散射小于一次散射的功率，ρ_{bg} 变小，所以 R_ρ 将变大，进而检测器 $\Lambda \rho_B$ 就会变得很大，突显船只目标。假设

$R\rho$ 和 R_{B0} 趋于无穷的极端情况，如式（2.28）所示，$\Lambda\rho_B$ 会趋于无穷大，当然实际中背景区域中的数值不可能为0，也就不存在 $R\rho$ 和 R_{B0} 趋于无穷的情况，但这说明了当有目标落入测试窗口时，$\Lambda\rho_B$ 会通过极化功率比的差异提升 TCR。

$$\lim_{\substack{R\rho \to \infty \\ R_{B0} \to \infty}} \Lambda = \rho_{\text{bg}} \frac{1+c}{0+0c} - \rho_{\text{tr}} \qquad (2.28)$$

（3）当测试窗口在船只的边缘外围时，测试窗口中基本都为海洋，而背景窗中包含了船只目标，从背景窗口到测试窗口的过程中，多次散射衰减很快或者去极化效应变化很快，与（2）中相反，R_{B0} 和 $R\rho$ 都将变小，一种极端情况就是二者趋于 0，$\Lambda\rho_B$ 就可能会变为负值，如式（2.29）所示。

$$\lim_{\substack{R\rho \to 0 \\ R_{B0} \to 0}} \Lambda = \rho_{\text{bg}} \frac{1+c}{\infty + \infty c} - \rho_{\text{tr}} \qquad (2.29)$$

总之，测试窗口的大小与待检测船只目标的尺寸相关，而训练窗口的大小取决于我们想要达到的检测精度。通过上述分析可以得到以下结论，对整幅待检测的图像进行滑窗处理，当目标恰好落入测试窗口时，由于船海之间的散射差异，$\Lambda\rho_B$ 就会变为很大的值，进而触发检测。

2.2.3 极化 SAR 小船只检测器参数设置与增强性能分析

极化 SAR 小船只检测器的性能受到目标和背景两个窗口的大小的影响，本节就窗口变化对检测器性能的影响进行评估，并将其与传统的极化特征进行比较。

1. 窗口对 TCR 增强性能测试

从式（2.21）可看出，窗口的大小会影响检测器的放大性能，为此，需要测试不同的窗口对 TCR 增强的影响。本小节利用 2015 年 12 月 11 日获取的新加坡海域的 RADARSAT-2 全极化数据（图 2.4），分析这两个窗口变化对检测器的 TCR 的增强性能。

RADARSAT-2 全极化 SAR 数据的像元间隔约为 4.8m×4.7m，结合 SAR 图像的分辨率可以粗略确定船只所占像元。一艘 60m 长的船只，在主轴上占 10~20 个像素，通过对海上船只目标获取的 AIS 信息统计分析，船只目标的长度一般在十几米到两百多米之间。我们选用训练窗为 3×3 到 21×21 的变化范围，对应的船只长度为 15~100m，而背景窗则从 13×13 逐渐增加到 93×93，对应的船只长度为 60~430m。鉴于船只的长宽比约为 5:1，对于选用的正方形的测试窗口，即使不能完全把船只包含在内，泄露在背景窗中的像素也不会占用大部分背景窗。因此，窗口的变化设置是合理的，如表 2.2 所示。

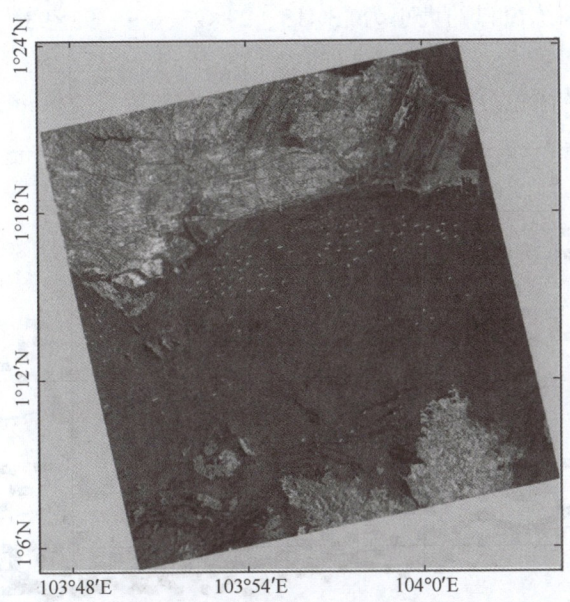

图 2.4 RADARSAT-2 数据影像，分辨率 8m，入射角 20°

表 2.2 测试窗口和训练窗口的大小变化规则

```
for test: 3 : 2 : 21
    for train: 10+test : 10 : 90+test
        计算 $\Lambda\rho_B$
    end
end
```

在得到一系列不同大小窗口下的 $\Lambda\rho_B$ 后，按照图 2.5 所选样本提取船只信息，对船只进行统计时，按照与 AIS 的配准结果，将船只按照长度为 220~230m、170~190m、90~110m、50~70m、35~45m 分为 5 组，计算船只与海洋 $\Lambda\rho_B$ 的 TCR。

图 2.5 原始图像 HV 极化样本选取示意

详细分析如下：图 2.5 为 $\Lambda\rho_B$ 随着窗口变化的散点图，横坐标为根据表 2.2 变化的不同大小窗口组合对，纵坐标为 TCR。横坐标 1~9 对应于测试窗口为3×3，训练窗口的大小为13×13、23×23、…、93×93，横坐标10~18对应于测试窗口为5×5，训练窗口的大小为15×15、25×25、…、95×95，依此类推。不同的颜色分别对应5种长度区间不同的船只信息。

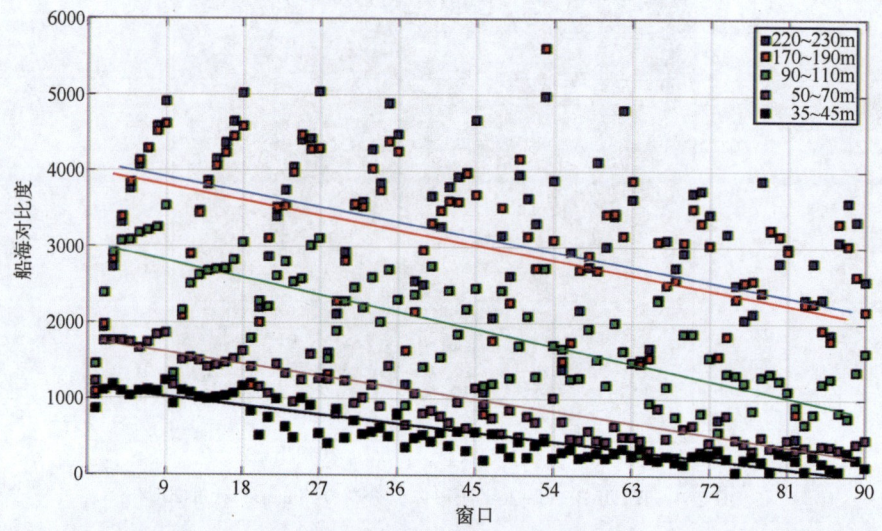

图 2.6 $\Lambda\rho_B$ TCR 随窗口变化散点图

从 $\Lambda\rho_B$ 的散点图来看，当测试窗口大小固定且较小时（如测试窗口为3×3或5×5），不同长度的船只的TCR具有明显的变化规律。此处以测试窗口3×3为例进行分析说明，对于长度大于90m的船只，随着训练窗口的增加，对比度逐渐增大。其中，对于长度90~110m的船只，当训练窗口小于23×23时的TCR较小；当训练窗口大于23×23时，TCR迅速增大，这是因为对于较大的船只，在测试窗口较小时，必然会使船只部分泄露到背景窗口中，此时，训练窗口越大，经过空间平均处理后，泄露船只像素对背景窗的影响就越小，TCR就会随着训练窗口的增加而变大。对于长度小于70m的船只，当训练窗口大于23×23后，TCR变化较小，但是随着窗口的增大，TCR表现出先下降后上升的趋势。可能原因是距离待测目标较近的距离存在其他船只，随着背景窗口的增加。如在43×43时，邻近的船只目标进入了背景窗，导致背景统计的均值变大，TCR开始变小；当为53×53时，邻近的船只目标全部进入背景窗口中，TCR降到最低。此后，随着背景窗的增加，逐渐克服了邻近船只目标造成的干扰，TCR又得到了提升。从图2.6中也可以看出，整体上而言，TCR随着测试窗口的增大而逐渐降低。当测试窗口增大训练窗口大小固定时，不同长度船只的TCR都随着训练窗口的增加呈现下降的趋势。

简单概括为：船只长度越大，其 $\Lambda\rho_B$ TCR 增强越大，并且随着测试窗口变大,对比度逐渐减小;而在测试窗口固定的情况下,训练窗口越大,TCR越大。

表 2.3 给出了测试窗口为 3×3 时的 $\Lambda\rho_B$ 统计信息。可以看出,海洋区域的值在训练窗口大于 23×23 后基本保持不变,而船只长度越大,其 $\Lambda\rho_B$ 的值越大。随着训练窗口变大,$\Lambda\rho_B$ 的值逐渐增加,TCR 也逐渐增大,但是计算时间随着训练窗口的增大而增加,因此,综合考虑增强能力和时间效率,针对 8m 分辨率的全极化数据,选择测试窗口为 3×3、训练窗口为 43×43 进行处理。

表 2.3 测试窗口为 3×3 时的 $\Lambda\rho_B$ 幅度均值统计表

训练窗口	220~230m	170~190m	90~110m	50~70m	35~45m	海洋	时间/s
13×13	1.69	1.77	2.37	2.01	1.41	0.0016	14
23×23	4.19	4.27	5.18	3.81	2.41	0.0022	17
33×33	6.32	6.56	6.75	4.07	2.75	0.0023	21
43×43	7.93	8.16	7.35	4.21	2.63	0.0024	27
53×53	8.98	9.17	7.36	4.16	2.47	0.0024	37
63×63	9.61	9.73	7.50	3.94	2.60	0.0024	60
73×73	9.99	9.99	7.49	4.06	2.61	0.0023	79
83×83	10.29	10.14	7.31	4.16	2.49	0.0022	92
93×93	10.41	9.78	7.51	3.95	2.64	0.0021	98

比较 $\Lambda\rho_B$ 与 HV 通道的 TCR,初步分析其放大能力。HV 幅度图与 $\Lambda\rho_B$ 统计表如表 2.4 所示,根据船只与海洋的均值比,计算了不同船只长度的 TCR,见表 2.5。

表 2.4 船只与海洋样本的 HV 与 $\Lambda\rho_B$ 幅度均值统计表

幅 度	220~230m	170~190m	90~110m	50~70m	35~45m	海 洋
HV	3181.53	3408.32	2767.23	2943.72	2230.62	148.09
$\Lambda\rho_B$	7.93	8.16	7.35	4.21	2.63	0.0024

表 2.5 HV 与 $\Lambda\rho_B$ 的 TCR 统计 (单位:dB)

统 计	220~230m	170~190m	90~110m	50~70m	35~45m	平 均 值
HV	13.3	13.6	12.7	12.9	11.7	12.9
$\Lambda\rho_B$	35.1	35.3	34.8	32.4	30.3	33.6

原 HV 幅度图像中,TCR 的平均值为 12.9dB,在给定窗口条件下(3×3,43×43),对于不同的目标增强的倍数不同,长度为 220~230m、170~190m、

90~110m、50~70m、35~45m 的船只，TCR 分别为 35.1、35.3、34.8、32.4、30.3dB，平均值为 33.6dB。相比原 HV 通道对比度提升了 20.7dB。可见，利用小船只检测器，船只目标得到了很好的增强。同时，海洋背景杂波幅度变为了近似于 0 的值，海杂波得到了很好的抑制。另外需要注意的是，分析所用的数据中，长度为 50~70m 和 35~45m 的样本船只分布较为密集。当训练窗口较大时，会有邻近船只落入背景区域中造成干扰，其测试窗口内的 $\Lambda\rho_B$ 值会变小，而周围的海洋的 $\Lambda\rho_B$ 会变大。所以，实际得到的 TCR 较理论值偏低。如果船只分布得比较离散相距较远，则 TCR 可得到更大的提升。

2. 不同极化特征的增强性能比较

为了测试所提极化 SAR 小船只检测器对 TCR 增强的能力，本节对提出的检测器 $\Lambda\rho_B$ 以及 Span、PWF、B_0 参数进行了 TCR 增强性能比较。其中，Span 值代表全部通道能量总和，PWF 则能够很好抑制斑点噪声而保持分辨率不降低，B_0 是方法的一个参数，也有必要与其进行比较。

图 2.7 给出了各极化参数的幅度图，从图中可以看出，HV 幅度存在系统噪声，船只的十字旁瓣明显，且靠近雷达一侧的海杂波较强；Span 中目标较强，但海杂波也较强；PWF 的海杂波和船只目标几乎相当；B_0 和 $\Lambda\rho_B$ 的目标

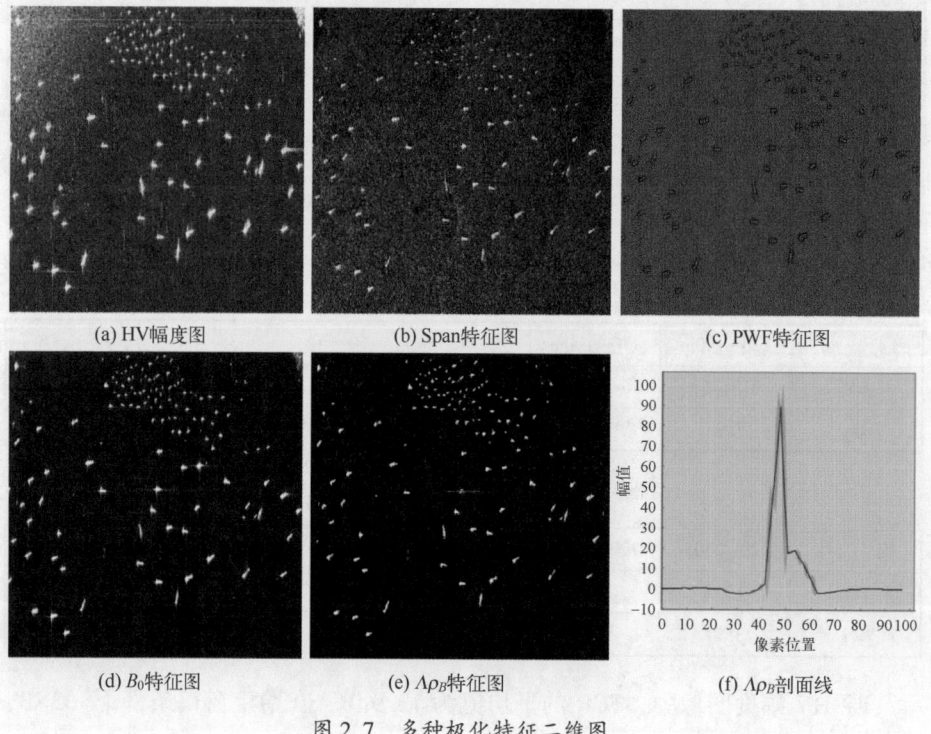

图 2.7 多种极化特征二维图

散射都很强,且海杂波得到明显抑制。图 2.7 (f) 给出了 $\Lambda\rho_B$ 中特征图一个船只的剖面图,从图中可见,船只目标的 $\Lambda\rho_B$ 幅值较大,而海洋的值则被抑制得很低,在船只周围,围绕着小于 0 的负值。

图 2.8 和表 2.6 分别给出了 HV、$\Lambda\rho_B$、B_0、Span、PWF 等极化特征的 TCR 曲线图。本测试仍然按照 5 个范围不同船只长度进行统计,以便区分。从图 2.8 和表 2.6 可见,随着船只长度的减小,$\Lambda\rho_B$ 和 B_0 的 TCR 衰减较快,Span 的衰减较慢,而 HV 则基本保持不变。进一步分析数据可知,$\Lambda\rho_B$ 的 TCR 最大,均值为 33.6dB;其次是 B_0,均值为 23.7dB;HV 通道和 Span 的基本相等,而极化白化滤波后的 TCR 明显降低。各参数的 TCR 大小为 $\Lambda\rho_B>B_0>$HV>Span>PWF,且对不同长度的船只都符合此规律。

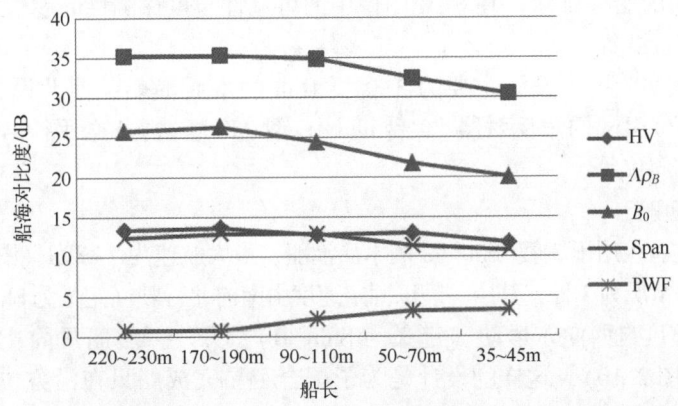

图 2.8 HV、$\Lambda\rho_B$、B_0、Span、PWF 等极化特征的 TCR

表 2.6 HV、$\Lambda\rho_B$、B_0、Span、PWF 等极化特征的 TCR(dB)

特征	220~230m	170~190m	90~110m	50~70m	35~45m	平 均 值
HV	13.3	13.6	12.7	12.9	11.7	12.8
$\Lambda\rho_B$	35.2	35.3	34.8	32.4	30.4	33.6
B_0	25.7	26.3	24.4	21.7	20.0	23.7
Span	12.3	12.9	12.8	11.3	10.8	12.1
PWF	0.78	0.8	2.3	3.2	3.4	2.12

2.3 小船只目标检测实验验证

本书课题组于 2015—2016 年,分别在连云港某平台和青岛市田横岛附近开展了两次非金属小船只目标 SAR 观测实验,获取了包含小船只的 RADARSAT-2

全极化 SAR 数据，同时获取了同步的 AIS、GPS 等实测信息。本节以 2016 年的田横岛附近的小船只探测实验为例，详细介绍小船只目标实验设计与数据预处理的过程。然后，利用两次实验数据，分析小船只在 SAR 图像中的可探测性与小船只检测方法的有效性。

2.3.1 小船只目标实验与数据处理

1. 实验方案设计

2016 年 8 月 2 日，课题组在青岛市田横岛附近海域开展了星载 SAR 小船只目标探测实验（后续简称小船只实验）。实验海域靠近海岸，海况较为平稳，有利于船只的成像。本次实验主要尝试探索和解决小船只目标（特别是非金属材质的船只目标）在 SAR 图像中的可见性与可探测性问题。

1) 实验设备

在本次实验中，设备主要为 3 艘长 16m 的木质渔船；辅助设备包括：2 个直角边长为 1m 的角反射器、2 台 class B 型 AIS 基站、3 个手持 GPS 设备和 1 个风速风向仪等。

（1）渔船。

本次实验租用了 3 艘 16m×4m 的木质渔船，最大航速为 7~8kn（图 2.9）。设计船只运动情况为 3 种，其中一艘以固定速度由南向北行驶（定义为 Ship_A）、一艘以固定速度自西向东运动（定义为 Ship_R），另外一艘船只静止（定义为 Ship_S）（图 2.10），这样的设计是为了配合卫星完成船只在沿方位向和距离向两种情况不同运动条件下的数据获取。

图 2.9　三艘实验船只

图 2.10　实验船只的布放与运动形式

（2）AIS 基站、风速仪。

2 个 AIS 分别放置在两艘运动船只上，用来接收附近海域船只的 AIS 信息。接收的 AIS 数据主要包含船只的 MMSI 号、接收时间、船只地理位置、船只速度、航向以及船只长宽等信息。为了评估 SAR 过境时间的海况信息，在静止实验船只上放置了风速仪，实时获取实验区域风速和风向。设备如图 2.11 所示。

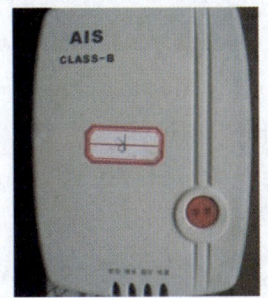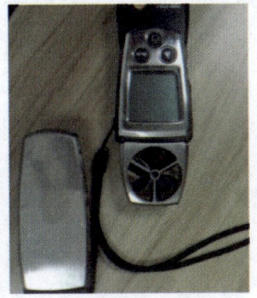

图 2.11　AIS 设备与风速仪设备

（3）GPS、角反射器。

利用 GPS 实时记录三艘实验船只的位置，有助于在影像中找到卫星过境时刻的船只位置。在运动船只中同时有装船载 GPS 和手持 GPS 进行定位，静止船只则主要是利用船载 GPS 定位（图 2.12）。

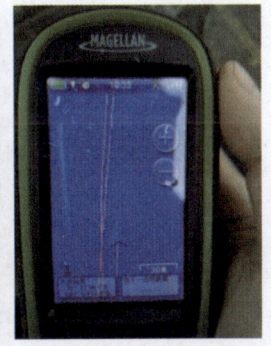

图 2.12　GPS 设备

（4）角反射器。

鉴于木质渔船的 RCS 较低，虽已有 GPS 定位，但运动的船只在 SAR 图像中会发生偏移，为了防止运动目标在 SAR 图像中无法找到，在两个运动船只的船头位置各放置一个边长 1m 的角反射器（角反射器开口对着雷达入射方向），如图 2.13 所示。

2）实验流程

小船只探测实验的流程如图 2.14 所

图 2.13　角反射器

示,简要概括如下:

(1) 提前到达指定码头,上船安装角反射器、AIS 等设备;角反射器放置在船头,开口对应雷达入射方向;将 GPS 放置于角反射器旁。

(2) 启航;启动 AIS 和 GPS;在 SAR 卫星过境前 10min 到达指定地点。

(3) 三艘船按照预先安排各自朝固定方向运行。

(4) 成像前和后 2min 每隔 1min 记录船只目标位置、速度、航向以及风速风向;实验过程中记录视频及照片。

(5) 卫星过境后 3min,返航回到码头,收拾设备,实验结束。

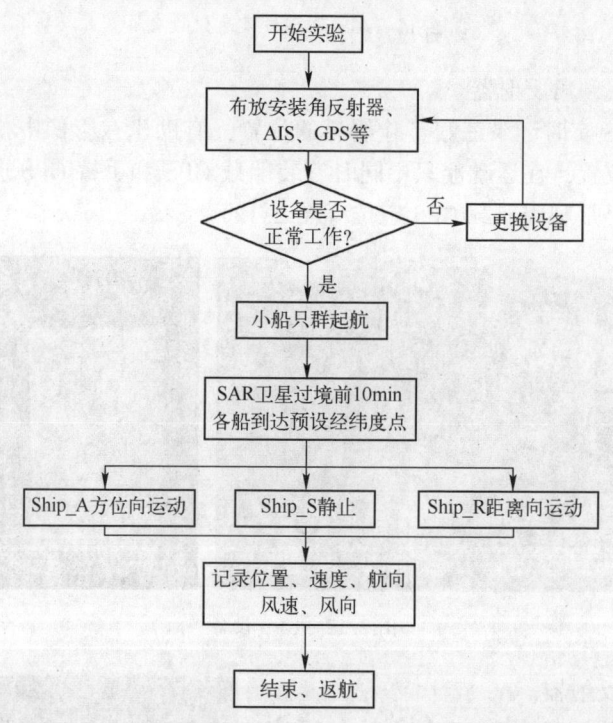

图 2.14 小船只检测海上同步实验流程图

2. 实验数据与实验数据处理

1) 实验数据获取情况

作者所在课题组于北京时间 2016 年 8 月 2 日进行了出海实验,分别获取了 SAR 数据,及其对应时刻的 AIS 数据、GPS 数据以及风速海况信息。获取的 SAR 数据具体信息如表 2.7 所示。本次实验获取的全极化数据用于验证所发展的小船只检测算法。

表 2.7 实验获取卫星数据信息表

成像时间（UTC）	卫星	像元间隔/(m×m)	分辨率/m	入射角/(°)	极化方式/波段
2016-8-2 05:50	RADARSAT-2	4.7×4.7	8	46.1~47.3	全极化/C

图 2.15 给出了 2016 年 8 月 2 日的 RADARSAT-2 卫星图像，该影像为降轨、右视，即由东向西拍摄，卫星过境时刻的海上风速为 1.5~3m/s，风向为东北 48°，属 1 级海况，海面平静，船只成像质量较好。由于此海域非国际航道，且处于休渔期，从图 2.16 中可见，该实验海域内基本看不到较大的船只。实验位置小船只所占像素点较少。经过与 GPS 信息匹配和距离校正后，确定了实验所用 3 艘渔船的所在位置。随船搭载的 AIS 基站，接收到了附近的船只信息，通过解析 AIS 信息，匹配到了附近海域中的两个其他船只（定义为 Ship_1 和 Ship_2），尺寸均为 8m×3m，但由于距离实验海域较远，未到现场收集两艘船只的类型、结构等详细信息。

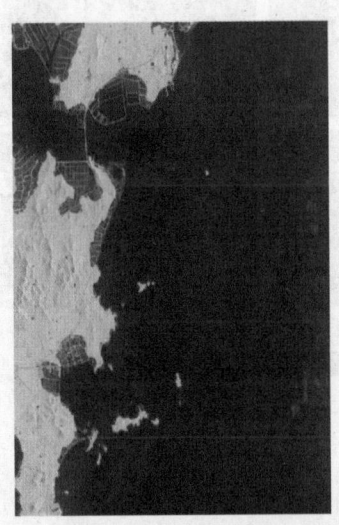

图 2.15 2016 年 8 月 2 日 RADARSAT-2 数据 PauliRGB 伪彩色图

图 2.16 给出了四个极化通道影像中各船只的后向散射系数图，从上至下四行分别为 HH、HV、VH、VV，第一至第五列分别为方位向运动船只（Ship_A）、距离向运动船只（Ship_R）、静止船只（Ship_S）、AIS 匹配船只 1（Ship_1）、AIS 匹配船只 2（Ship_2）。表 2.8 统计了 5 艘船只在四个极化中的 TCR，单位 dB。

根据图 2.16，五艘船只在不同的极化通道中所占像素都较少，可见性较差。从图 2.16 和表 2.8 中可见，对于船只 Ship_1 和 Ship_2，四个极化通道中

TCR 的次序为 HH>HV>VH>VV，两艘船在相同的极化通道中散射强度和 TCR 都近似，相差 0.5~1.4dB。

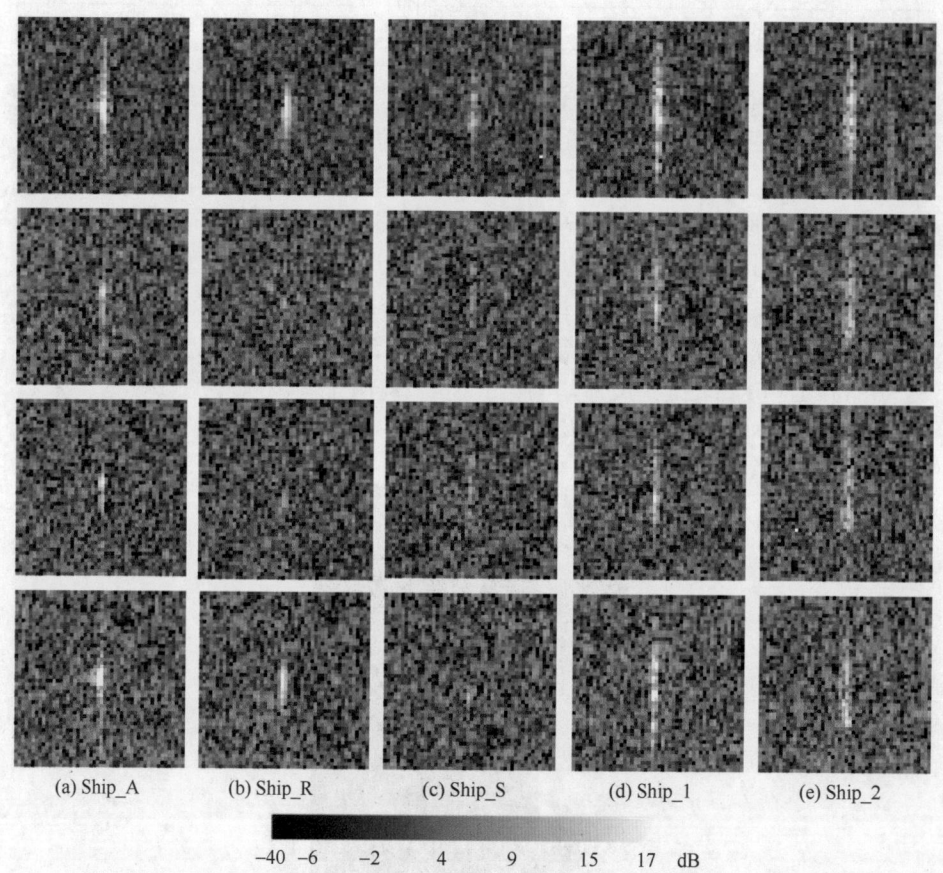

(a) Ship_A　　(b) Ship_R　　(c) Ship_S　　(d) Ship_1　　(e) Ship_2

−40　−6　−2　4　9　15　17　dB

图 2.16　2012 年 RADARSAT-2 影像 HH 极化实验船只切片

经过实际测量，除同极化通道中的 Ship_A 外，小船只实验的三艘木质小渔船所占像素个数基本都小于 20 个，尤其是 Ship_S 和 Ship_R 在交叉极化通道中几乎不可见。根据表 2.8，在 HH 和 VV 极化中，Ship_A、Ship_R、Ship_S TCR 依次递减，其中，Ship_A 比 Ship_R 大 2~3dB，比 Ship_S 大 4~5dB。此外，在 VV 极化通道中，沿距离上运行的船只散射强度要比 HH 极化弱。HV 和 VH 极化中，三艘船 TCR 的规律为 Ship_A>Ship_S>Ship_R，其中 Ship_A 比 Ship_S 大 2dB，比 Ship_R 大 4~5dB。实际上，距离向运行的船只安装了角反射器，应该产生类似于方位向运行船只近似的散射强度，但其在交叉通道中不可见，可能原因是距离向运行的船只在 SAR 成像过程中，角反射器与雷达的相互作用使得其去极化效应非常弱，而能量几乎全部集中在同极化通道中。

总之，对于实验使用的 3 艘渔船，沿方位向运行的船只 Ship_A 在四个极化通道中散射都相对较强，目标可见性强于其他两艘；沿距离向运行的船只 Ship_R 在同极化通道中有较小的散射回波，但在交叉极化通道中则不可见，静止船只 Ship_S 除了在 HH 极化中有几个相对较亮的像素，在其余三个极化通道中都几乎不可见，探测困难。

表 2.8　2016 年 8 月 2 日 RADARSAT-2 影像四个极化通道中 TCR

（单位：dB）

极化通道	Ship_A	Ship_R	Ship_S	Ship_1	Ship_2
HH	12.08	10.04	7.21	9.46	8.92
HV	6.55	2.3	4.42	7.12	8.41
VH	5.75	0.72	3.84	6.20	7.62
VV	9.17	6.36	4.86	5.26	5.81

2) 小船只实验数据 TCR 提升

由于整幅图像太大，在包含上述 5 艘船只的图像中提取 2 个子区域 1#、2#，分别进行统计分析。对小船只实验获取的数据，利用前文所提的方法，设置 test 窗口为 3×3，train 窗口设置为 43×43，求出 $\Lambda\rho_B$。图 2.17 给出了 2 个样本区的 HH 和 HV 极化、$\Lambda\rho_B$ 图像，从图中可以看到，对于区域 1#，HH 通道中方位向船只和距离向船只散射较强，静止船较弱；HV 通道中只有方位向船只可见，而 $\Lambda\rho_B$ 中船只都很清晰。对于区域 2#，HH 和 HV 通道中，船只都可见，$\Lambda\rho_B$ 中船只更加清楚。

进一步计算该参数中各船只目标的 TCR，如表 2.9 所示。从表中可见，$\Lambda\rho_B$ 中船只 Ship_1 的 TCR 比 HH 提升了 15.6dB，比 HV 提升了 17.9dB，比 VV 提升了 19.9dB；Ship_2 的 TCR 比 HH 提升了 18.28dB，比 HV 提升了 18.7dB，比 VV 提升了 21.4dB，TCR 分别平均提升 17.8dB 和 19.4dB，船只可见性进一步增强。

对于实验的小船只，Ship_A 在 $\Lambda\rho_B$ 特征中最大，比 HH、HV、VV 特征分别提高了 7.8dB、13.3dB、10.6dB；Ship_R 在 $\Lambda\rho_B$ 特征中的 TCR 比 HH、HV、VV 分别提高了 5.9dB、13.6dB、9.6dB；Ship_S 在 $\Lambda\rho_B$ 特征中的 TCR 比 HH、HV、VV 分别提高了 16.3dB、19.1dB、18.7dB。可见，利用的算法，使原本在交叉极化通道中不可见的 Ship_R 的 TCR 提高约 10dB，而对于没有安装角反射器的静止船 Ship_S，平均提升了 18dB，极大地提高了该船只的 TCR，增强了其可探测性能。

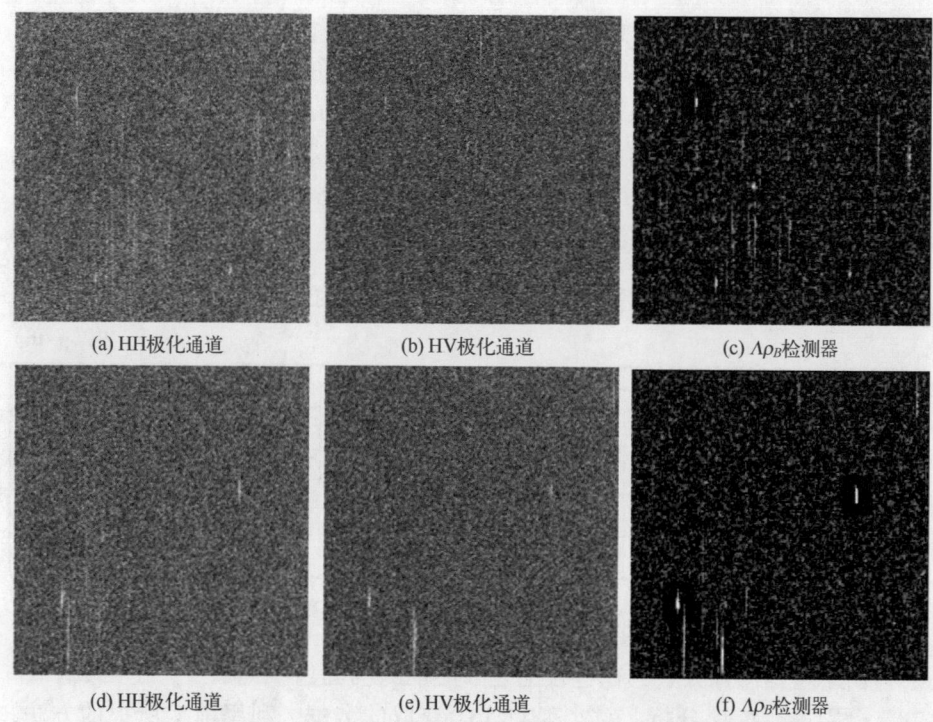

图 2.17 1#、2#区域的 HH、HV、$\Lambda\rho_B$ 检测器图像

表 2.9 2016 年 8 月 2 日 RADARSAT-2 影像 TCR （单位：dB）

极化通道	Ship_A	Ship_R	Ship_S	Ship_1	Ship_2
HH	12.08	10.04	7.21	9.46	8.92
HV	6.55	2.3	4.42	7.12	8.41
VV	9.17	6.36	4.86	5.26	5.81
$\Lambda\rho_B$	19.8	15.96	23.54	25.1	27.2

2.3.2 小船只实验检测结果对比分析

本小节利用两次小船只实验获取的全极化数据，通过将基于极化 SAR 小船只检测的方法与经典的基于 K 分布、威布尔分布、广义伽马分布、G^0 分布模型的 CFAR 检测算法[33]、基于 Span 值的 CA-CFAR 算法进行对比，验证 2.3.1 节中发展的小船只检测算法。

1. 田横岛小船只实验检测结果对比分析

由于要检测的船只目标较小，为了保证目标得到有效增强，基于极化 SAR 的小船只检测算法的参数设置为 test 窗口为 3×3，train 窗口设置为 43×

43，CA-CFAR 的参数 t 设置为 35。鉴于前述分析中，HV 极化中，静止船和距离向运动的船只两个目标不可见，而 HH 极化中目标都可见，因此本节对 HV 和 HH 两个极化通道图像，利用基于海杂波分布模型的检测方法进行船只检测。小船只目标检测中尽量保证目标不被漏检，将虚警率设置为 0.001。结合 AIS 所提供的信息和目视解译方法对 SAR 影像进行综合分析，确定了各子区域中船只目标的个数以及船只属性。两个区域各方法的检测结果如图 2.18 和 2.19 所示，其中红色圆圈代表虚警，绿色三角代表漏检。

1）区域 1#的船只目标检测试验

区域 1#中的船只目标为田横岛海域附近小船只实验的实验船，均为 16m 长的木质渔船，其中目标 1 和目标 3 船只分别以 5kn 的速度沿着方位向和距离向行驶，并且船头各放置了一个角反射器，目标 2 船只为静止船只，没有放置角反射器。图 2.18 和表 2.10 给出了该区域中的小船只目标检测和统计结果。其中，基于 $\Lambda\rho_B$ 的检测结果中，目标都被检测出来，但存在一个杂波虚

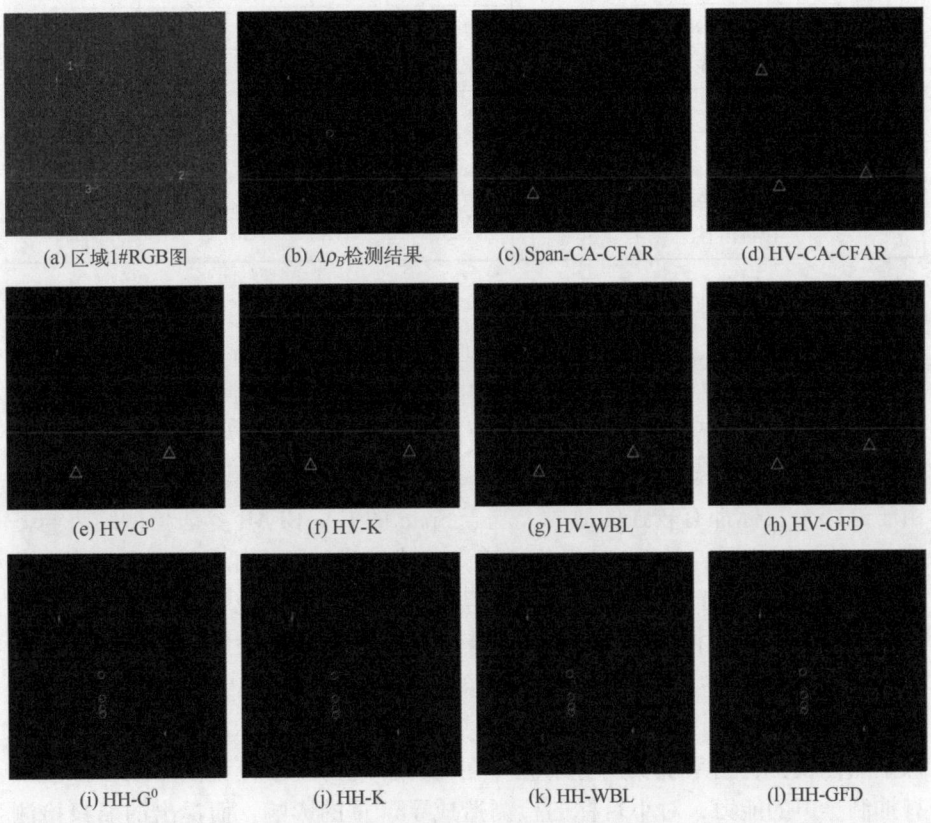

(a) 区域1#RGB图　　(b) $\Lambda\rho_B$检测结果　　(c) Span-CA-CFAR　　(d) HV-CA-CFAR

(e) HV-G^0　　(f) HV-K　　(g) HV-WBL　　(h) HV-GFD

(i) HH-G^0　　(j) HH-K　　(k) HH-WBL　　(l) HH-GFD

图 2.18　1#区域检测结果的对比分析图

警。基于 Span 的 CA-CFAR 算法检测到了距离向和方位向上的船只，但静止船只漏检。对于 HV 极化通道，利用多种杂波分布模型的 CFAR 算法检测结果显示，只有方位向上的船只能够被检测，距离向和静止船则都发生漏检；对于 HH 极化图像，三艘船只都可检测，但同时，也引入了较多虚警目标，降低了整体的品质因数。由此得知，所提出的极化功率差异检测器的船只检测方法对实验的三艘船只都具有较好的检测能力。

表 2.10　1#区域实验结果

区域	参　数	目标总数	正确检测	漏检目标	虚警目标	品质因数
1#	$\Lambda\rho_B$-CA-CFAR	3	3	0	1	0.75
	Span-CA-CFAR		2	1	0	0.67
	HV-CA-CFAR		0	3	0	0
	HV-G^0		1	2	0	0.33
	HV-K		1	2	0	0.33
	HV-WBL		1	2	0	0.33
	HV-GFD		1	2	0	0.33
	HH-G^0		3	0	4	0.43
	HH-K		3	0	4	0.43
	HH-WBL		3	0	4	0.43
	HH-GFD		3	0	4	0.43

2）区域 2#的船只目标检测试验

区域 2#中包含了两艘船只目标，通过 AIS 匹配结果显示，均为 8m 捕捞船。图 2.19 和表 2.11 给出了该区域中的小船只目标检测和统计结果。由图 2.19（a）可以看出，影像中在船只目标 1 附近存在较为强烈的系统噪声，其中，基于 $\Lambda\rho_B$ 的检测结果中，目标都被检测出来，系统噪声被很好的抑制。由于这两个目标都有较强的散射，基于 Span 的 CA-CFAR 算法检测结果与基于 $\Lambda\rho_B$ 的结果相同。对于 HV 极化通道，区域 2#中的两个船只目标利用多种杂波分布模型的 CFAR 算法都可检测，但由于存在较多系统噪声，引入了几个虚警，且 HV 极化中，噪声较强，虚警目标基本连成一条线，为了简便，统一标记为 1 个虚警；对于 HH 极化图像，由于杂波的存在，分别产生了 2~3 个虚警目标，品质因数降低。由此可见，由于小船只目标本身就很小，所占像素点也较少，当系统噪声等杂波存在时，常规的基于模型的 CFAR 方法没有抑制噪声的能力，对小目标的检测造成了严重的影响，而提出的船只检测方法能够很好地解决这一问题，取得较好的检测结果。

第二章 极化 SAR 船只目标探测

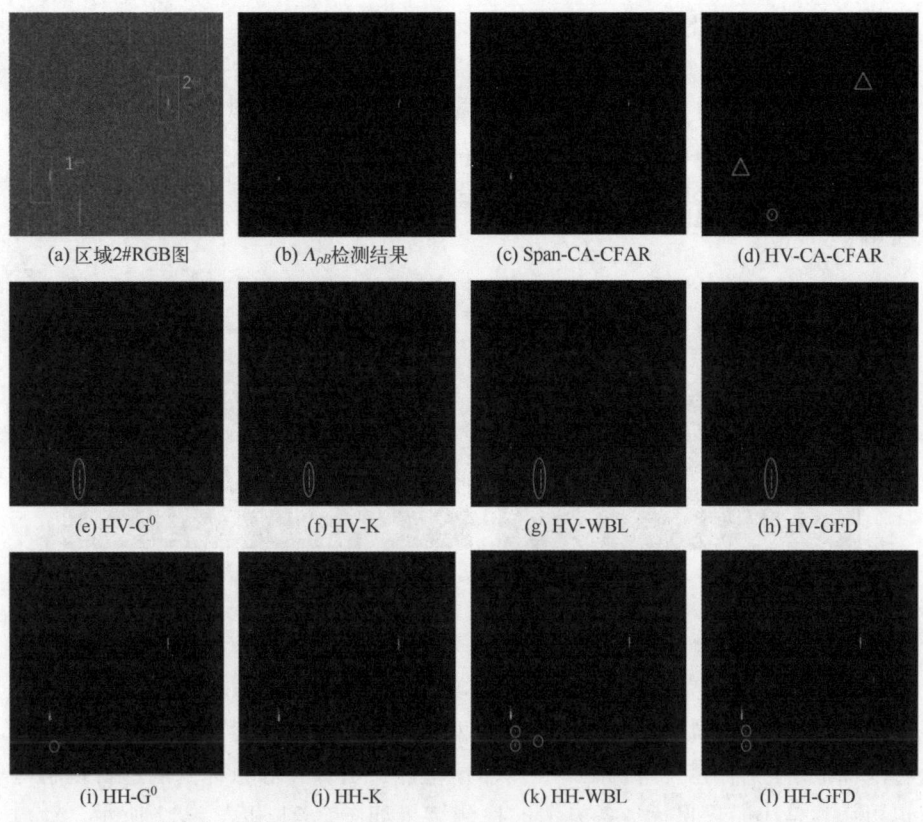

图 2.19 2#区域检测结果的对比分析图

表 2.11 2#区域实验结果

区域	参数	目标总数	正确检测	漏检目标	虚警目标	品质因数
1#	$\Lambda\rho_B-\text{CA-CFAR}$	2	2	0	0	1
	Span−CA−CFAR		2	0	0	1
	HV−CA−CFAR		0	2	1	0
	HV−G^0		2	2	1	0.67
	HV−K		2	2	1	0.67
	HV−WBL		2	2	1	0.67
	HV−GFD		2	2	1	0.67
	HH−G^0		2	0	1	0.67
	HH−K		2	0	1	0.67
	HH−WBL		2	0	3	0.4
	HH−GFD		2	0	2	0.5

2. 连云港小船只数据检测结果对比分析

在该次实验中，课题组于 2015 年 3 月 29 日在连云港某海上平台进行实验，在 SAR 过境时，平台附近恰好有两艘小尺寸的船只抛锚。海上平台及附近的小船只目标如图 2.20 所示。经过与 AIS 匹配，确认了该区域内的小船只分布情况，并提取了两个子图像进行船只检测分析，两个子图区域命名为 3# 和 4#。

图 2.20　连云港某海上平台及其附近的小船只目标

1) 区域 3# 的船只目标检测试验

图 2.21 (a) 为区域 3# 的 PauliRGB 图，图中所注的 0 号为该平台位置，该平台为水泥构筑物，平台上搭建了钢板房用以存放实验设备，目标 1 为带有泡沫浮子的捕捞船，目标 2、3 为木质渔船，目标 4 和目标 5 经过目视解译也可认为是小船只目标。各方法的检测结果如图 2.21 和表 2.12 所示，针对该区域中的船只目标检测结果来看，基于 $\Lambda\rho_B$ 的检测结果存在一个漏检；而基于 Span 的 CA-CFAR 算法则没有检测到目标；针对于 HV 极化，基于分布模型 CFAR 检测结果相同，都有一个虚警目标和一个漏检目标，该虚警是由目标 1 被检测为两艘船只而引入的虚警目标，所有方法均漏检了目标 2。对于 HH 极化的检测结果可以看出，所有方法只检测到了一个目标，存在较多的漏检。这也说明了利用经典的基于海杂波分布模型的船只检测方法在小船只目标检测中效果较差，而所发展的方法大幅提高了 TCR，有较高的检测精度。

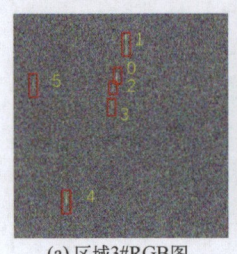

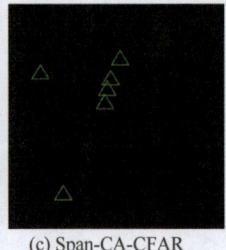
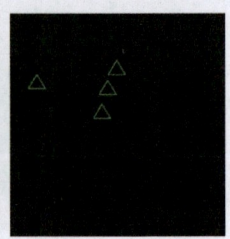

(a) 区域3#RGB图　　(b) $\Lambda_{\rho B}$ 检测结果　　(c) Span-CA-CFAR　　(d) HV-CA-CFAR

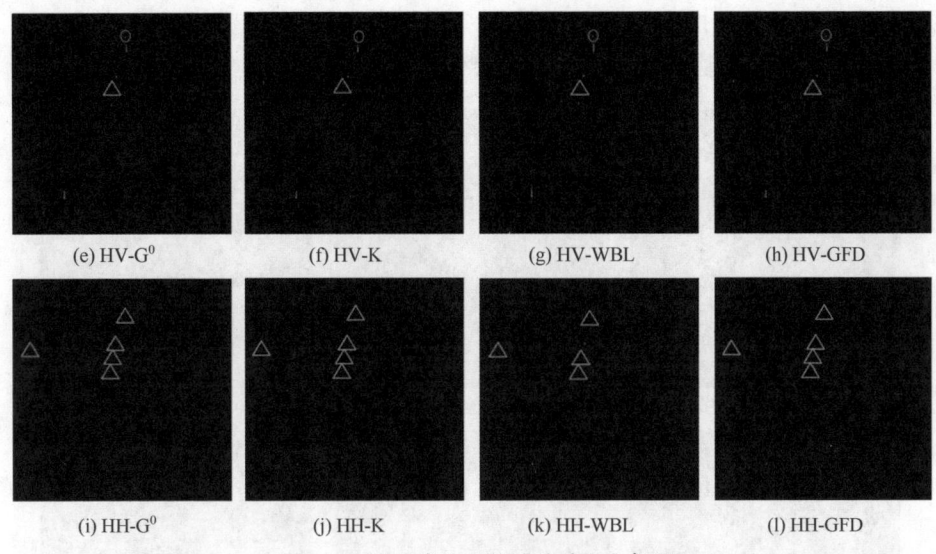

图 2.21 3#区域检测结果的对比分析图

表 2.12 3#区域实验结果

区域	参数	目标总数	正确检测	漏检目标	虚警目标	品质因数
3#	$\Lambda\rho_B$-CA-CFAR	6	5	1	0	0.83
	Span-CA-CFAR		0	5	0	0
	HV-CA-CFAR		2	4	0	0.29
	HV-G^0		5	1	1	0.71
	HV-K		5	1	1	0.71
	HV-WBL		5	1	1	0.71
	HV-GFD		5	1	1	0.71
	HH-G^0		1	5	0	0.17
	HH-K		1	5	0	0.17
	HH-WBL		2	4	0	0.33
	HH-GFD		1	5	0	0.17

2) 区域 4#的船只目标检测试验

区域 4#位于连云港平台的东侧水域，经过 AIS 信息匹配，该区域共包含四个船只目标，目标 2 为 23m 长的捕捞船，目标 3 为 10m 长的捕捞船，从影像来看，目标 1 和目标 4 也均为较小的船只，但由于 AIS 信息未能匹配，无法得知船只的具体长度及属性。检测结果和统计结果分别如图 2.22 和表 2.13 所示。基于 $\Lambda\rho_B$ 正确检测到 3 个目标，漏检一个目标，而基于 Span 和 HV 的 CA-CFAR 则没有检测到目标；对于 HV 极化通道，基于杂波模型的 CFAR 检测结果均存在一个漏检,而对于 HH 极化通道,基于海杂波模型的 CFAR 检测结果都存在三个漏检目标,且除了基于 G^0 分布外,其余三种模型还有一个虚警目标。

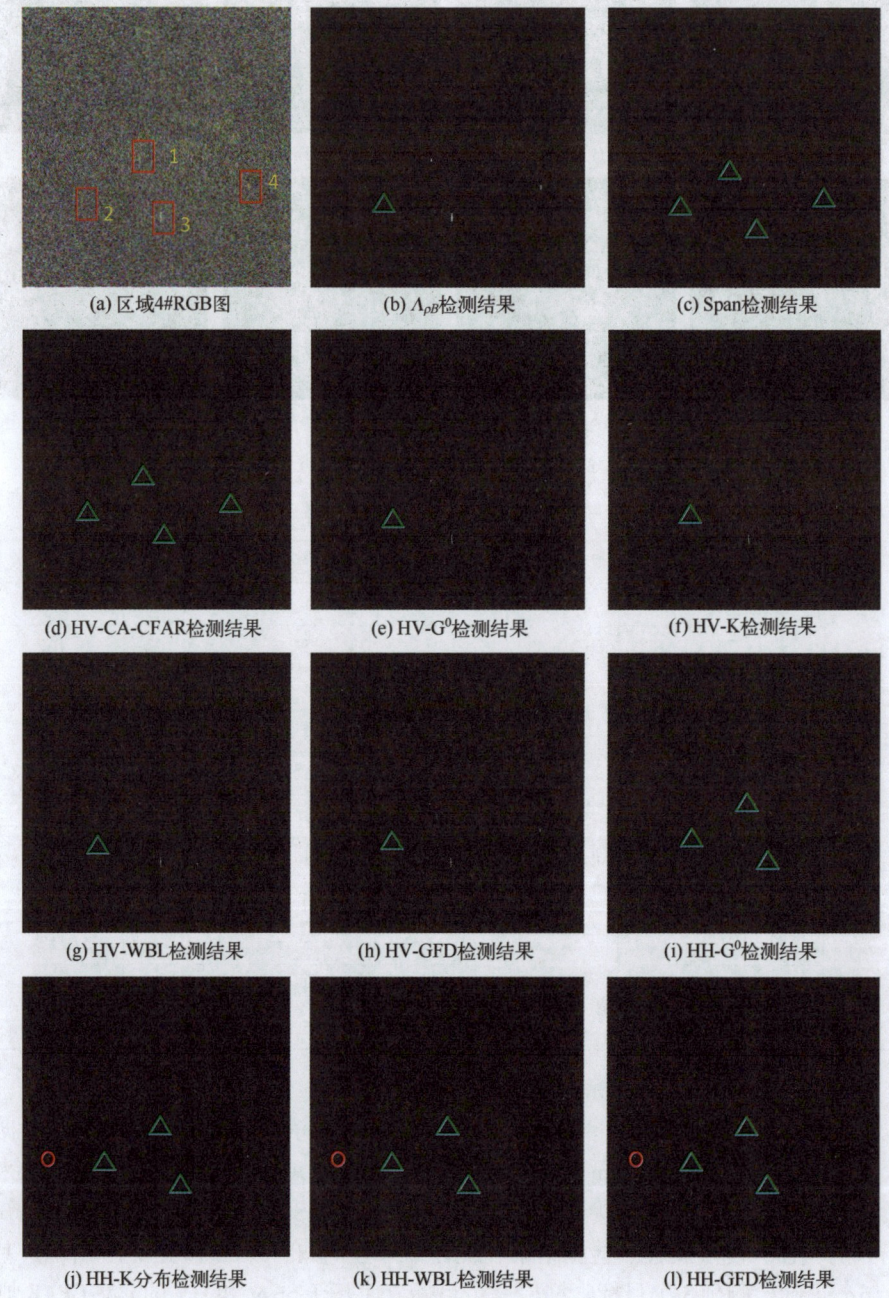

图 2.22 4#区域检测结果的对比分析图

表 2.13 4#区域实验结果

区域	参 数	目标总数	正确检测	漏检目标	虚警目标	品质因数
4#	$\Lambda\rho_B$-CA-CFAR	4	3	1	0	0.75
	Span-CA-CFAR		0	4	0	0
	HV-CA-CFAR		0	4	0	0
	HV-G^0		3	1	0	0.75
	HV-K		3	1	0	0.75
	HV-WBL		3	1	0	0.75
	HV-GFD		3	1	0	0.75
	HH-G^0		1	3	0	0.25
	HH-K		1	3	1	0.2
	HH-WBL		1	3	1	0.2
	HH-GFD		1	3	1	0.2

将1#~4#的所有信息进行综合统计,结果如表2.14所示。从统计表中可见,基于分布模型的CFAR方法会受到噪声等因素的影响,存在较多的漏检和虚警,品质因数在0.65以下,HV通道各方法的品质因素比HH通道的要高,这也说明了HV极化方式更有利于目标检测。提出的方法能够较好地检测小船只目标,品质因数为0.81,是几种方法中的最优结果。

表 2.14 1#~4#区域实验结果综合统计

区域	参 数	目标总数	正确检测	漏检目标	虚警目标	品质因数
1#-4#	$\Lambda\rho_B$-CA-CFAR	15	13	2	1	0.81
	Span-CA-CFAR		4	11	1	0.25
	HV-CA-CFAR		2	9	1	0.13
	HV-G^0		11	6	2	0.65
	HV-K		11	6	2	0.65
	HV-WBL		11	6	2	0.65
	HV-GFD		11	6	2	0.65
	HH-G^0		7	8	5	0.35
	HH-K		7	8	6	0.33
	HH-WBL		7	8	8	0.30
	HH-GFD		7	8	7	0.31

SAR 船只检测目标的技术发展多年,而针对于渔船等小船只目标以及高海况中船只的探测既是难点,又是当前的热点。本章针对这方面的工作进行了探索,提出了有效提升 TCR 和信杂比的检测量,并结合 CFAR 方法,构建了船只探测流程。现有的研究工作仍有许多不完善之处,后续还需要进一步开展相关研究工作。

参 考 文 献

[1] Farina A, Studer F A. A review of CFAR detection techniques in radar systems [J]. Microwave Journal, 1986, 29 (9): 115-128.

[2] Blake, S. OS-CFAR theory for multiple targets and nonuniform clutter [J]. IEEE Transactions on Aerospace and Electronic Systems, 1988, 24 (6): 785-790.

[3] Ferrara M N, Torre A. Automatic moving targets detection using a rule-based system: comparison between different study cases [C]//IEEE International Geoscience and Remote Sensing Symposium. IEEE, 1998: 1593-1595.

[4] Smith M, Varshney P. VI-CFAR: A novel CFAR algorithm based on data variability [C]// Proceedings IEEE National Radar Conference. IEEE, 1997, 263-268.

[5] Leng X, Ji K, Yang K, et al. A Bilateral CFAR algorithm for ship detection in SAR images [J]. IEEE Geoscience and Remote Sensing Letters, 2015, 12 (7): 1536-1540.

[6] Kuruoglu E E, Zerubia J. Modeling SAR images with a generalization of the Rayleigh distribution [J]. IEEE Transactions on Image Processing, 2004, 13 (4): 527-533.

[7] Cui S, Schwarz G, Datcu M. A comparative study of statistical models for multilook SAR images [J]. IEEE Geoscience and Remote Sensing Letters, 2014, 11 (10): 1752-1756.

[8] Jakeman E, Pusey P N. A model for non-Rayleigh sea echo [J]. IEEE Transactions on Antennas and Propagation, 1976, 24 (6): 806-814.

[9] 种劲松, 朱敏慧. SAR 图像局部窗口 K 分布目标检测算法 [J]. 电子与信息学报, 2003, 25 (9): 1276-1280.

[10] Liu C, Vachon P W, Geling G W. Improved ship detection with airborne polarimetric SAR data [J]. Canadian Journal of Remote Sensing, 2005, 31 (1): 122-131.

[11] Tao D, Anfinsen S N, Brekke C. A comparative study of sea clutter covariance matrix estimators [J]. IEEE Geoscience and Remote Sensing Letters, 2014, 11 (5): 1010-1014.

[12] Wang C, Wang Y, Liao M. Removal of azimuth ambiguities and detection of a ship: using polarimetric airborne C-band SAR images [J]. International Journal of Remote Sensing, 2012, 33 (10): 3197-3210.

[13] Sugimoto M, Ouchi K, Nakamura Y. On the novel use of model-based decomposition in SAR polarimetry for target detection on the sea [J]. Remote Sensing Letters, 2013, 4

(9): 843-852.

[14] Marino A, Sugimoto M, Ouchi K, et al. Validating a notch filter for detection of targets at sea with ALOS-PALSAR data: Tokyo Bay [J]. IEEE Journal of Selected Topics in Applied Earth Observations and Remote Sensing, 2014, 7 (12): 4907-4918.

[15] Touzi R, Hurley J, Vachon P W. Optimization of the degree of polarization for enhanced ship detection using polarimetric RADARSAT-2 [J]. IEEE Transactions on Geoscience and Remote Sensing, 2015, 53 (10): 5403-5424.

[16] Velotto D, Soccorsi M, Lehner S. Azimuth ambiguities removal for ship detection using full polarimetric X-band SAR data [J]. IEEE Transactions on Geoscience and Remote Sensing, 2014, 52 (1): 76-88.

[17] Chaney R D, Burl M C, Novak L M. On the performance of polarimetric target detection algorithms [C]//IEEE International Conference on Radar. IEEE, 1990: 520-525.

[18] Wahl T, Eldhuset K, Skoeelv A. Ship traffic monitoring using the ERS-1 SAR [C]//Proceedings of the First ERS-1 Symposium: Space at the Service of our Environment (ESA SP-359). ESA, 1993: 823-828.

[19] Vachon P W, Campbell J W M, Bjerkelund C A, et al. Ship detection by the RADARSAT SAR: validation of detection model predictions [J]. Canadian Journal of Remote Sensing, 1997, 23 (1): 48-59.

[20] Robertson N, Bird P, Brownsword C. Ship surveillance using RADARSAT ScanSAR images [C]//Proceedings of the Alliance for Marine Remote Sensing Workshop on Ship Deteciton in Coastal Waters, AMRS, 2000.

[21] Yeremy M, Campbell J W M, Mattar K, et al. Ocean surveillance with polarimetric SAR [J]. Canadian Journal of Remote Sensing, 2001, 27 (4): 328-344.

[22] Stastny J, Cheung S, Wiafe G, et al. Application of RADAR corner reflectors for the detection of small vessels in synthetic aperture radar [J]. IEEE Journal of Selected Topics in Applied Earth Observations and Remote Sensing, 2015, 8 (3): 1099-1107.

[23] Hannevik T N. Evaluation of RADARSAT-2 for ship detection [R]. Forsvarets Forskningsinstitutt, FFI-rapport, 2011, 1692.

[24] 徐军. 红外图像中弱小目标检测技术研究 [D]. 西安: 西安电子科技大学, 2003.

[25] Lee J S, Pottier E. Polarimetric radar imaging: from basics to applications [M]. Boca Raton, FL, USA: CRS Press, 2008.

[26] Lüneburg E. Radar polarimetry: a revision of basic concepts [M]//Serbest H, Cloude S. Direct and Inverse Electromagnetic Scattering, Pittman Research Notes in Mathematics Series 361. Addison Wesley Longman, Harlow, UK, 1996: 257-273.

[27] Lüneburg E. Principles of radar polarimetry [J]. IEICE Transactions on Electronics, 1995, 78 (10): 1339-1345.

[28] Cloude S R. Group theory and polarisation algebra [M]. Optik, 1986, 75 (1): 26-36.

[29] Lüneburg E, Ziegler V, Schroth A, et al. Polarimetric covariance matrix analysis of random radar targets [C]//Target and Clutter Scattering and Their Effects on Military Radar Performance AGARD. 1991: 27-1-27-12.

[30] Hajnsek I, Pottier E, Cloude S R. Inversion of surface parameters from polarimetric SAR [J]. IEEE Transactions on Geoscience and Remote Sensing, 2003, 41 (4): 727-744.

[31] Cloude S R. Polarisation: applications in remote sensing [M]. New York: Oxford University Press, 2010.

[32] Yin J, Yang J, Zhou Z S, et al. The extended Bragg scattering model-based method for ship and oil-spill observation using compact polarimetric SAR [J]. IEEE Journal of Selected Topics in Applied Earth Observations and Remote Sensing, 2015, 8 (8): 3760-3772.

[33] 刘根旺, 张杰, 张晰, 等. 不同分辨率合成孔径雷达舰船检测中杂波模型适用性分析 [J]. 中国海洋大学学报 (自然科学版), 2017, 47 (2): 70-78.

第三章

极化 SAR 海冰探测

SAR 能获取海冰丰富的极化、散射、几何和纹理信息，是海冰遥感监测的重要数据源。但在海冰自身生长和海洋运动影响下，SAR 探测海冰的难度大大增加。如何提高 SAR 海冰场景的解译能力和参数反演性能，是当前海冰遥感研究的热点。本章以我国渤海海冰为例，介绍本研究团队在 SAR 海冰极化散射机理、海冰类型识别和海冰厚度反演中的工作。

渤海是我国纬度最高的海区，也是我国冬季主要低温分布区之一，每年冬季渤海受西风环流的影响，都有不同程度的结冰现象，这使得渤海成为我国海冰冰情最严重的海区。同时，渤海及其周边地区也是我国重要的经济开发区。该海域已经发现了丰富的油气资源，许多重要的大型油田，如胜利油田、辽河油田等均分布在环渤海区域。每年冬季，海冰冻结及漂移对渤海的海上航运、油气勘探及海上生产等均有不同程度的影响，甚至造成严重的灾害。迄今为止，海冰灾害已造成多次石油平台倒塌、船舶受损、航运受阻等严重灾情，给我国造成了无法估量的经济损失。

中国近几十年来几次发生了严重冰情，如 1969 年渤海的特大冰封，整个渤海几乎完全封冻，最大冰厚达 100cm，并且推倒"海一井"和"海二井"两座石油站台，毁坏和阻滞船舶 125 艘，造成了重大经济损失。即使在中等和较轻冰情年份，海冰依然会在个别海区造成灾害。例如，海冰漂移扩散使海上平台产生振动，使之不能正常运行，甚至威胁平台的安全，过大的振动还会破坏井口。2009—2010 年冬季，渤海更是发生了 30 年一遇的特大海冰灾害，山东和辽宁两省仅海洋渔业损失就超过 30 亿元，经济损失巨大。

随着全球变暖的影响，极端气候越来越多，结冰期连续生产作业将成为不可回避的现实。同时，随着渤海油气资源、环境资源和渔业资源开发规模的不断扩大，海冰灾害造成的直接和间接经济损失也会大大增加。因此，在结冰海区进行海上开发活动时，必须考虑海冰的影响，增强海冰灾害防御意识。现阶段，海冰已成为渤海海上工程设计、航运和开发生产中必须考虑的重要环境要素之一。因此，无论是全球气候变化研究还是海上生产作业安全保障，都迫切需要对海冰进行实时准确监测。海冰类型和海冰厚度作为海冰监测的核心参数，是其他海冰参数提取和冰情评估的基础。因而，发展快速、准确的海冰类型和厚度的探测方法是海冰监测的关键问题。

早期海冰监测主要是通过设立沿岸观测站、海上监测平台和破冰船进行的，这些方法虽然精度高，但观测范围小，而且费时、费力。卫星遥感具有大面积、同步、快速获取地面信息的技术优势，随着航天技术的发展，逐渐成为海冰监测的重要工具，为海冰灾害预报和预警提供了有效的数据保障。海冰遥感监测最早是利用光学和红外遥感数据开展的，但光学和红外遥感影像受日照、云雾等天气条件影响大，而冬季海上往往是多云、多雾、少日照的，无法实现对海冰进行全天时、全天候监测。与光学/红外遥感传感器相比，工作在微波波段的SAR，不受日照、云雾等天气条件的限制，具有全天时、全天候、高分辨率监测海冰的独特优势。自1978年发射的Seasat卫星第一次提供SAR数据用于海冰观测起，SAR逐渐成为海冰业务化监测的主要遥感数据源之一。

现阶段，国外高纬度国家已经实现了SAR海冰业务化监测，能够提取海冰类型、最大外缘线、面积和密集度等参数，其中，加拿大海冰服务部门（Canada Ice Service，CIS）和美国国家冰雪数据中心（National Snow and Ice Data Center，NSIC）是比较著名的，此外芬兰、丹麦和德国等国家的政府部门和商业机构支持的研究组织也在开展这方面的工作。我国海冰SAR监测是近几年才发展起来的，其相关研究也随之开展起来，但尚未实现业务化应用，因此，发展SAR海冰探测技术的相关研究势在必行。

3.1 渤海海冰极化散射机理

3.1.1 渤海海冰微波散射实验

2012年1月13-18日，作者所在的课题组与中国电科集团第二十二研究所（电子22所），以莱州湾东营港106水文站为实验场（具体位置见图3.1），利用多波段（L、C、X）多极化陆基散射计开展了为期6天的海冰微波散射特性实验。实验期间获取了海冰微波散射数据、海冰物理特性数据和地面环境数据。

本次实验的海冰微波散射数据是利用电子22所提供的多波段、多极化陆基散射计获取的。陆基散射计主要由测量系统和天伺系统组成，如图3.2所示。其中，天伺系统、极化开关和测试仪器加装在可活动的吊车臂上，用于实现微波信号的发射、接收和记录。测试仪器主要由安捷伦公司的矢量网络

第三章　极化 SAR 海冰探测

图 3.1　渤海海冰微波探测实验的区域位置

分析仪组成，用于产生和分析不同频率、不同带宽的电磁波信号。天伺系统中包括两个发射和接收分置的抛物面天线，天线上配有极化开关可以控制天线发射和接收水平或垂直极化的电磁波，实现地物全极化微波数据的获取。计算机和控制中心放置于地面，通过制动中心实现天伺系统的转动、极化方式的转换和网络分析仪数据的采集和处理。

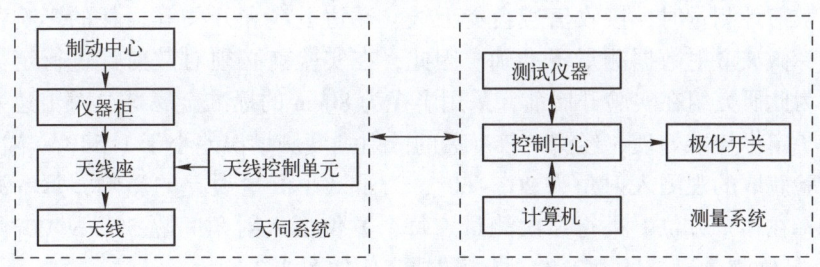

图 3.2　陆基散射计系统组成框图

本次实验选择 L、C 和 X 三个波段进行测量，三种波段对应的中心频率分别为 1.25GHz、5.30GHz 和 9.80GHz，对应的中心波长分别为 24cm、5.7cm 和 3.1cm，带宽为 100MHz，其具体参数如表 3.1 所示。

表 3.1　实验采用的雷达天线参数

波段	频率/GHz	直径/m	增益/dB	波束宽度/(°)	极化	极化隔离度/dB
L	1.2~1.4	1.2	21	14	HH	≥25
					VV	
C	4.8~6.0	0.6	27	7.5	HH	≥26
					VV	
X	9.0~11	0.45	29	5.2	HH	≥30
					VV	

利用陆基散射计获取的是不同极化方式下地物的后向散射系数 $\sigma_{p,q}^0$，其下标 p、q 表示发射和接收信号的极化方式（水平极化 H 或垂直极化 V）。$\sigma_{p,q}^0$ 取决于地物目标的雷达散射截面 $\sigma_{p,q}(f,\theta)$ 和等效照射面积 $A_{\mathrm{eff}}(f,\theta,H)$，其计算公式为[1]

$$\sigma_{p,q}^0 = \frac{\sigma_{p,q}(f,\theta)}{A_{\mathrm{eff}}(f,\theta,H)} \tag{3.1}$$

式中：H 为天线的架设高度；θ 为入射角；f 为雷达频率。等效照射面积 A_{eff} 可由雷达参数和几何参数计算得出。由此可见，$\sigma_{p,q}^0$ 为雷达的单位散射截面。利用雷达方程可以计算地物目标的雷达散射截面 $\sigma_{p,q}(f,\theta)$。设散射计的发射和接收功率分别为 P_t^p 和 P_r^q，则对应的雷达方程可以表示为

$$\frac{P_r^q}{P_t^p} = \frac{G_{\mathrm{eff}}^2(f)\lambda^2}{(4\pi)^3 R^4}\sigma_{p,q}(f,\theta) \tag{3.2}$$

其中，$G_{\mathrm{eff}}^2(f)$ 表示散射计等效双程增益，R 表示收发天线相位中心到被测目标中心的距离，$R=H/\cos\theta$，λ 是电磁波波长。由此可以利用散射计的设备参数和接收信号功率等计算地物后向散射系数 $\sigma_{p,q}^0$。

散射计测量时，接收信号会受天线、通道电缆和开关等损耗的影响，使得目标微波散射数据测量不准确。因此，在实验前必须对散射计进行定标处理。为此研究组在实验开展前，采用半径为 80cm 的标准金属球，对雷达系统进行了定标校准处理，经测试校准后的散射强度测量误差小于 1.5dB。本次海冰实验获取的观测入射角为 20°~60°，为了减小测量误差的影响，每一波段都选择在多个方位上进行多次测量。每个方位上入射角间隔 5°，从 20°测到 60°。具体测量记录见表 3.2，测量数据实例如图 3.3 所示。

表 3.2　海冰微波散射特性测量情况

时间	带宽/MHz	极化	波段	中心频率/GHz	方位测量个数	备注
2012-01-13	100	HH VV	L C X	1.25 5.30 9.80	12 6 4	L 波段从 30° 测到 55°

续表

时间	带宽/MHz	极化	波段	中心频率/GHz	方位测量个数	备注
2012-01-14	100	HH VV	L C X	1.25 5.30 9.80	17 17 20	
2012-01-15	100	HH VV	L C X	1.25 5.30 9.80	14 25 20	
2012-01-16	100	HH VV	L C X	1.25 5.30 9.80	16 22 18	部分入射角同时从17°测到57°
2012-01-17	100	HH VV	L C X	1.25 5.30 9.80	20 20 18	部分入射角同时从17°测到57°
2012-01-18	100	HH VV	L C X	1.25 5.30 9.80	26 22 20	部分入射角从12°测到62°

注：同方位两次测量记为2个方位。每个方位上入射角间隔5°，从20°测到60°。"H"代表水平极化，"V"代表垂直极化。

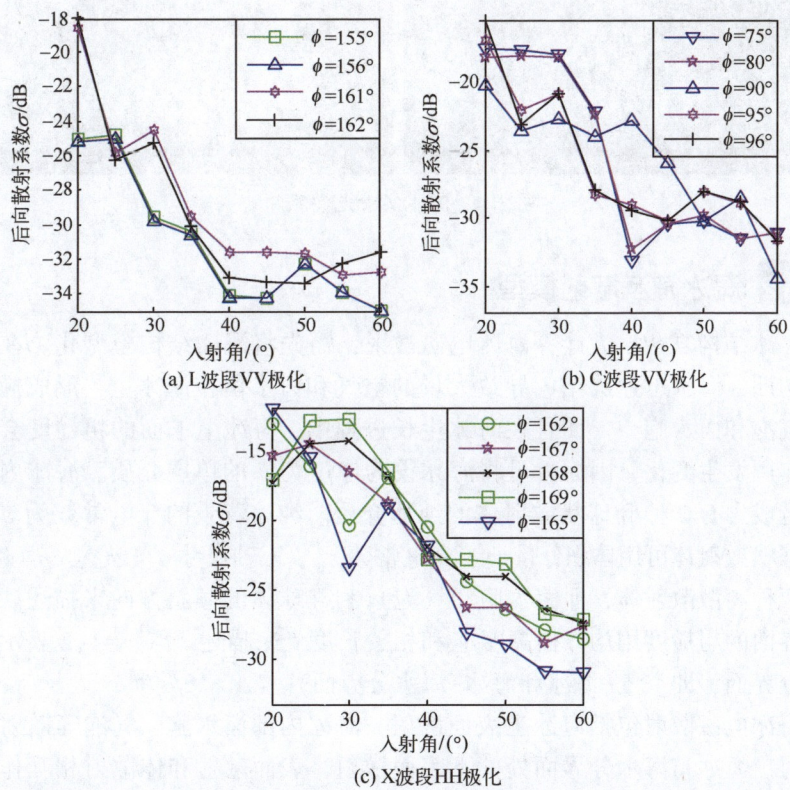

图3.3 L、C和X波段不同极化下多方位后向散射系数和入射角关系图

实验期间，研究小组还同时测量了海冰的厚度、温度、密度、盐度等物理参数和底层海水的温度、盐度等数据。另外，在本次实验中，还同步获取了气温、风速等地面环境数据（表3.3），作为定量分析海冰微波散射特性的依据[2]。

表3.3 地面环境数据

日 期	01-13	01-14	01-15	01-16	01-17	01-18
日间气温/℃	5.7	0.8	2.7	1.0	2.3	3.3
夜间最低气温/℃	-4	-4	-4	-3	-2	-1
风速/(m/s)	0.3	1.5	1.6	0.8	1.4	0.3

综合实验数据可知，实验区的海冰没有雪层覆盖，冰面平整，粗糙度较小（图3.4）。且由于实验期间的气温相对较高，冰厚变化为8~10cm。

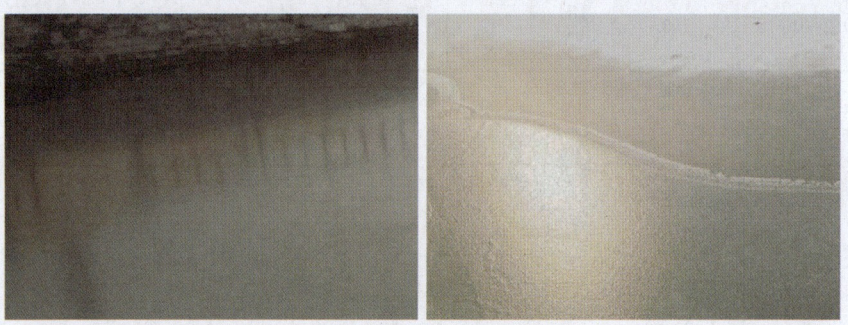

图3.4 海冰实景光学照片

3.1.2 海冰微波散射模型

海冰结构复杂，为计算海冰电磁散射，需先将海冰结构模型化。在海冰生长初期，海水迅速冻结，导致大量的空气和卤水留在海冰里，形成椭球体状的气泡和卤水胞[3]。而且在海冰生长过程中，海冰上下面的粗糙度会受风浪的作用发生变化。因而，可将海冰设为厚度为 d 的单层介质。海冰内部结构可看成含有2种椭球状散射体的纯冰介质。纯冰背景的介电常数为 ε_{1b}，2种椭球状散射体可用体积分量 f_{is}、介电常数 ε_{is}、三轴尺寸 a_{is}、b_{is}、c_{is}（$i=1,2$ 表示两种离散散射体，即卤水胞和气泡）和椭球体的倾斜方向来描述。海冰上下界面的粗糙度用均方根高度 γ_n 和相关长度 l_n 来描述[4]（$n=1,2$ 表示上下两个分界面，即空气-海冰和海冰-海水分界面）。

海冰电磁散射包括海冰上表面散射，海冰内部卤水胞、气泡等散射体的体散射，海冰与海水分界面处的下表面散射，表面散射和体散射相互作用的散射等多种分量[5-6]。海冰电磁散射可以看成非相干叠加，那么雷达接收的海冰后向散射系数可以分成这几部分之和：

$$\sigma_s^0(\theta,\theta_s) = \sigma_t^0 + \sigma_v^0 + \sigma_g^0 + \sigma_{vg}^0 \tag{3.3}$$

式中：σ_t^0、σ_v^0、σ_g^0和σ_{vg}^0分别代表海冰的上表面散射项、体散射项、下表面散射项和散射体与表面相互作用散射项；θ和θ_s分别代表入射角和散射角。由于海冰属于电磁耗散介质，这里σ_{vg}^0仅取海冰下表面和散射体的一次相互作用散射，如图3.5所示。

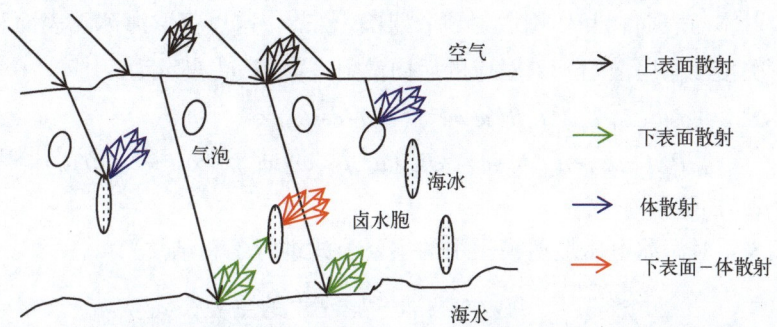

图3.5 海冰物理模型和电磁散射模型

上表面散射项σ_t^0可利用粗糙表面电磁散射的积分方程模型（IEM）计算得到。积分方程模型是最常用的描述表面粗糙度的物理模型，与小扰动模型（SPM）等其他地物表面粗糙度的物理模型相比，适用的地物目标表面粗糙度的范围更广。上表面散射项σ_t^0的计算公式为[4]

$$\sigma_{tpp}^0 = \frac{k^2}{2}\exp(-2k_z^2\sigma^2)\sum_{n=1}^{\infty}|I_{pp}^n|^2\frac{W^{(n)}(-2k_x,0)}{n!} \tag{3.4}$$

其中，下标p代表V或H极化。k是电磁波波数，$k_z = k\cos\theta$，$k_x = k\sin\theta$。$W^{(n)}(-2k_x,0)$是表面相关系数的n阶傅里叶变换。I_{pp}^n是界面函数。σ为均方根高度。

体散射项σ_v^0描述海冰内部气泡和卤水胞等散射体的贡献，其物理过程为电磁波以反照率κ_s/κ_e入射到海冰上表面，以透射率T_{1t}进入海冰内部，部分能量被散射体P_{pp}散射回海冰上表面，在海冰内部经过双程损耗$\exp(-2\kappa_e d/\cos\theta_t)$后，以透射率$T_{t1}$出射。体散射项$\sigma_v^0$的计算公式为[7]

$$\sigma_{vpp}^0 = \frac{1}{2}(\kappa_s/\kappa_e)T_{1t}T_{t1}\cos\theta\times[1-\exp(-2\kappa_e d/\cos\theta_t)]\times$$
$$P_{pp}(\cos\theta_t,-\cos\theta_t,\pi) \tag{3.5}$$

其中，下标t表示透射，θ_t是透射角，d是海冰厚度，κ_s是体散射系数，κ_e是κ_s与吸收系数之和。$\kappa_e d$称为光学深度，反映了电磁波在海冰中传播损耗的情况。T_{1t}表示从空气到海冰的透射系数，T_{t1}表示从海冰到空气的透射系数，P_{pp}代表散射体的散射相矩阵。

下表面散射项σ_g^0仍采用IEM的计算方法，但因为散射是来自海冰的下表面，所以还要考虑上表面边界透射和电磁波在海冰内部的损耗，根据辐射传输理论和方程解的形式，σ_g^0可表示为

$$\sigma_{gpp}^0 = \cos\theta T_{1t}(\theta,\theta_t) T_{t1}(\theta_t,\theta) \exp(-2\kappa_e d/\cos\theta_t) \sigma_{tpp}^0/\cos\theta_t \quad (3.6)$$

散射体与表面相互作用散射项σ_{vg}^0比较复杂，这里仅取海冰下表面和散射体的一次相互作用散射，其对应的后向散射系数用σ_{vg}^0表示为

$$\sigma_{vpp}^0 = \cos\theta (L_{1t}T_{t1})^2 L_r R(\kappa_s/\kappa_e)(\kappa_e d/\cos\theta_t) \times$$
$$[P_{pp}(-\mu_t,-\mu_t,\phi_t-\phi_i) + P_{pp}(\mu_t,\mu_t,\phi_t-\phi_i)] \exp(-2\kappa_e d/\mu_t) \quad (3.7)$$

其中，$\mu_t = \cos\theta_t$。

表3.4对海冰电磁散射模型中的主要公式进行了总结。

表3.4 海冰电磁散射模型中的主要公式

散射项	散射项的计算公式	参数描述
上表面散射 σ_t^0，即 σ_{tpp}^0	$\sigma_{tpp}^0 = \dfrac{k^2}{2}\exp(-2k_z^2\sigma^2)$ $\times \sum_{n=1}^{\infty} \|I_{pp}^n\|^2 \dfrac{W^{(n)}(-2k_x,0)}{n!}$	$I_{pp}^0 = (2k_z\sigma)^n f_{pp}\exp(-k_z^2\sigma^2)$ $+\dfrac{(k_z\sigma)^n[F_{pp}(-k_x,0)+F_{pp}(k_x,0)]}{2}$ θ表示从空气到冰面的入射角，θ_s代表散射角，$\mu_s = \cos\theta_s$；k是电磁波波数，$k_x = k\sin\theta$，$k_z = k\cos\theta$；σ是海冰表面的均方根高度，其值取自已有的研究结论和实验数据；$W^{(n)}(-2k_x,0)$是表面相关系数的n阶傅里叶变换，f_{pp}是基尔霍夫场的系数，F_{pp}是补偿场系数，$W^{(n)}$、f_{pp}和F_{pp}详见Fung[4]和Kim等[7]的工作
体散射 σ_v^0，即 σ_{vpp}^0	$\sigma_{vpp}^0 = \dfrac{1}{2}(\kappa_s/\kappa_e) T_{1t}T_{t1}\cos\theta$ $\times [1-\exp(-2\kappa_e d/\cos\theta_t)]$ $\times P_{pp}(\cos\theta_t,-\cos\theta_t,\pi)$	θ_t是透射角，d是海冰厚度；κ_s是体散射系数，κ_e是κ_s与吸收系数之和，$\kappa_e d$称为光学深度；T_{1t}表示从空气到海冰的透射系数，T_{t1}表示从海冰到空气的透射系数，T_{1t}和T_{t1}可由菲涅尔公式计算；P_{pp}是散射体的散射相矩阵，详见Fung[4]的工作
下表面 σ_g^0，即 σ_{gpp}^0	$\sigma_{gpp}^0 = \cos\theta T_{1t}(\theta,\theta_t) T_{t1}(\theta_t,\theta)$ $\times \exp(-2\kappa_e d/\cos\theta_t) \times \sigma_{tpp}^0/\cos\theta_t$	σ_{tpp}^0是上表面的后向散射系数
散射体-下表面相互作用散射 σ_{vg}^0，即 σ_{vgpp}^0	$\sigma_{vpp}^0 = \cos\theta (L_{1t}T_{t1})^2 \times L_r R(\kappa_s/\kappa_e)$ $\times (\kappa_e d/\cos\theta_t)$ $\times [P_{pp}(-\mu_t,-\mu_t,\phi_t-\phi_i)$ $+P_{pp}(\mu_t,\mu_t,\phi_t-\phi_i)] \times$ $\times \exp(-2\kappa_e d/\mu_t)$	$\mu_t = \cos\theta_t$，$\mu_i = \cos\theta$。L_r和L_{1t}分别为表面粗糙度引起的下表面反射和上表面透射损耗，其表达式为： $L_{1t} = \exp[-\sigma_t^2(k_r\mu_t-k_{rt}\mu_i)]^2$ $L_r = \exp[-\sigma_2^2k_{rt}^2(\mu_t^2+\mu_i^2)]$ 其中，k_r和k_{rt}分别为真空中和海冰中波数的实部

注：下标p代表V或H极化，下标s表示散射，下标t代表透射。

将实验中获取的海冰物理参数代入式(3.4)~(3.7)中,可得到渤海海冰电磁散射模型[8]。利用该渤海海冰电磁散射模型,可以计算得到不同波段、极化、入射角情况下的渤海海冰后向散射值。将由理论计算得到的海冰后向散射系数与由陆基散射计实际测量的海冰后向散射系数相比可知,理论计算值和实测数据间的误差较小(图3.6),证明了该模型的正确性。

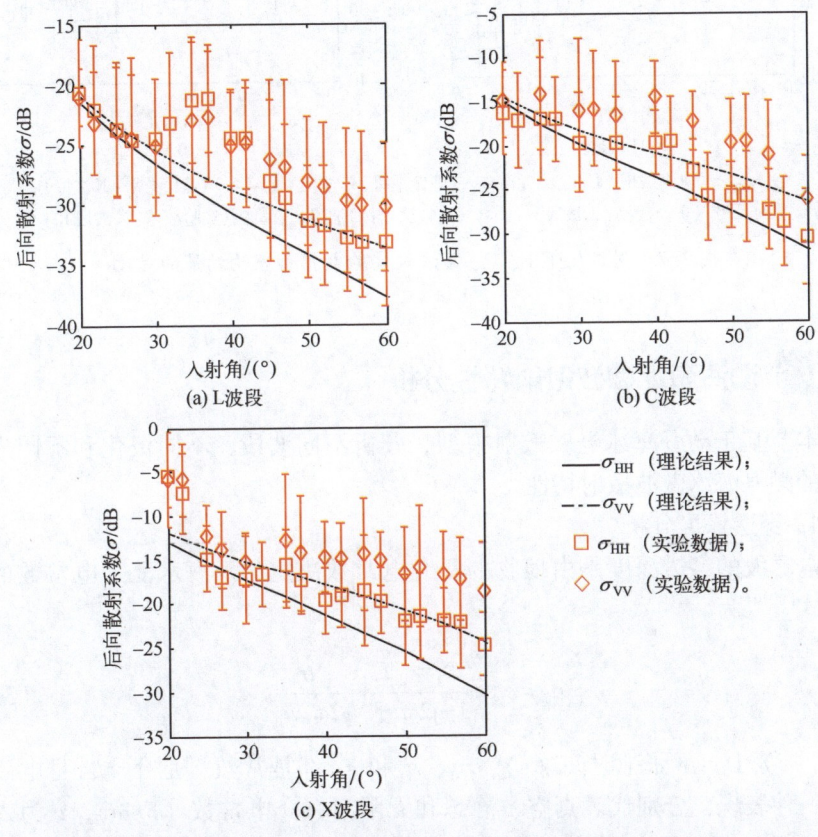

图 3.6 单波段 HH 和 VV 极化实验数据和理论结果的对比

需要指出的是,由于实验区域内海冰生长过程相似,不同方位上的海冰性质接近,因而在同波段、同极化、同入射角的情况下,海冰后向散射系数为不同方位上的海冰后向散射平均值。

由图 3.6 所知,在波段和入射角相同时,VV 极化的后向散射强于 HH 极化;HH 极化和 VV 极化的海冰后向散射系数都随着入射角的增加而减少,而且 HH 极化的减小率大于 VV 极化。当极化和入射角相同、波段不同时(图 3.7),X 波段的后向散射系数最大,C 波段次之,L 波段最小。

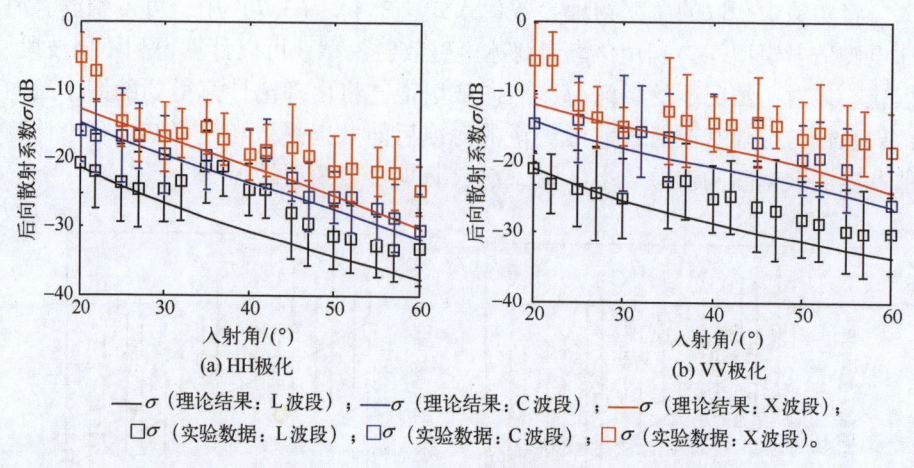

图 3.7 同极化下 L、C、X 波段实验数据和理论结果的对比

3.1.3 渤海海冰微波散射特性分析

本节基于渤海海冰电磁散射模型,分析不同波段、不同极化和不同入射角下的渤海海冰微波散射特性。

1. 穿透深度分析

电磁波的穿透深度是由地物的复介电常数决定的。海水复介电常数的经验公式[9-10]为

$$\varepsilon_w = \varepsilon_\infty + \frac{\varepsilon_1 - \varepsilon_\infty}{1 - j2\pi\nu\tau} + j\frac{\sigma}{2\pi\nu\varepsilon_0} \tag{3.8}$$

其中,τ 为 Debye 张弛时间(s),ε_0、ε_1 和 ε_∞ 都是常数,是介质自身电磁性质的一种表现,分别代表真空、静态和无限高频介电常数(F/m),ν 为入射电磁波频率(Hz),σ 为离子电导率(S/m)。

海冰复介电常数的经验公式为[11]

$$\varepsilon_i = [(1-V_b)\sqrt{\varepsilon_{pi}} + V_b\sqrt{\varepsilon_b}]^2 \tag{3.9}$$

其中,ε_{pi} 是纯冰的介电常数,ε_b 是卤水的介电常数,V_b 为卤水体积分量。利用实测的海冰温度和海冰密度可得到海冰卤水体积分量,将其代入式(3.9)中,可进一步得到海冰的复介电常数。

将实测数据代入式(3.8)和式(3.9),可得渤海海冰和海水的相对复介电常数,如表 3.5 所示。

表 3.5 海冰和海水的相对复介电常数

日期	波段	海冰	海水
2012-1-13	L	4.28+0.27j	82.70+23.88j
	C	4.13+0.38j	64.21+37.52j
	X	3.93+0.47j	41.77+41.22j
2012-1-14	L	4.28+0.26j	82.77+23.85j
	C	4.12+0.39j	63.11+38.17j
	X	3.91+0.47j	40.25+41.11j
2012-1-15	L	4.28+0.27j	82.58+24.47j
	C	4.12+0.39j	63.95+37.71j
	X	3.92+0.47j	41.47+41.22j
2012-1-16	L	4.28+0.26j	82.72+23.88j
	C	4.12+0.39j	64.04+37.63j
	X	3.91+0.47j	41.52+41.21j
2012-1-17	L	4.28+0.27j	82.85+23.28j
	C	4.13+0.38j	64.12+37.55j
	X	3.92+0.47j	41.56+41.20j
2012-1-18	L	4.28+0.27j	82.72+23.88j
	C	4.13+0.38j	64.04+37.63j
	X	3.92+0.47j	41.52+41.21j

根据得到的海冰和海水的复介电常数，可进一步得到渤海海冰和海水的电磁波穿透深度。穿透深度的计算式为[12]

$$d = \frac{1}{\text{Im}(2\pi f \sqrt{\mu_0 \varepsilon})} \quad (3.10)$$

其中，$\text{Im}(\cdot)$ 代表取复数虚部的运算；f 是电磁波频率；μ_0 是真空中的磁导率；ε 是海冰或者海水的复介电常数。

L、C 和 X 波段电磁波在渤海海冰和海水中的穿透深度见表 3.6。从表 3.6 可知，在本次实验中（冰厚<10cm），X 波段的电磁波不能够穿透海冰；C 波段在海冰中的穿透深度和海冰厚度基本相等，能够穿透海冰，但在海水中的传播距离很小；L 波段的电磁波能够穿透海冰，并且在海水中也能传播一定的距离。

表 3.6　L、C、X 波段电磁波在海水和海冰中的穿透深度

日　期	波段					
	海冰的电磁波穿透深度/cm			海水的电磁波穿透深度/cm		
	L 波段	C 波段	X 波段	L 波段	C 波段	X 波段
01-13	58	9.6	4.1	3.0	0.4	0.2
01-14	59	9.4	4.1	3.0	0.4	0.2
01-15	59	9.5	4.1	2.9	0.4	0.2
01-16	59	9.4	4.1	3.0	0.4	0.2
01-17	59	9.5	4.1	3.0	0.4	0.2
01-18	59	9.5	4.1	3.0	0.4	0.2

2. 波段和入射角分析

基于渤海海冰电磁散射模型，可以得到 L、C 和 X 三个波段的海冰上表面散射强度，海冰体散射强度，海冰下表面散射强度和海冰散射体与表面相互作用散射强度，如图 3.8 所示。由于本实验的海冰粗糙度非常小，且海冰厚度较薄，L 波段和 C 波段的下表面散射都大于上表面散射，这是由于海冰的上表面为空气-海冰分界面，下表面为海冰-海水分界面，下表面两侧介质的介电常数的变化远大于上表面，所以海冰下表面的电磁波散射强度较大。而 X 波段微波基本不能穿透海冰，因此下表面散射明显小于上表面。由于渤海海冰内部散射体尺寸为毫米量级，从图 3.8 可以看出，L、C 和 X 三个波段的体散射都比较小；但波长越短，海冰内散射体的影响越大，体散射越大。由于海冰的体散射较小，海冰下表面和散射体相互作用的散射强度也比较小，其量值与体散射相近；需要注意的是海冰下表面和散射体相互作用的散射具有高极化敏感度。

由此可见，在小粗糙度薄冰情况下，C 和 X 波段对海冰上表面比较敏感，可以用于识别海冰类型。X 波段对海冰体散射敏感，可以用于反演海冰的散射体信息，如颗粒尺寸等。L 波段和 C 波段探测海冰下表面特性比较好，可以用于海冰厚度探测；对于海冰这类损耗介质，表面-散射体相互作用的散射非常弱，因而只考虑下表面-散射体的一次相互作用散射即可。随着频率或者入射角的增加，VV 和 HH 的差异越来越明显。在表面-散射体相互作用中，VV 极化和 HH 极化的差异相比其他三种分量更显著，这种差异是下表面和散射体散射叠加共同造成的，因此可以利用这两种极化的差异反演海冰表面特性或海冰厚度等参数。

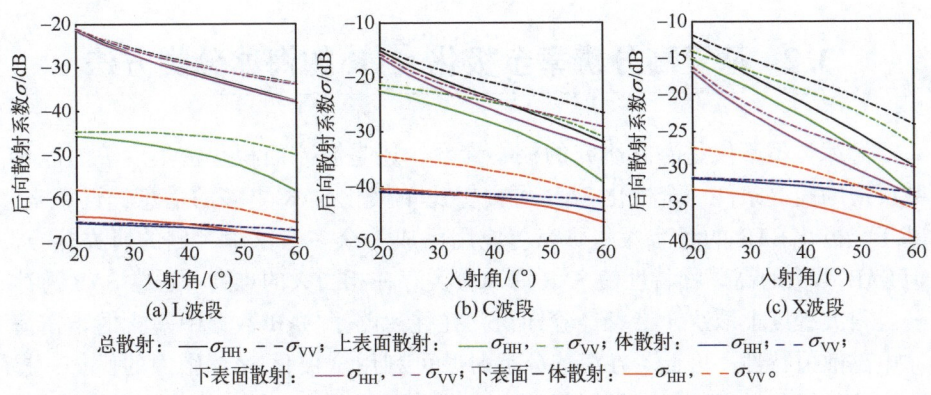

(a) L波段　　(b) C波段　　(c) X波段

总散射：——σ_{HH}，- -σ_{VV}；上表面散射：——σ_{HH}，- -σ_{VV}；体散射：——σ_{HH}；- -σ_{VV}；
下表面散射：——σ_{HH}，- -σ_{VV}；下表面-体散射：——σ_{HH}，- -σ_{VV}。

图 3.8　L、C、X 波段 HH 和 VV 极化的四个海冰电磁散射分量

为了更好地分析海冰微波散射中各个散射分量的性质，可以考虑从每一分量在总散射中所占比重方面进行分析。从图 3.9 可以看出，对于 L 波段，所有入射角下，均是海冰下表面散射占主导；对于 X 波段，所有入射角下，均为海冰上表面散射占主导。但对于 C 波段，在中等入射角（40°附近）时，海冰上表面和下表面散射所占比重差异较小；低于或高于 40°入射角时，海冰上表面散射变小，而下表面散射强度逐渐增加，且 VV 极化的增长速度比 HH 极化显著。

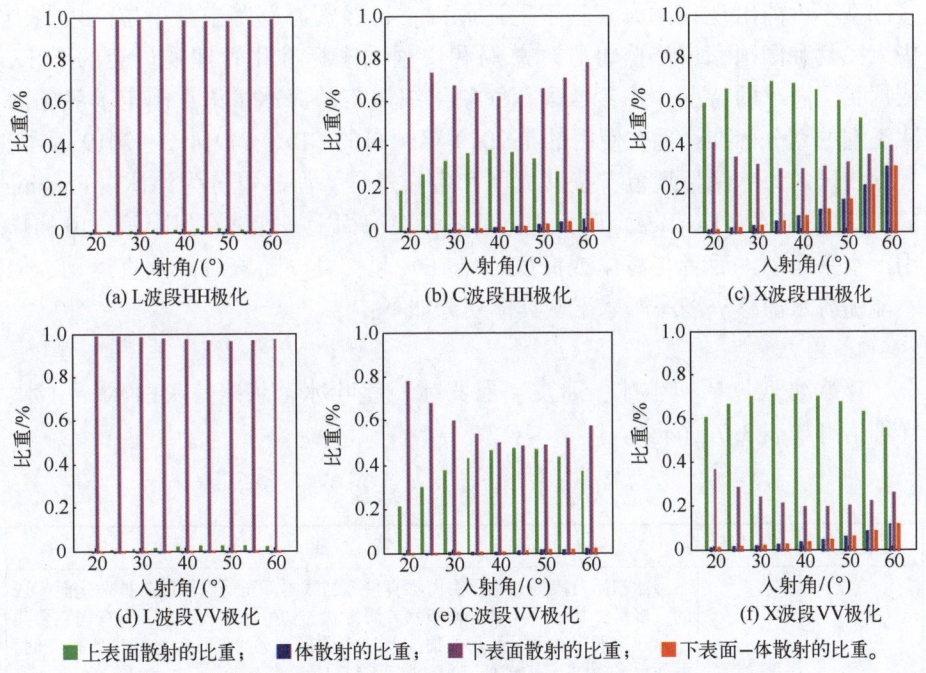

(a) L波段HH极化　　(b) C波段HH极化　　(c) X波段HH极化

(d) L波段VV极化　　(e) C波段VV极化　　(f) X波段VV极化

■上表面散射的比重；　■体散射的比重；　■下表面散射的比重；　■下表面-体散射的比重。

图 3.9　L、C、X 波段 HH 和 VV 极化的四个海冰电磁散射分量比重

3.2 基于高分辨率全极化 SAR 的海冰分类方法

海冰类型不仅是海冰研究的核心参数,还是海冰面积和密集度等海冰参数反演的前提条件。全极化 SAR 可提供比单极化 SAR 更多的信息,近年来,基于全极化 SAR 的海冰探测研究与应用已成为众多专家学者们的研究热点。但 SAR 影像的高斑噪特性使 SAR 海冰分类存在相当大的难度。通常 SAR 海冰分类很大程度上取决于专家经验知识,往往忽略了 SAR 数据中蕴含的丰富海冰电磁散射特性。因此,在海冰分类时,可利用全极化 SAR 影像的优势,提取海冰的极化散射特征,发展新的海冰类型识别方法,如二叉树分类方法等,提高海冰分类精度。

3.2.1 海冰类型划分标准

根据两极和高纬度区域的海冰情况,国际气象组织(World Meteorological Organization,WMO)给出了多种海冰类型的划分依据,如海冰生长过程、海冰形态、海冰表面特征、海冰运动状态等。渤海海冰属于季节性一年冰,形态和状态特征与两极和高纬度区域的海冰有很大的不同,因而 WMO 定义的一些冰型不可能出现在渤海。基于上述原因,自然资源部等主管单位,按照中华人民共和国国家市场监督管理总局和中国国家标准化管理委员会的要求,依据我国海冰的特点,并参考国际气象组织规定的海冰术语,制定了我国海冰类型的划分标准,现在使用的是 2019 年颁布的 GB/T 14914.2—2019 版本。根据我国的海冰测量规范,按其成因和生长过程,海冰可分为浮冰(Floating Ice)和固定冰(Fast Ice)两大类,前者浮在海面上,能够在风、浪、流的作用下水平运动;后者与海岸或海底冻结在一起,可以随着海面垂直运动,但不能随海水漂移。渤海海冰类型具体划分如下:

1. 浮冰

浮冰冰型包括初生冰、冰皮、尼罗冰、莲叶冰、灰冰、灰白冰、白冰,详细信息如表 3.7 所示。

表 3.7 渤海的浮冰冰型

浮冰类型	符 号	特 征
初生冰	N	海冰初始阶段的总称。由海水直接冻结或雪降至低温海面未被融化而生成的,多呈针状、薄片状、油脂状或海绵状。初生冰比较松散,只有当它聚集漂浮在海面附在礁石及其他物体上时才具有一定的形状。有初生冰存在时,海面反光微弱,无光泽,遇风不起波纹

续表

浮冰类型	符号	特征
冰皮	R	由初生冰冻结或在平静海面上直接冻结而成的冰壳层，表面平滑、湿润而有光泽，厚度5cm左右，能随风起伏，易被风浪折碎
尼罗冰	Ni	厚度小于10cm的有弹性的薄冰壳层，表面无光泽，在波浪和外力作用下易弯曲和破碎，并能产生"指状"重叠现象
莲叶冰	P	直径30~300cm，厚度10cm以内的圆形冰块，由于彼此互相碰撞而具有隆起的边缘，它可由初生冰冻结而成，也可由冰皮或尼罗冰破碎而成
灰冰	G	厚度为10~15cm的冰盖层，由尼罗冰发展而成，表面平坦湿润，多呈灰色，比尼罗冰弹性小，易被涌浪折断，受到挤压时多发生重叠
灰白冰	Gw	厚度为15~30cm的冰层，由灰冰发展而成，表面比较粗糙，呈灰白色，受到挤压时大多形成冰脊
白冰	W	厚度为大于30cm的冰层，由灰白冰发展而成，表面粗糙，多呈白色

2. 固定冰

沿岸冰（Coastal Ice）：牢固冻结在海岸、浅滩上的海冰，可以随着海面高度变化而做起伏运动。

冰脚（Ice foot）：沿岸冰漂走后残留在岸上的部分，或由黏糊状的浮冰和海水飞沫冻结在海岸上聚集起来的冰带。

搁浅冰（Stranded Ice）：退潮时搁浅在浅滩或滞留在潮间带的海冰。

在海冰生长过程中，随着风、浪、流的作用，固定冰可能会离开海岸和浅滩，成为海表面的浮冰，浮冰也可能搁浅到浅滩成为固定冰；而且原本的平整冰也会出现挤压、重叠等情况，形成冰脊和形变冰等。在此过程中，海冰表面特性变化明显，如海冰表面粗糙度增加，海冰表面纹理特征变化显著等。

3.2.2 SAR海冰极化散射特征提取

极化描述了电场矢量作为时间的函数所形成的空间轨迹的分布和旋向[13]。一列沿+z方向传播的平面波可表示为复矢量 $E(z,t) = vE_V + hE_H$，其中，v、h分别为垂直和水平极化的单位向量[14-15]。

1. 考虑极化基变换的海冰极化散射特性

根据复矢量代数，任意一个复矢量可以分解为两个相互正交的复矢量之和，因此任意一对正交极化单位向量$(\hat{e}_x, \hat{e}_y)$都可以构成一对极化基，用于表示任意一种极化形式。不同极化基下的电磁波可以较为直观地反映地物的不同性质。现已证实，水平和垂直极化基可以反映地物的介电属性；而圆极化基与地物的表面粗糙度有关，可用其定量地反演地物表面粗糙度。

本章研究区域选在渤海的小辽东湾区域（图3.10（a））。研究数据包括：2009年1月14日高分辨率RADARSAT-2全极化SAR单视复（Single Look Complex，SLC）影像，分辨率为距离向5.2m，方位向7.6m（图3.10（b））；同天的中巴资源卫星光学影像（CBERS-02B，图3.10（c））。SAR影像和光学影像上都清楚地显示出三条分界线，一条是海水与浮冰（浮冰区主要海冰类型为初生冰、灰冰、灰白冰）的分界线，一条是浮冰与固定冰的分界线，一条是固定冰与陆地的分界线。

(a) 小辽东湾所在位置（背景为MODIS图像）

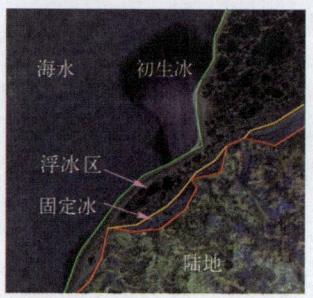

(b) RADARSAT-2 SAR伪彩色合成影像

(c) CBERS-02B CCD与HR的融合影像

图3.10　2009年1月14日小辽东湾RADARSAT-2 SAR影像和CBERS-02B光学影像

张晰等[16]利用极化基变换的方法提取了全极化SAR影像的海冰边缘线。将RADARSAT-2 SAR影像（图3.10（b））进行极化基变换，转换为圆极化基表示，见图3.11（a）。水平/垂直极化（H-V极化）伪彩色影像与圆极化（R-L极化）伪彩色影像相比（图3.10（b）和图3.11（a）），海水、浮冰区、固定冰和陆地等四个区域的颜色均发生了明显改变，由此可见不同极化基对地物的表征能力不同。

H-V极化相关系数 ρ_{HHVV} 反映了海冰的介电性质，如图3.11（b）所示；海水和沿岸固定冰的介电系数高于灰（白）冰介电系数；初生冰介电系数介于海水和灰（白）冰之间，这也反映出初生冰区域冰水混杂的情况。

圆极化的相关系数 ρ_{RRRL} 和 ρ_{RRLL}（R：右圆；L 左圆）反映了海冰的表面粗糙度，如图 3.11（c）和图 3.11（d）所示；初生冰表面粗糙度最大（同样反映出冰水混杂），海水粗糙度次之，灰（白）冰和固定冰的粗糙度最小。ρ_{RRRL} 对海水、灰（白）冰和初生冰的区分十分明显，可用于提取三者之间的分界线，如图 3.11（c）所示。

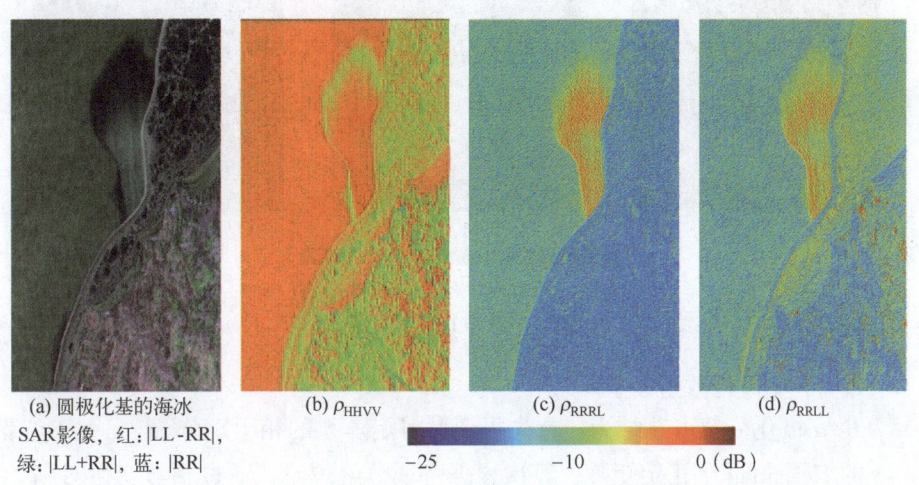

(a) 圆极化基的海冰 SAR 影像，红：|LL-RR|，绿：|LL+RR|，蓝：|RR|　　(b) ρ_{HHVV}　　(c) ρ_{RRRL}　　(d) ρ_{RRLL}

图 3.11　不同极化基下 RADARSAT-2 SAR 影像（图 3.10（b））的极化相关系数

2. Freeman 极化散射分解

自然界中地物的电磁散射是由表面散射（光滑表面和粗糙表面）、二次散射和体散射等三种基本散射过程组合而成的[17]。通过在 SAR 影像（图 3.10（b））的初生冰、灰（白）冰和固定冰等区域随机选取样本，分析其对应的极化特征可知，海冰的电磁散射过程十分复杂，是多种散射机理的组合。我们尝试利用 Freeman 三分量极化分解方法[18]，分别分析表面散射、二次散射和体散射等三种散射分量在海冰电磁散射过程中起到的作用。Freeman 分解的表面散射为一阶 Bragg 表面散射，二次散射类似于二面角反射器的散射过程，体散射可看成一组随机方向分布的偶极子的散射过程。RADARSAT-2 SAR 影像（图 3.11（b））的归一化 Freeman 极化分解结果如图 3.12 所示，表面散射分量中海水和固定冰与灰（白）冰区之间存在一定的区分度；二次散射分量中灰（白）冰区与海水和固定冰区之间的区分非常明显；在体散射分类中灰（白）冰区、海水和固定冰区三者之间的区分不是很明显。因而，可利用归一化的二次散射分量来进行灰（白）冰-固定冰的分类，提取灰（白）冰和固定冰的分界线。

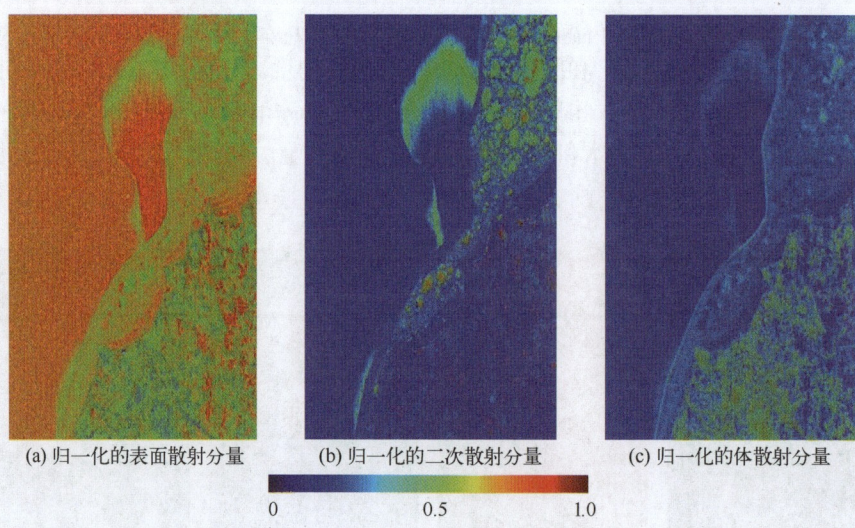

(a) 归一化的表面散射分量　　(b) 归一化的二次散射分量　　(c) 归一化的体散射分量

图 3.12　RADARSAT-2 SAR 影像（图 3.10（b））的归一化 Freeman 极化分解结果

3. H-α 极化散射分解

H-α 极化分解可总结为：首先得到散射矩阵 S 的相干矩阵 $\langle T_3 \rangle$，$\langle T_3 \rangle$ 是 3×3 的 Hermitian 半正定矩阵；其次根据特征分解理论，通过相似变换对 $\langle T_3 \rangle$ 进行对角化；最后进行特征分解，得到三个二阶参数来描述地物的散射特性，分别是极化散射熵、平均 α 角和各向异性指数，它们的定义如下：

极化散射熵　　$H = -\sum_{j=1}^{3} p_j \log_3 p_j, \quad p_j = \lambda_j / \sum_{i=1}^{3} \lambda_i$　　(3.11（a）)

平均 α 角　　$\alpha = \sum_{i=1}^{3} p_i \alpha_i$　　(3.11（b）)

各向异性指数　　$A = \dfrac{\lambda_2 - \lambda_3}{\lambda_2 + \lambda_3}$　　(3.11（c）)

式中：实数 λ_j 为 $\langle T_3 \rangle$ 的特征值，其中 $\lambda_1 \geq \lambda_2 \geq \lambda_3$。

2009 年 1 月 14 日小辽东湾 RADARSAT-2 SAR 海冰影像的三个参数见图 3.13。散射熵描述了散射过程的随机性。当 $H=0$ 时，相干矩阵 $\langle T_3 \rangle$ 只有一个特征值不为零（即 $\lambda_1 \neq 0, \lambda_2 = 0, \lambda_3 = 0$），此时地物处于完全极化状态，对应于一种确定的散射过程。随着散射熵的增加，目标散射过程的随机性也增加，当 $H=1$ 时，即相干矩阵 $\langle T_3 \rangle$ 的三个特征值相等（即 $\lambda_1 = \lambda_2 = \lambda_3$），地物的散射过程完全退化为随机噪声，即处于完全非极化状态，此时无法获得地物的任何极化信息。平均 α 角可以用来描述地物散射的自由度，当 $\alpha=0°$ 时为各向同性表面（奇次散射）；随着 α 角的增加，地物逐渐变为各向异性，当 $\alpha=45°$ 时为偶极子；当 $\alpha>45°$ 时，表示地物为各向异性的二面角散射（二次散射）；当 $\alpha=90°$ 时，地物为各向同性的二面角散射[15]。各向异性指数在描述地物散射过程中是对散射熵的有效补充。当 $H<0.7$ 时，各个特征值基本相等，各向异性指数不能提供附加信息；但当 $H>0.7$ 时，各向异性指数可为散射熵提供附加信息。

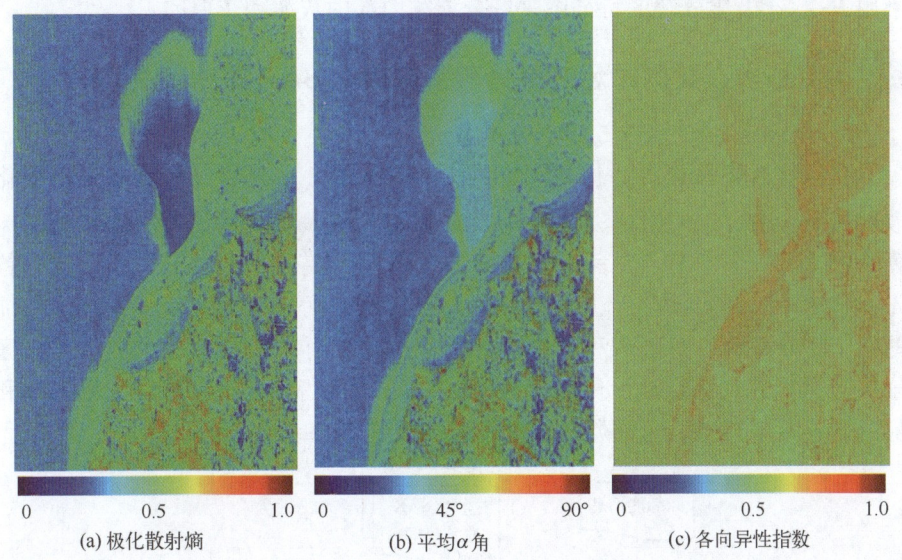

(a) 极化散射熵　　　(b) 平均 α 角　　　(c) 各向异性指数

图 3.13　2009 年 1 月 14 日小辽东湾 RADARSAT-2 SAR 海冰影像的 H-α 分解结果

利用求出的极化散射熵、平均 α 角和各向异性指数，分别对 2009 年 1 月 14 日的 RADARSAT-2 SAR 影像全图和选取的海冰样本进行分析，其结果如图 3.14 所示：在 H-α 平面中，海水和海冰主要分布在低散射熵的表面散射区域，包括镜面散射和 Bragg 散射，这充分说明了海冰和海水的主要散射形式为

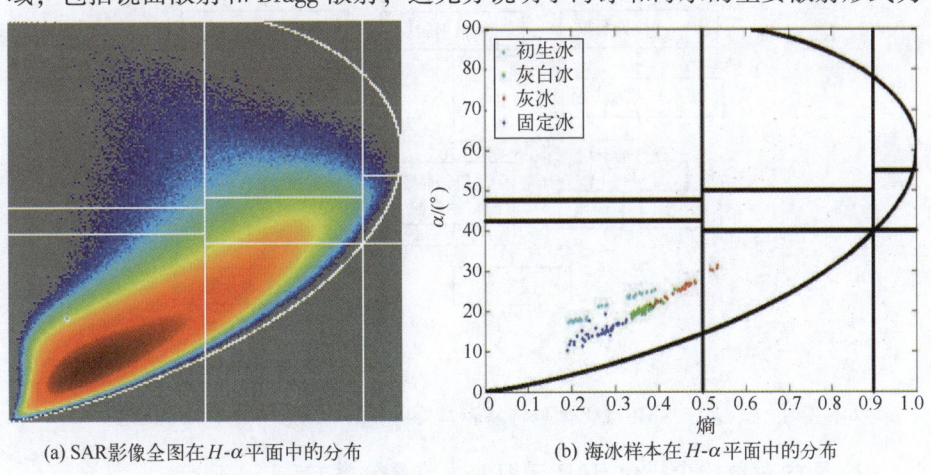

(a) SAR 影像全图在 H-α 平面中的分布　　(b) 海冰样本在 H-α 平面中的分布

图 3.14　2009 年 1 月 14 日 RADARSAT-2 SAR 影像
（图 3.10（b））全图及其海冰样本在 H-α 平面中的分布

表面散射；固定冰的散射熵和 α 角最小，灰白冰次之，灰冰最大，三者呈线性变化趋势，可用该特征区分海冰类型，如图 3.14（b）所示。综上所述，可用 H-A-α 极化分解的特征图来区分浮冰内部的灰冰和灰白冰。

3.2.3 基于二叉树思想的高分辨率全极化 SAR 海冰分类方法

1. 全极化 SAR 海冰二叉树分类方法

利用前面获取的 ρ_{RRRL} 极化比、二次散射分量、散射熵、平均 α 角等极化散射特征，结合二叉树算法对 RADARSAT-2 SAR 海冰影像进行分类。二叉树算法中的每一个"节点"采用的是海冰 SAR 极化特征，具体分类步骤为：首先，利用经纬度信息进行陆地掩膜，去除陆地干扰；其次，利用 $|\rho_{RRRL}|$ 特征图像，区分海水、初生冰和其他海冰类型区域；再次，利用二次散射分量区分灰（白）冰和固定冰；最后，利用 H-A-α 分解得到的极化特征识别灰冰和灰白冰等海冰类型。此分类方法的流程图如图 3.15 所示。

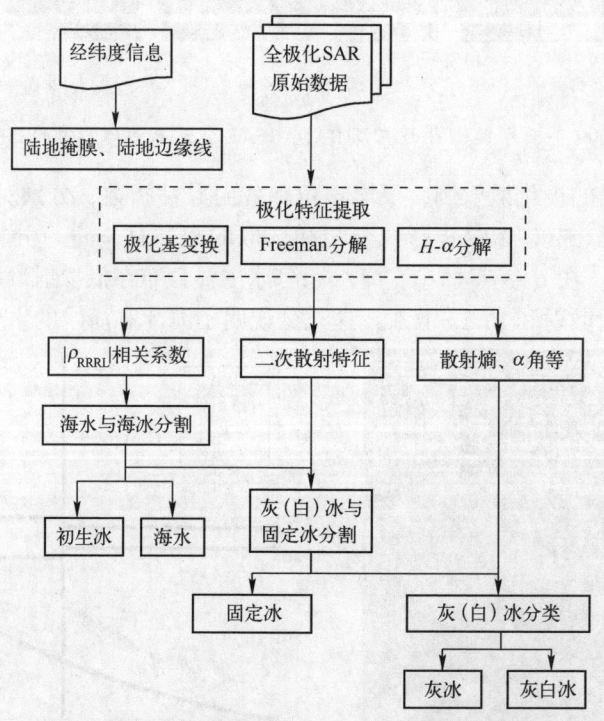

图 3.15 基于 SAR 极化散射特征和二叉树算法的海冰分类方法流程图

2. 面向对象的全极化 SAR 渤海海冰监督分类方法

图像分割和分类在遥感、医学诊断和计算机视觉等领域有着广泛的应用[19]。一般来说，利用计算机自动获取目标信息时，首先应将场景分割成具有单一意义的目标或目标集合,然后对目标类型进行识别[20]。Blaschke 等[21]在文章中综述了多种遥感影像的分割方法,理论上每一种都可用于遥感影像[22]。但很多研究学者指出最合适的分割方法是多尺度分割方法[23-24]。Blaschke 和 Strob[25]指出目前最有效的遥感影像多尺度分割方法是 Baatz 和 Schape[26]提出的方法。该方法已作为最主要的图像分割方法被 eCognition 软件所采用,被认为是多尺度分割方法中最先进的[27]。因此,选择 eCognition (7.0 版) 软件进行图像分割,以获得满足分类要求的分割结果。

在实际分类过程中,所采用的高分辨率遥感数据比较大,这给分类操作增加了难度。我们将原图像裁切为三部分,分别对其进行分类,以提高分类效率,见图 3.16~图 3.18。

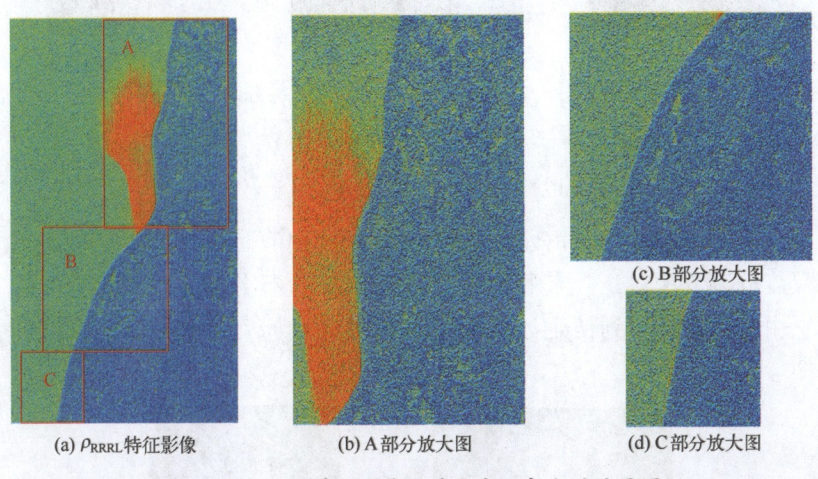

(a) ρ_{RRRL} 特征影像　　(b) A 部分放大图　　(c) B 部分放大图　　(d) C 部分放大图

图 3.16　ρ_{RRRL} 特征图像及其分成三部分的结果图

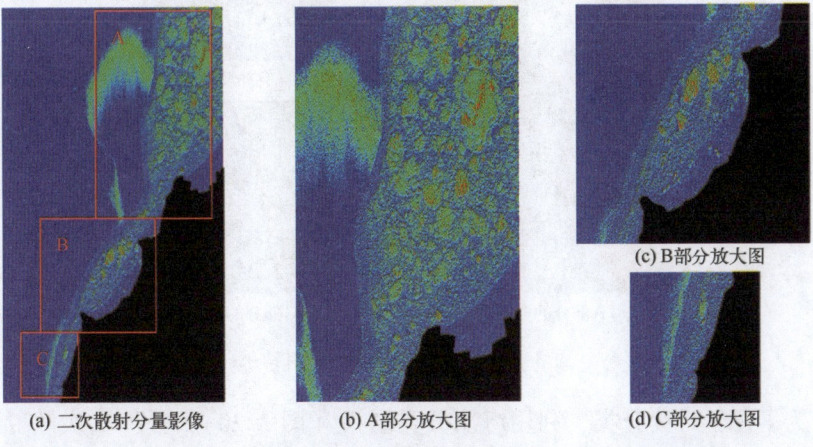

(a) 二次散射分量影像　　(b) A 部分放大图　　(c) B 部分放大图　　(d) C 部分放大图

图 3.17　二次散射分量特征图像及其分成三部分的结果图

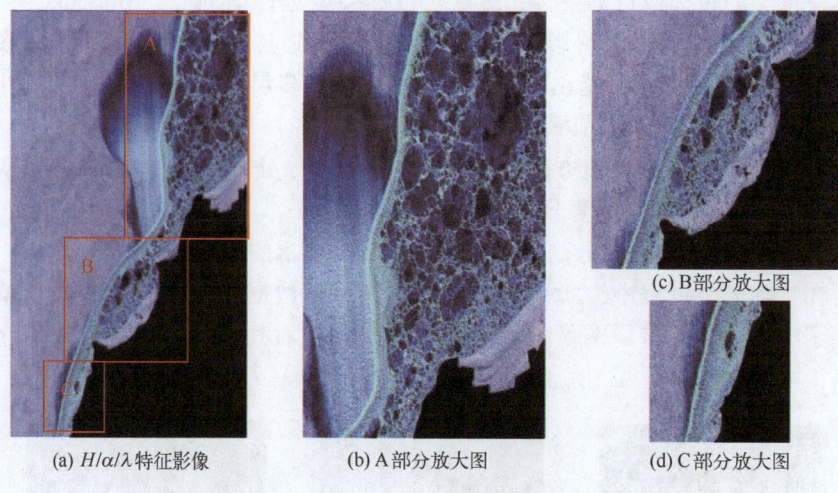

图 3.18 $H/\alpha/\lambda$ 特征图像及其分成三部分的结果图

3. $|\rho_{RRRL}|$ 特征图像的分类

$|\rho_{RRRL}|$ 特征适合区分海水、初生冰和灰（白）冰+固定冰三种类型。应用多尺度分割方法对 ρ_{RRRL} 特征图像（图 3.16）进行分割，分割结果如图 3.19 所示。由此很容易得到初生冰、开阔水和灰（白）冰+固定冰三个区域，见图 3.20。

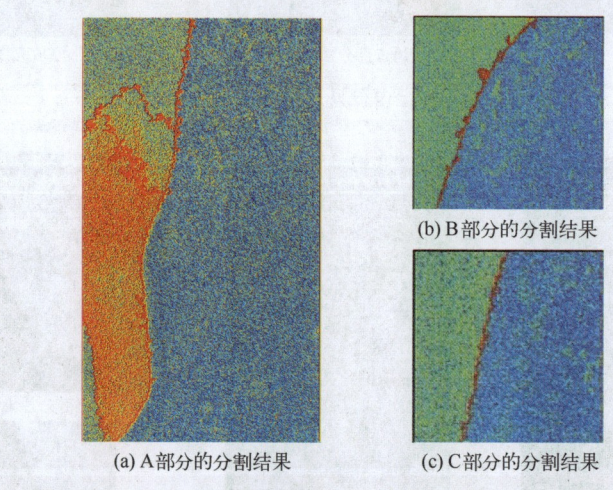

图 3.19 $|\rho_{RRRL}|$ 特征的分割结果

为了便于后续分类，利用海冰分类结果（图 3.20），去掉二次散射特征图像和 $H/\alpha/\lambda$ 分解图像中的初生冰和开阔水区域，只保留未分类海冰区，即

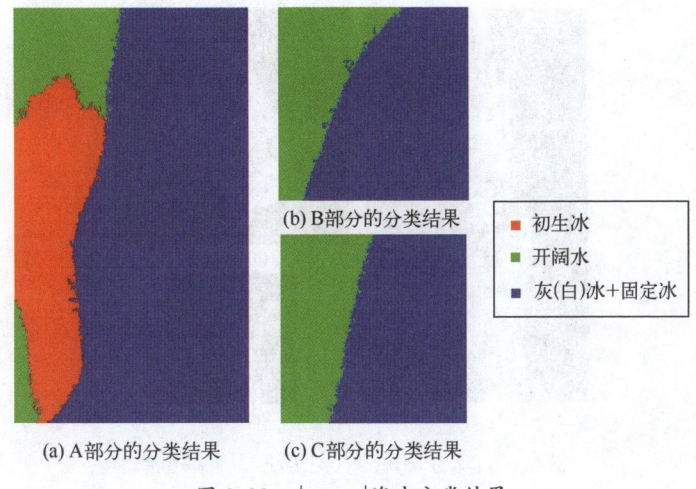

图 3.20 $|\rho_{RRRL}|$ 海冰分类结果

灰（白）冰和固定冰区，如图 3.21 和图 3.22 所示。

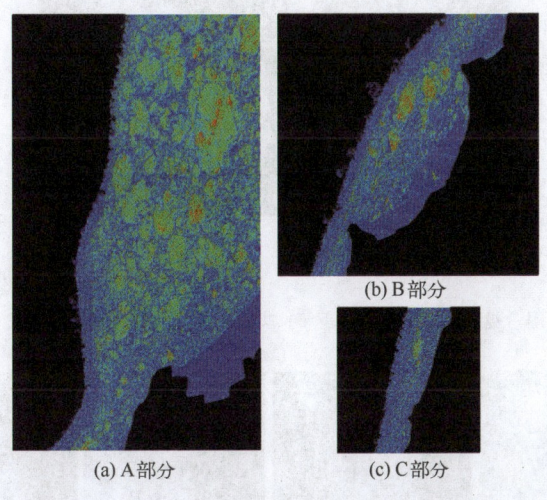

图 3.21 未分类海冰区的二次散射特征图像

4. 二次散射特征的分类

首先对二次散射特征图像（图 3.21）进行分割（图 3.23），并将分割后的斑块作为基本单元选取分类样本，如图 3.24（a）和图 3.24（b）所示；然后利用 eCognition 软件中提供的分类算法分别对 A 部分和 B 部分二次散射特征图像（图 3.21（a）和图 3.21b））进行监督分类，其结果见图 3.24（c）和图 3.24（d）。C 部分二次散射特征图像（图 3.21（c））中没有固定冰，不须对其进行分类。本方法可以很好地区分固定冰和灰（白）冰区域。

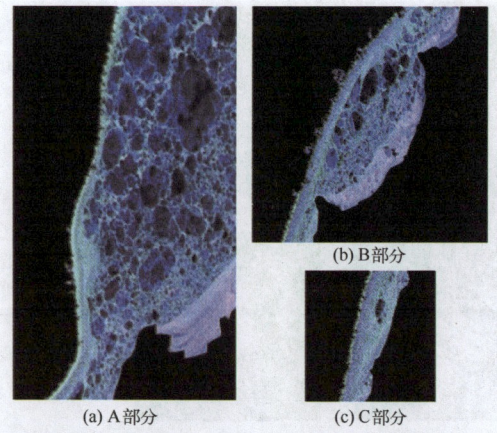

图 3.22 未分类海冰区的 $H/\alpha/\lambda$ 特征图像

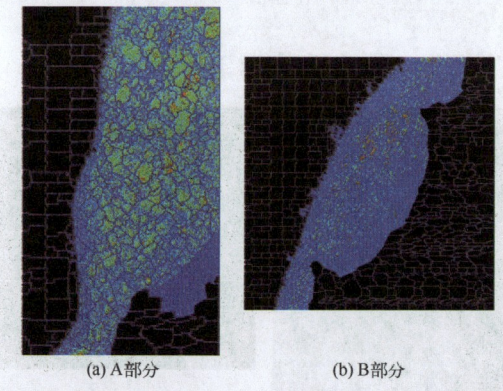

图 3.23 未分类海冰区的二次散射特征图像分割结果

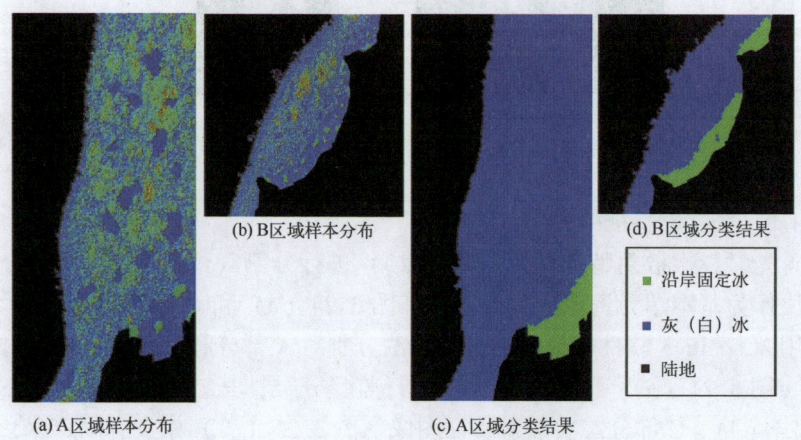

图 3.24 二次散射特征图像的样本选取及分类结果

5. $H/\alpha/\lambda$ 特征的分类

下面利用 $H/\alpha/\lambda$ 特征区分灰冰和灰白冰两种冰型，分割结果见图 3.25。以分割后的斑块为基本单元选取分类样本，如图 3.26 所示。利用 eCognition 软件提供的分类算法分别对 $H/\alpha/\lambda$ 特征图像（图 3.22）进行监督分类，其结果见图 3.26。结果表明，本方法可以很好地区分灰冰和灰白冰。

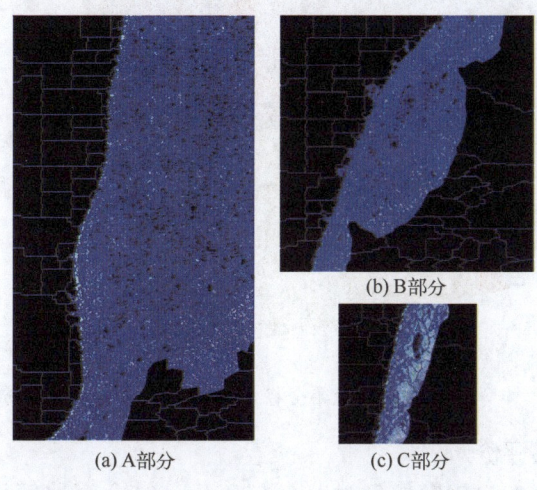

(a) A 部分　　(b) B 部分　　(c) C 部分

图 3.25　未分类海冰区的 $H/\alpha/\lambda$ 特征图像分割结果

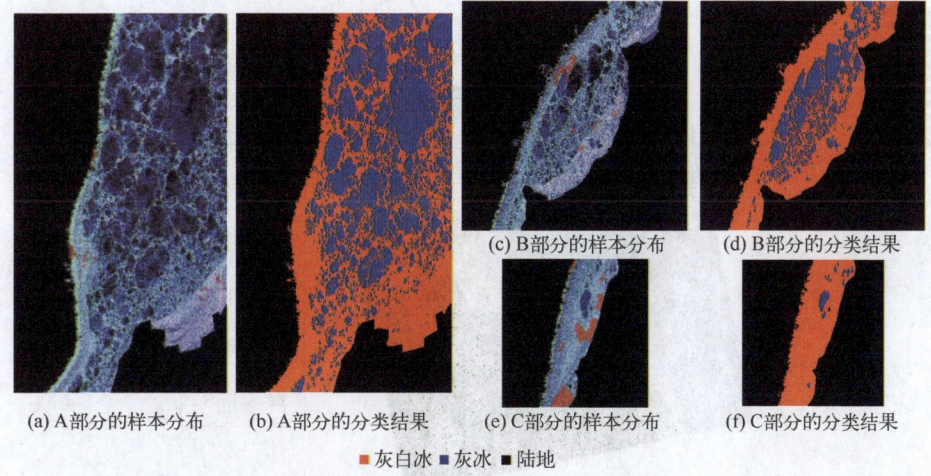

(a) A 部分的样本分布　(b) A 部分的分类结果　(c) B 部分的样本分布　(d) B 部分的分类结果
(e) C 部分的样本分布　(f) C 部分的分类结果

■ 灰白冰　■ 灰冰　■ 陆地

图 3.26　$H/\alpha/\lambda$ 特征图像选取的样本分布和分类结果

综合上述各步的结果，可得最终分类结果，并对其进行几何校正，如图 3.27 所示。

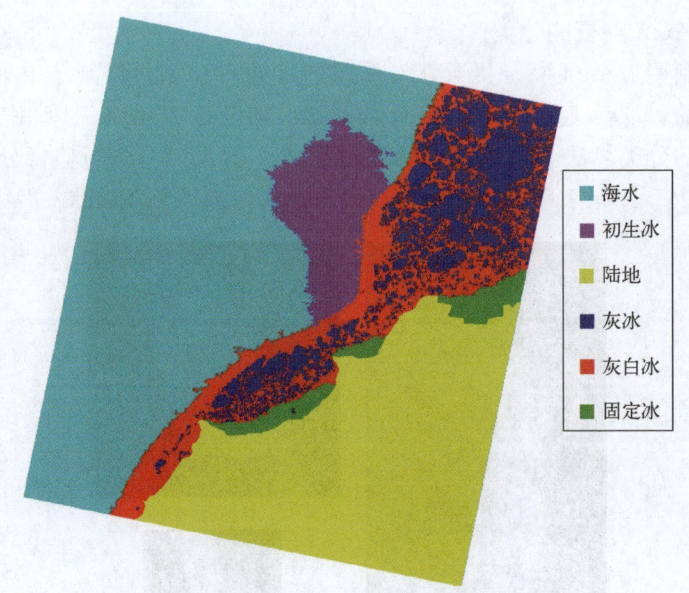

图 3.27 本章提出的高分辨率全极化 SAR 海冰分类方法的分类结果

6. 分类结果评价

RADARSAT-2 SAR 影像经过几何校正后,结合海冰解译的专家经验知识,制作了专家解译分类结果图(图 3.28),用于对本章提出的高分辨率全极化 SAR 海冰分类方法进行评价和分析。

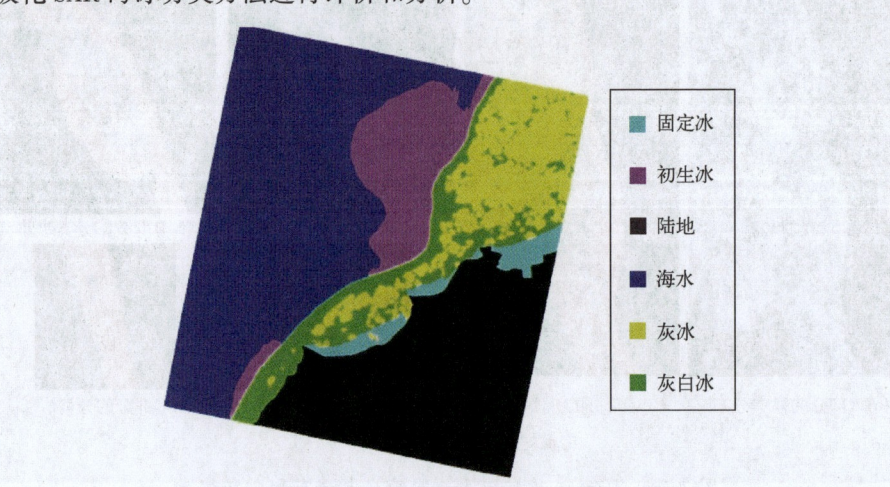

图 3.28 海冰分类专家解译结果图

从海冰分类结果图(图 3.27)中任意选取 600 个检验样本点,对照专家解译图(图 3.28),逐点精确判定,得到本章提出方法分类结果的混淆矩阵[28]，如表 3.8 所示：海水的识别率最高，精度达到 99.67%；固定冰次之，精度达到 95.24%；灰白冰和灰冰之间容易混淆，降低了分类精度；识别率最差的是初生冰，精度只有 59.38%；总精度为 86.67%。类型误识别主要出现在海水和初生冰交界区，这是由于相关系数 ρ_{RRRL} 表征的是地物的表面粗糙度，而在初生冰与海水交界处的粗糙度介于两者之间，所以该区域不易区分。

表 3.8　本章提出方法分类结果的混淆矩阵

确定类别	分类类别						
	海水	初生冰	固定冰	灰冰	灰白冰	总数	用户精度
海水	304	0	0	0	1	305	99.67%
初生冰	39	57	0	0	0	96	59.38%
固定冰	0	0	20	0	1	21	95.24%
灰冰	0	0	0	60	22	82	73.17%
灰白冰	3	0	0	14	79	96	82.29%
总数	346	57	20	74	103	600	
过程精度	87.86%	100%	100%	81.08%	76.70%		86.67%
混淆矩阵的 Kappa 系数 κ_{pol} = 0.7937							

接下来，对 RADARSAT-2 SAR 影像应用专门针对全极化 SAR 开发的基于 H-α 分解的 Wishart 监督分类方法来进行分类，该方法现已被广泛应用到全极化 SAR 影像的地物分类中。在此需指出的是，用 Wishart 分类器进行监督分类时，选取的分类样本与前面选取的样本基本一致，得到的分类结果见图 3.29。

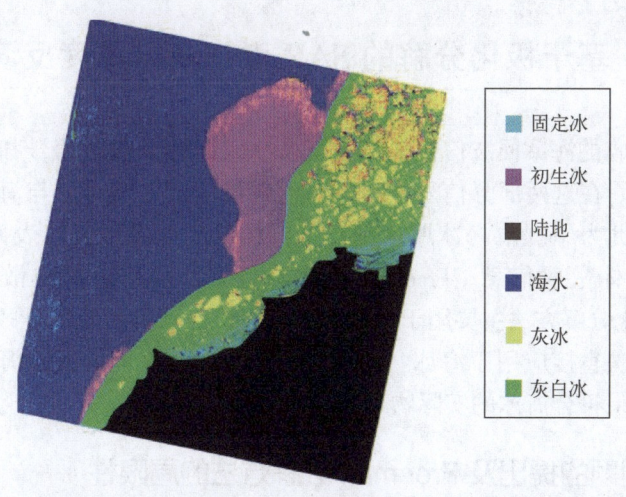

图 3.29　基于 H-α 分解的 Wishart 监督分类结果图

从海冰分类结果图（图 3.29）中同样用上面选取的 600 个检验样本点，对照专业解译图（图 3.28），逐点精确判定，得到其混淆矩阵，如表 3.9 所示：基于 H-α 分解的 Wishart 监督海冰分类方法，初生冰的识别率最高，精度达到 88.54%；海水次之，精度达到 83.28%；灰白冰和固定冰的识别率非常低，分别为 58.54%，38.10%；总精度为 80.70%。

表 3.9 基于 H-α 分解的 Wishart 监督分类结果的混淆矩阵

确定类别	分类类别					总数	用户精度
	海水	初生冰	固定冰	灰冰	灰白冰		
海水	254	17	17	0	17	305	83.28%
初生冰	1	85	0	0	10	96	88.54%
固定冰	5	0	8	1	7	21	38.10%
灰冰	2	16	0	48	16	82	58.54%
灰白冰	5	3	7	4	77	96	80.21%
总数	267	121	32	53	127	600	
过程精度	95.13%	70.25%	25.00%	90.57%	60.63%		80.70%
混淆矩阵的 Kappa 系数为：$\kappa_{wis}=0.6925$							

综上所述，除了初生冰外，其他海冰类型的识别精度都是本章方法最高，总体精度高 6 个百分点，Kappa 系数高出将近 0.1，如表 3.8 和表 3.9 所示。因此，本章提出的海冰分类方法优于当前最经典的基于 H-α 分解的 Wishart 监督分类方法。

3.3 基于极化分解的 SAR 渤海海冰厚度反演方法

SAR 接收的海冰回波信号中包含了海冰表面的面散射信号和海冰内部的体散射信号。在这两部分信号中，海冰内部的体散射信号是与海冰厚度密切相关的。因此为了提取海冰厚度信息，应尽可能地去除海冰表面散射信息，只保留海冰体散射信息。Freeman 极化分解方法可以提供体散射信息。但 Freeman 极化分解方法主要用于提取森林、农田、城市和湿地等区域的极化散射信息，无法直接应用于海冰，需要进行改进，使其能够反映海冰的物理特性，所得结果符合海冰的实际物理结构。

3.3.1 问题的提出及 Freeman 分解方法的局限性

在 Freeman 极化分解方法中，体散射模型是表征类似于树枝或树叉状物体的散射矩阵,更适合表述森林、农田、湿地和城市等具有高散射熵的地物。海冰属于低散射熵地物,所以 Freeman 体散射模型不适用于极化 SAR 海冰探测。除上述原因外,有学者在最近的研究中发现,Freeman 分解法应用于真实 PolSAR 林地影像时,有些像素点求出的表面散射能量和二次散射能量是负值[29-30]。由于能量是不可能为负值的,这表明 Freeman 分解的结果在某些特殊情况下是不适用的,需要进行一定的改进。综上所述,当对 SAR 海冰影像应用 Freeman 极化分解方法时,应根据海冰的特性重构其体散射模型,从而得到较为合理的结果,方便反演海冰厚度等参数。下面将给出海冰体散射模型的建立过程。

3.3.2 海冰表面散射和二次散射分量

由于海冰表面和内部的散射体可视为分布目标,因而利用极化协方差矩阵$<C^{HV}>$来评估散射矩阵的二阶统计量。海冰的电磁散射主要包括表面散射、二次散射和体散射。如果海冰表面粗糙度较小(图 3.30(a)),电磁波与冰表面的相互作用可以用一阶 Bragg 散射来描述。依据 Freeman 分解理论,海冰表面的协方差矩阵$<C_S^{HV}>$可表示为秩为 1 的散射对称矩阵[31-32]。在海冰的形成过程中,由于受到强风或海浪的影响,可能发生隆起、漂移和冰间水道开放等形变过程。当电磁波与海冰表面形变区的二面角结构相互作用时,就会发生二次散射(图 3.30(b))。海冰内部不仅有各种散射体(如卤水胞等),还必须考虑冰层的吸收和折射。因此,海冰体散射模型的构建是我们研究内容的关键。

(a) 平整冰的典型表面散射结构　　(b) 冰脊——二次散射的潜在来源

图 3.30　渤海海冰实景光学照片

3.3.3 海冰体散射分量的协方差矩阵

渤海海冰为一年冰,这可看成一种含有卤水胞的不均匀介质。在显微镜下,一年冰的水平和垂直切片表明,卤水胞通常呈椭圆形[33-34],特别是初期冰，包含大量椭球形卤水胞，其优势方向为竖直方向[35]。卤水胞取向的空间分布使海冰有效介电常数在竖直方向上表现出单轴各向异性[36]。因此，海冰被认为是各向异性的介质，其介电常数的实部和虚部会影响电磁波的散射和折射。海冰介电常数实部的改变会引起电磁波波速变化，虚部改变则会造成电磁波的衰减。Nghiem 等[37]指出，上述性质会影响极化相关系数的大小和相位，使水平极化和垂直极化的散射中心产生偏离，形成去相关现象。因此相较于各向同性介质，海冰的各向异性特性使海冰的水平极化和垂直极化的复相关系数（同极化相关系数 ρ）的幅度减小，绝对相位增加。

上述特性在渤海海冰中也可以观察到。我们利用图 3.10 的 C 波段 RADARSAT-2 全极化数据计算复相关系数。ρ 的大小和绝对相位如图 3.31 所示。海冰中 ρ 的平均大小为 0.7~0.8，ρ 的平均绝对相位约为 20°，这表明了水平极化和垂直极化之间的去相关关系。对于平整冰和形变冰，本章现场实验中海冰 ρ 的平均值为 0.5~0.8，对于固定冰，ρ 的平均值为 0.8~0.9。ρ 的平均绝对相位在 0°和 20°之间，部分区域高于 20°。研究结果证实了电磁波在海冰中发生的去相关特性。这一现象产生的原因主要为：①卤水胞的椭球形状；②卤水胞优先竖直取向导致的各向异性；③斑点噪声和仪器噪声引起的噪声效应。

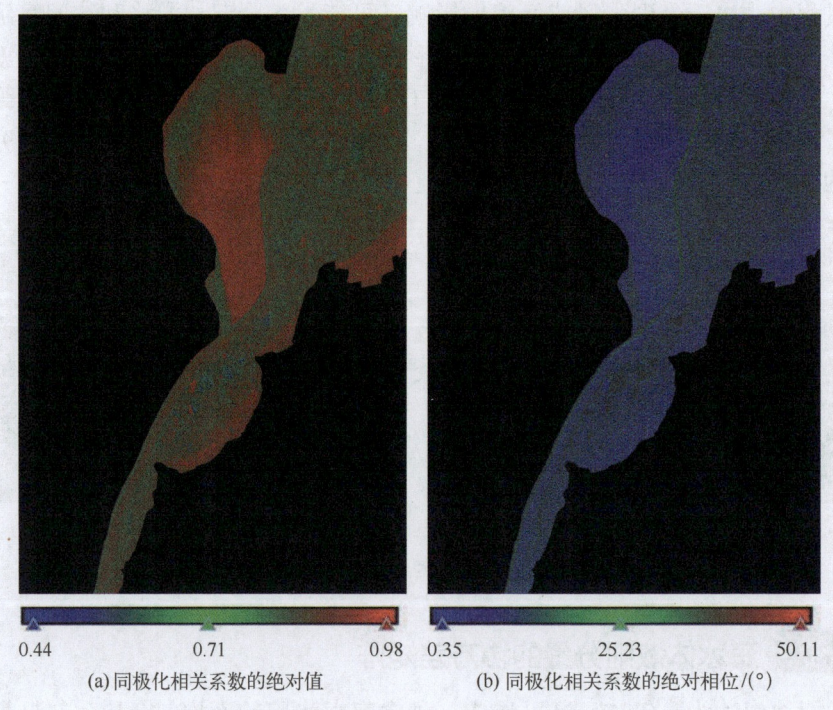

(a) 同极化相关系数的绝对值　　(b) 同极化相关系数的绝对相位/(°)

图 3.31　基于 RADARSAT-2 SAR 影像（图 3.10）提取的同极化相关系数的幅度和相位

如前所述，渤海海冰物理结构可由一个非均匀介质模型表示，即由椭球形卤水胞和均匀纯冰背景组成。在渤海初期冰中，卤水胞椭球体的长轴优先朝向或接近竖直方向，我们可以用图 3.32 的结构对其抽象表示。

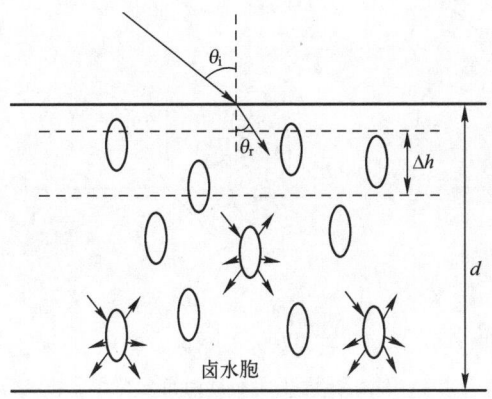

图 3.32　海冰物理模型和电磁散射机制

为实现上述模型的数学解析，我们按照如下步骤开展：首先分析海冰中具有优势取向的散射体（卤水胞）对电磁散射的影响；其次再考虑电磁波在海冰中的传播损耗；最后，在体散射模型中增加电磁波在海冰表面的传播效果。

1. 单一取向散射体的散射矩阵

对于定取向椭球粒子的散射矩阵，可在一个笛卡儿坐标系中进行计算，如图 3.33 所示。其中 y' 轴沿着垂直于 $x'oz'$ 平面的视线方向（LOS），y 是地距方向，x 是方位角方向，椭球粒子长轴沿着 z 方向。

根据参考文献 [36] 和 [38] 可得到单一取向椭球粒子的散射矩阵。海冰内部卤水胞的尺寸通常为亚毫米到毫米[39-41]，远小于 C 波段雷达波长（约 6cm）。因而，为了简化计算并减少未知数，散射体近似为针状，采用偶极子模型计算其散射矩阵（$\rho_2 = 1$，$\rho_1 = \rho_3 = 0$），具体公式为

$$S_{\text{dipole}}(\tau, \varphi, \theta) = \begin{bmatrix} s_{\text{HH}} & s_{\text{HV}} \\ s_{\text{VH}} & s_{\text{VV}} \end{bmatrix} \tag{3.12}$$

其中，$s_{\text{HH}} = \cos^2\varphi \sin^2\theta$，$s_{\text{HV}} = s_{\text{VH}} = \cos\varphi\sin\theta(\sin\varphi\sin\theta\sin\tau - \cos\tau\cos\theta)$，$s_{\text{VV}} = (\cos\tau\cos\theta - \sin\varphi\sin\tau\sin\theta)^2$。

2. "薄"海冰层的协方差矩阵

海冰中的卤水胞可视为一群偶极子的组合。假设存在一个"薄"海冰层，其厚度（Δh，单位为 m）约等于如图 3.32 所示的一个卤水胞的垂直高度。卤水胞（偶极子）的体散射主要由两个因素控制：颗粒的数量及其取向分

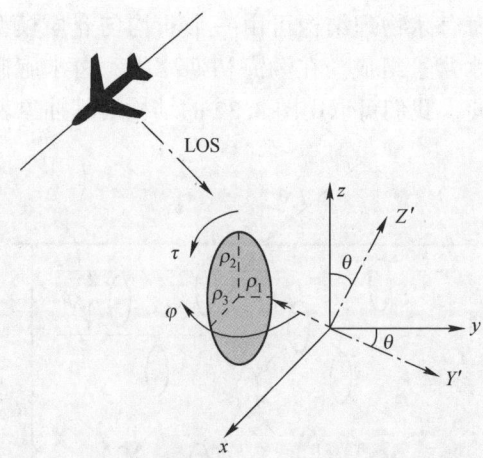

图 3.33 单一取向散射体在参考坐标系中的分布示意图
(倾斜角 τ(绕 y 轴旋转)和取向角 φ(绕 z 轴旋转);
入射角 θ(绕 x 轴旋转);极化率 ρ_1、ρ_2、ρ_3)

布[35]。薄冰层中分布着许多偶极子,其取向分布的概率密度函数(Probability Density Functions,PDFs)由 $p(\tau,\varphi)$ 表示。根据参考文献 [35],"薄" 冰层内部的协方差矩阵 $\langle \Delta C_v^{HV} \rangle$ 中的每个元素可由下式计算:

$$\langle \Delta C_{vmn}^{HV} \rangle = N \int_0^{2\pi} \int_{-\pi/2}^{\pi/2} k_{Lm} k_{Ln}^* p(\tau,\varphi) \mathrm{d}\varphi \mathrm{d}\tau \quad (3.13)$$

其中,$k_{Li}(i = m$ 或 n,取 $1,2,3$)是散射矩阵 S_{dipole}(式(3.12))向量化后的第 i 个元素;N 是分辨率单元内卤水胞的等效数量(单位:m^{-1}),即在分辨率单元内,单位厚度内的卤水胞等效成偶极子的个数。因而,N 以及 $\langle \Delta C_v^{HV} \rangle$ 的单位均为 m^{-1}。

在海冰介质中,卤水胞优先选择竖直取向,并在水平方向随机排列,而在方位角方向没有优势排列方式[37,41]。因此,海冰中卤水胞的分布可用 $p(\tau,\varphi)=\delta(\tau)/2\pi$ 表示,其中 $\delta(\tau)$ 是 δ 函数[37,41]。$p(\tau,\varphi)$ 的积分范围为:φ 在 $0°\sim180°$,τ 在 $-90°\sim90°$。因此,可以得到薄海冰层的协方差矩阵 $\langle \Delta C_v^{HV} \rangle$ 表达式:

$$\langle \Delta C_v^{HV} \rangle = N \begin{bmatrix} \dfrac{3}{8}\sin^4\theta & 0 & \dfrac{1}{2}\sin^2\theta\cos^2\theta \\ 0 & \sin^2\theta\cos^2\theta & 0 \\ \dfrac{1}{2}\sin^2\theta\cos^2\theta & 0 & \cos^4\theta \end{bmatrix}$$

第三章 极化 SAR 海冰探测

$$= \cos^4\theta N \begin{bmatrix} \dfrac{3}{8}\tan^4\theta & 0 & \dfrac{1}{2}\tan^2\theta \\ 0 & \tan^2\theta & 0 \\ \dfrac{1}{2}\tan^2\theta & 0 & 1 \end{bmatrix} \quad (3.14)$$

注意，式（3.14）用于海冰层$\langle \Delta C_v^{HV} \rangle$的计算时，$\theta$应为冰层内折射角$\theta_r$。

如果考虑偶极子的分布是完全"随机"的，而不具有各向异性，那么薄海冰层的协方差矩阵$\langle \Delta C_v^{HV} \rangle$与参考文献［18］中 Freeman 解的形式相同。

$$C_v^{Random} = f_v \begin{bmatrix} 1 & 0 & 1/3 \\ 0 & 2/3 & 0 \\ 1/3 & 0 & 1 \end{bmatrix} \quad (3.15)$$

其中，f_v代表体散射分量。

对比式（3.14）和式（3.15）可以看出，极化的各向异性是海冰的显著特点，而且可以很好地解释海冰的极化散射特性：

（1）如图 3.31（a）所示，对于平整冰和形变冰，其同极化相关系数 ρ 在 0.5~0.8 之间；对于固定冰，ρ 在 0.8~0.9 之间。本章提出的海冰体散射模型的理论值 ρ 为 0.82（由式（3.14）得出），与观测值吻合较好。与之相比，随机体散射模型的同极化相关系数 ρ 仅为 0.33（由式（3.15）得出），远低于在大部分海冰区域测量的结果（图 3.31（a））。

（2）所提出的模型考虑了 HH 和 VV 极化在海冰内部的传播速度差异，这主要是由海冰内部水平极化和垂直极化的不同电磁衰减造成的，可以通过 HH 和 VV 的相位差不等于零体现出来。这一部分将在下节中论述。

3. 考虑传播损耗的协方差矩阵

为了更真实地模拟电磁波在海冰内部传播的场景，需要考虑海冰内部衰减和折射的影响。由于海冰的各向异性特性，因此衰减和折射效应也是各向异性的，这使海冰传播损耗的计算变得非常复杂。但对于各向异性介质，存在一个本征极化，当电磁波的极化状态与介质的本征极化相同时，其极化状态不会产生变化[31]。因此，可利用本征极化特性计算传播损耗，以降低计算的复杂性。

假设海冰的本征极化基是 AB 基，雷达波在海冰中的传播距离为 $h/\cos\theta_r$（h 是入射波的垂直穿透深度，θ_r 是折射角），则 AB 基中的体散射协方差矩阵可由参考文献［31］和［42］中的$\langle C_v^{AB} \rangle$描述：

$$C_v^{AB} = \int_{-h}^{0} e^{\frac{(\kappa_a+\kappa_b)z}{\cos\theta_r}} P^{AB}(z) <\Delta C_v^{AB}> P^{AB*T}(z) dz \quad (3.16)$$

式中：κ_a 和 κ_b 为各海冰本征极化的衰减系数；*T 为共轭转置运算；$P^{AB}(z)$ 是本征基 AB 中的传播矩阵：

$$\boldsymbol{P}^{AB}(z) = \begin{bmatrix} e^{\tau} & 0 & 0 \\ 0 & 1 & 0 \\ 0 & 0 & e^{-\tau} \end{bmatrix} \quad (3.17)$$

其中，τ 是复微分传播常数[31,42]。为估计式（3.16）的积分式，$\langle C_v^{AB} \rangle$ 可表示为

$$\langle \boldsymbol{C}_v^{AB} \rangle = \begin{bmatrix} \langle C_{v11}^{AB} \rangle & \langle C_{v12}^{AB} \rangle & \langle C_{v13}^{AB} \rangle \\ \langle C_{v12}^{AB*} \rangle & \langle C_{v22}^{AB} \rangle & \langle C_{v23}^{AB} \rangle \\ \langle C_{v13}^{AB*} \rangle & \langle C_{v23}^{AB*} \rangle & \langle C_{v33}^{AB} \rangle \end{bmatrix} \quad (3.18)$$

其中，

$$\begin{cases} \langle C_{v11}^{AB} \rangle = \langle \Delta C_{v11}^{AB} \rangle \dfrac{\cos\theta_r}{2\kappa_a}(1-e^{-\frac{2\kappa_a}{\cos\theta_r}h}) \\[4pt] \langle C_{v22}^{AB} \rangle = \langle \Delta C_{v22}^{AB} \rangle \dfrac{\cos\theta_r}{\kappa_a+\kappa_b}(1-e^{-\frac{\kappa_a+\kappa_b}{\cos\theta_r}h}) \\[4pt] \langle C_{v33}^{AB} \rangle = \langle \Delta C_{v33}^{AB} \rangle \dfrac{\cos\theta_r}{2\kappa_b}(1-e^{-\frac{2\kappa_b}{\cos\theta_r}h}) \\[4pt] \langle C_{v13}^{AB} \rangle = \langle \Delta C_{v13}^{AB} \rangle \dfrac{2\cos\theta_r}{(\kappa_a+\kappa_b)-2j\Delta\chi k}(1-e^{-\frac{(\kappa_a+\kappa_b)-2j\Delta\chi k}{2\cos\theta_r}h}) \\[4pt] \langle C_{v12}^{AB} \rangle = \langle \Delta C_{v12}^{AB} \rangle \dfrac{2\cos\theta_r}{(3\kappa_a+\kappa_b)-2j\Delta\chi k}(1-e^{-\frac{(3\kappa_a+\kappa_b)-2j\Delta\chi k}{2\cos\theta_r}h}) \\[4pt] \langle C_{v23}^{AB} \rangle = \langle \Delta C_{v23}^{AB} \rangle \dfrac{2\cos\theta_r}{(\kappa_a+3\kappa_b)-2j\Delta\chi k}(1-e^{-\frac{(\kappa_a+3\kappa_b)-2j\Delta\chi k}{2\cos\theta_r}h}) \end{cases} \quad (3.19)$$

$k=2\pi/\lambda$ 为雷达波数，χ_a 和 χ_b 分别为各本征极化的折射率（见文献[42]中公式26）。$\Delta\chi = \chi_a - \chi_b$ 表示本征极化折射率之间的差异（极化折射率差）。折射角 θ_r、穿透深度 h 和衰减系数 κ 取决于复介电常数。C 波段海冰的介电常数可根据参考文献[33]和文献[43]进行计算：

$$\varepsilon'_{ice} = 3.04 + 0.0072 V_b, \quad \varepsilon''_{ice} = 0.02 + 0.0033 V_b \quad (3.20)$$

ε'_{ice} 和 ε''_{ice} 分别为海冰介电常数的实部和虚部，V_b 是相对卤水体积分量。折射角可以通过 $\sin\theta/\sin\theta_r = n_{ice} = \sqrt{|\varepsilon_{ice}|}$ 计算得出，其中 n_{ice} 是海冰的相对折射率，等于相对介电常数 ε_{ice} 的平方根。根据现场调查，渤海海冰的卤水体积分量变化范围为 5‰到 26‰[44]，可取 $n_{ice} = 1.8$ 作为近似值。折射角为 $\theta_r = \arcsin(0.56\sin\theta)$。

由式（3.14）和式（3.19），可得到 AB 基的同极化相位差（φ_{AA-BB}）和极化折射率差是不同入射角下卤水体积分量的函数，相位差绝对值 $|\varphi_{AA-BB}|$ 随着卤水体积分量的增加而增加，极化折射率差 $\Delta\chi$ 也随卤水体积分量的增加而增加，其趋势变化见图 3.34。例如，当入射角为 40°，且卤水体积分量 V_b

达到15‰时，$\Delta \chi \approx 0.014$，$|\varphi_{AA-BB}| \approx 15°$。因此，相位差的理论值与测量值比较一致（图3.31（b））。

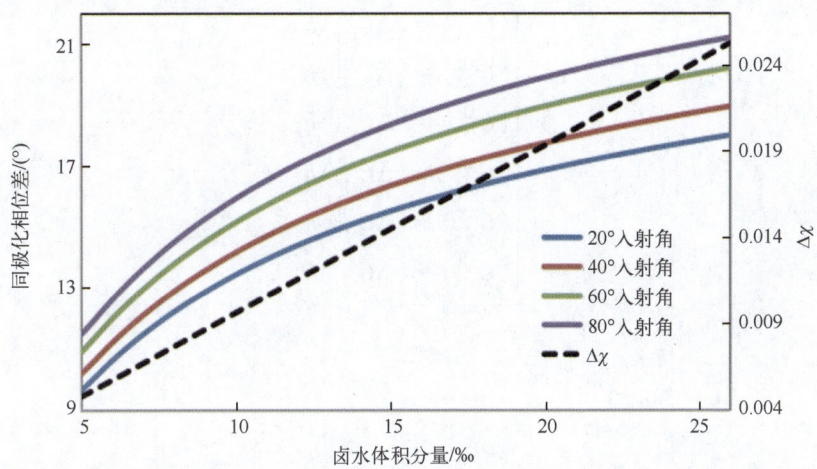

图3.34 不同入射角下极化相位差绝对值、AB基，$\Delta \chi$ 与卤水体积分量的关系曲线

考虑协方差矩阵$\langle C_v^{AB} \rangle$中$\langle C_{v13}^{AB} \rangle$指数方程的$2\Delta \chi k$项（式（3.19）），如果卤水体积分量小于0.1，相较于依赖衰减系数的项，$2\Delta \chi k$项可以忽略，如图3.35所示。

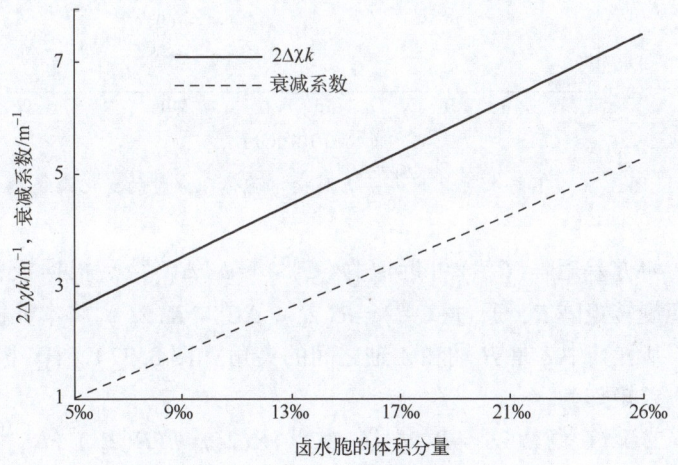

图3.35 $2\Delta \chi k$与衰减系数的对比

式（3.19）中协方差矩阵$\langle C_v^{AB} \rangle$的指数项$\dfrac{\kappa_a + \kappa_b}{\cos \theta_r} h$与相对卤水体积分量$V_b$的关系曲线如图3.36所示，由此可见指数项$\dfrac{\kappa_a + \kappa_b}{\cos \theta_r} h$远小于1，因而，协方差

矩阵$\langle C_v^{AB} \rangle$中的元素C_{vmn}^{AB}可以利用 Maclaurin 级数展开来进一步近似处理指数项e^x。在保留一阶项后，可以得到：

$$\begin{cases} \langle C_{v11}^{AB} \rangle \approx \langle \Delta C_{v11}^{AB} \rangle h \\ \langle C_{v22}^{AB} \rangle \approx \langle \Delta C_{v22}^{AB} \rangle h \\ \langle C_{v33}^{AB} \rangle \approx \langle \Delta C_{v33}^{AB} \rangle h \\ \langle C_{v13}^{AB} \rangle \approx \langle \Delta C_{v13}^{AB} \rangle h \\ \langle C_{v12}^{AB} \rangle \approx \langle \Delta C_{v12}^{AB} \rangle h \\ \langle C_{v23}^{AB} \rangle \approx \langle \Delta C_{v23}^{AB} \rangle h \end{cases} \tag{3.21}$$

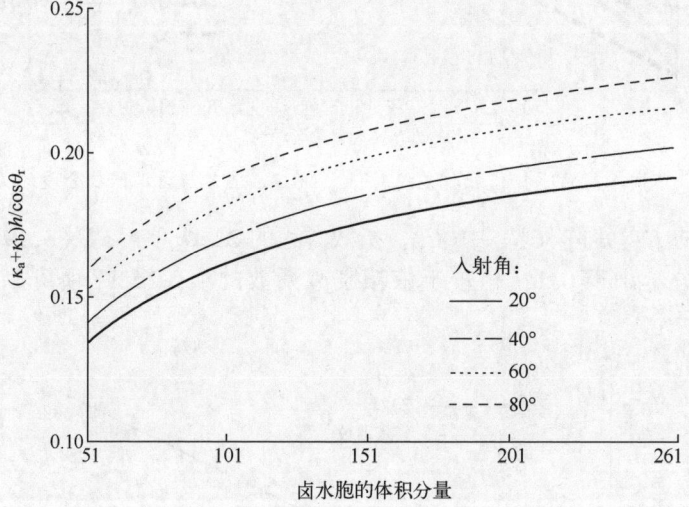

图 3.36　不同入射角下$\dfrac{\kappa_a + \kappa_b}{\cos\theta_r}h$随卤水胞体积分量的变化曲线

因此，协方差矩阵$\langle C_v^{AB} \rangle$可近似为$\langle C_v^{AB} \rangle \approx h\langle \Delta C_v^{AB} \rangle$。根据极化基变换，可以利用酉旋转矩阵$R$，通过$\langle C_v^{AB} \rangle = R(2\zeta) \langle \Delta C_v^{HV} \rangle R(2\zeta)^T$将本征极化 AB 基变换回 HV 基，其中$\zeta$是$H$轴和$A$轴之间的夹角（图 3.37）。HV 极化基中的体散射协方差矩阵为

$$\begin{aligned} \langle C_v^{HV} \rangle &= R(2\zeta)^T \langle C_v^{AB} \rangle R(2\zeta) = R(2\zeta)^T h \langle \Delta C_v^{AB} \rangle R(2\zeta) = h(R(2\zeta)^T \langle \Delta C_v^{AB} \rangle R(2\zeta)) \\ &= h\langle \Delta C_v^{HV} \rangle = Nh\cos^4\theta_r \begin{bmatrix} \dfrac{3}{8}\tan^4\theta_r & 0 & \dfrac{1}{2}\tan^2\theta_r \\ 0 & \tan^2\theta_r & 0 \\ \dfrac{1}{2}\tan^2\theta_r & 0 & 1 \end{bmatrix} \end{aligned} \tag{3.22}$$

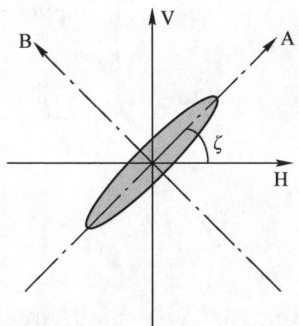

图 3.37 两个坐标系 (H, V) 和 (A, B) 的关系图

因为穿透深度 h 的单位是 m，而 N 的单位是 m^{-1}，所以协方差矩阵 $\langle \boldsymbol{C}_{\mathrm{v}}^{\mathrm{HV}} \rangle$ 是无量纲的。由于简化后的协方差矩阵 $\langle \boldsymbol{C}_{\mathrm{v}}^{\mathrm{AB}} \rangle$ 不再包含同极化相位差，我们将在其他机制中修补这一问题，并在 3.3.4 节（分解方法）中对其进行解释和说明。

4. 考虑界面反射透射效果的协方差矩阵

在微波与海冰相互作用的实际过程中，参考必须考虑海冰表面的传输效应，其体散射的协方差矩阵 $\langle \boldsymbol{C}_{\mathrm{vtol}}^{\mathrm{HV}} \rangle$ 可由参考文献 [31] 描述：

$$\langle \boldsymbol{C}_{\mathrm{vtol}}^{\mathrm{HV}} \rangle = \langle \boldsymbol{C}_{\mathrm{v}}^{\mathrm{HV}} \rangle \circ \begin{bmatrix} \gamma_{\mathrm{H}}^{2} & \gamma_{\mathrm{H}} T_{\mathrm{H21}} T_{\mathrm{V21}} & \gamma_{\mathrm{H}} \gamma_{\mathrm{V}} \\ \gamma_{\mathrm{H}} T_{\mathrm{H21}} T_{\mathrm{V21}} & \gamma_{\mathrm{H}} \gamma_{\mathrm{V}} & T_{\mathrm{H21}} T_{\mathrm{V12}} \gamma_{\mathrm{V}} \\ \gamma_{\mathrm{H}} \gamma_{\mathrm{V}} & T_{\mathrm{H21}} T_{\mathrm{V12}} \gamma_{\mathrm{V}} & \gamma_{\mathrm{V}}^{2} \end{bmatrix}$$

$$= Nh\cos^{4}\theta_{\mathrm{r}} \gamma_{\mathrm{H}}^{2} \begin{bmatrix} \dfrac{3\tan^{4}\theta_{\mathrm{r}}}{8} \left(\dfrac{\gamma_{\mathrm{V}}}{\gamma_{\mathrm{H}}}\right)^{2} & 0 & \dfrac{\tan^{2}\theta_{\mathrm{r}}}{2} \dfrac{\gamma_{\mathrm{V}}}{\gamma_{\mathrm{H}}} \\ 0 & \tan^{2}\theta_{\mathrm{r}} \dfrac{\gamma_{\mathrm{V}}}{\gamma_{\mathrm{H}}} & 0 \\ \dfrac{\tan^{2}\theta_{\mathrm{r}}}{2} \dfrac{\gamma_{\mathrm{V}}}{\gamma_{\mathrm{H}}} & 0 & 1 \end{bmatrix} \quad (3.23)$$

其中，"$\circ$" 是矩阵的 Hadamard 乘积，下标 1 和 2 分别表示空气和海冰；$\gamma_{\mathrm{H}} = T_{\mathrm{H12}} T_{\mathrm{H21}}$，$\gamma_{\mathrm{V}} = T_{\mathrm{V12}} T_{\mathrm{V21}}$，$T_{\mathrm{H}}$ 和 T_{V} 分别代表水平极化和垂直极化的传输系数。

5. 体散射项的进一步简化

设参数 $f_{\mathrm{v}} = Nh\cos^{4}\theta_{\mathrm{r}} \gamma_{\mathrm{H}}^{2}$、$\gamma = \tan^{2}\theta_{\mathrm{r}} \dfrac{\gamma_{\mathrm{V}}}{\gamma_{\mathrm{H}}}$，则 $\langle \boldsymbol{C}_{\mathrm{vtol}}^{\mathrm{HV}} \rangle$ 可以写为

$$\langle \boldsymbol{C}_{\mathrm{vtol}}^{\mathrm{HV}} \rangle = f_{\mathrm{v}} \begin{bmatrix} \dfrac{3}{8}\gamma^{2} & 0 & \dfrac{1}{2}\gamma \\ 0 & \gamma & 0 \\ \dfrac{1}{2}\gamma & 0 & 1 \end{bmatrix} \quad (3.24)$$

为了简化，依据参考文献［45］，菲涅耳透射系数可写为

$$T_{H\alpha\beta} = \frac{2k_{\alpha z i}}{k_{\alpha z i}+k_{\beta z i}}, \quad T_{V\alpha\beta} = \frac{2k_\beta^2 k_{\alpha z i}}{k_\beta^2 k_{\alpha z i}+k_\alpha^2 k_{\beta z i}}, \quad \alpha,\beta=1,2 \quad (3.25)$$

$\dfrac{\gamma_V}{\gamma_H}$ 可表示为

$$\frac{\gamma_V}{\gamma_H} = \left[\frac{k_1 k_2 (k_{1zi}+k_{2zi})}{k_2^2 k_{1zi}+k_1^2 k_{2zi}}\right]^2 \quad (3.26)$$

式中：$k_1^2 = \omega^2 \mu_0 \varepsilon_1$；$k_2^2 = \omega^2 \mu_0 \varepsilon_2$；$\omega$ 为电磁波的角频率，$\omega = 2\pi f$；μ_0 为真空磁导率；ε_1 为真空介电常数；ε_2 为海冰介电常数；在空气中（介质1），$k_{1zi} = k_1\cos\theta$；在海冰（介质2）中，$k_{2zi} = k_2\cos\theta_r$。

根据 Snell 定律 $k_1\sin\theta = k_2\sin\theta_r$，代入式（3.26）可以得到：

$$\gamma = \left[\frac{\sin\theta_r}{\cos\theta_r}\frac{1}{\cos(\theta-\theta_r)}\right]^2 \quad (3.27)$$

如上所述，折射角为 $\theta_r = \arcsin(0.56\sin\theta)$。

同样，$\gamma_H = T_{H12} T_{H21}$ 可计算得出：

$$\gamma_H = T_{H12} T_{H21} = \frac{4 k_{1zi} k_{2zi}}{(k_{1zi}+k_{2zi})^2} = 1 - \frac{\sin^2(\theta-\theta_r)}{\sin^2(\theta+\theta_r)} \quad (3.28)$$

式中：参数 γ 和 γ_H 为雷达入射角的函数。

式（3.24）表明，体散射 f_v 的贡献取决于入射电磁波的穿透深度、海冰中的卤水胞等效数量和雷达入射角。由此提出了一个参数 Nh 来表示电磁波穿透深度和卤水胞等效数量对海冰体散射的影响。海冰体散射随着穿透深度的增加和卤水胞等效数量的增加而增加。f_v 和 Nh 的关系式为

$$Nh = \frac{f_v}{\cos^4\theta_r \gamma_H^2} \quad (3.29)$$

式中：f_v 和 Nh 都是无量纲的。

在式（3.29）中，分母 $\cos^4\theta_r \gamma_h^2$ 是入射角 θ 和卤水体积分量（或介电常数）的函数。不同入射角下卤水体积分量和 Nh 值之间的关系如图3.38所示。当 f_v 为常数时（即为 $f_v = 0.5$ 的情况），Nh 值随卤水体积分量（V_b）单调递增。如果 $V_b<50‰$，则 Nh 值对 V_b 敏感度较低。如果 $V_b>50‰$，Nh 值随着 V_b 的增加而显著增加，在大入射角下的效应尤其明显。但较大入射角下获取的雷达图像通常信噪比非常低，体散射强度随入射角的增大而减小，如图3.39所示。在小入射角下，体散射能量高于-25dB，受 SAR 图像中噪声等效 σ_0（NESZ）的影响较小（例如，对于 ENVISAT ASAR，NESZ 为-19dB~-35dB，具体取决于成像模式；对于 RADARSAT-2，NESZ 在-19dB~-30dB）。因此，

中、小入射角是提取 Nh 值的较好选择。

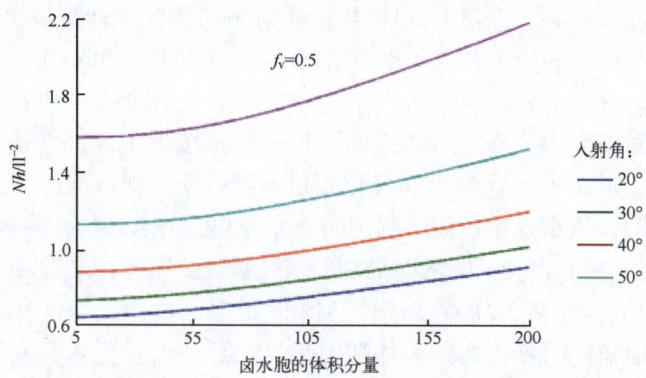

图 3.38 不同入射角下卤水体积分量与 Nh 值的关系曲线

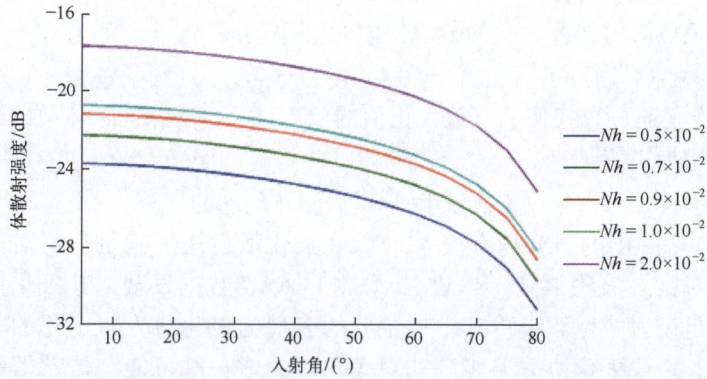

图 3.39 不同 Nh 值下体散射和入射角的关系曲线

3.3.4 极化分解方法

根据 3.3.3 节的结果，本章提出了一种专门针对海冰表面散射、二次散射和体散射的三分量极化分解方法。假设表面散射、二次散射和体散射互不相关，则协方差矩阵 $\langle C_{\text{total}}^{\text{HV}} \rangle$ 可直接表示为三分量之和：

$$\langle C_{\text{total}}^{\text{HV}} \rangle = \begin{bmatrix} \langle C_{11}^{\text{HV}} \rangle & \langle C_{12}^{\text{HV}} \rangle & \langle C_{13}^{\text{HV}} \rangle \\ \langle C_{21}^{\text{HV}} \rangle & \langle C_{22}^{\text{HV}} \rangle & \langle C_{23}^{\text{HV}} \rangle \\ \langle C_{31}^{\text{HV}} \rangle & \langle C_{32}^{\text{HV}} \rangle & \langle C_{33}^{\text{HV}} \rangle \end{bmatrix} = f_s \begin{bmatrix} |\beta|^2 & 0 & \beta \\ 0 & 0 & 0 \\ \beta^* & 0 & 1 \end{bmatrix} + f_d \begin{bmatrix} |\alpha|^2 & 0 & \alpha \\ 0 & 0 & 0 \\ \alpha^* & 0 & 1 \end{bmatrix} + f_v \begin{bmatrix} \dfrac{3\gamma^2}{8} & 0 & \dfrac{\gamma}{2} \\ 0 & \gamma & 0 \\ \dfrac{\gamma}{2} & 0 & 1 \end{bmatrix} \quad (3.30)$$

式中：f_s 为表面散射的相对贡献；f_d 为二次散射的贡献；f_v 为体散射的贡献。

根据式（3.27）可在已知 SAR 数据入射角的情况下计算 γ。因此，该模型包括四个方程、五个未知量。为了求解这些未知量，可利用 Freeman 提出的三成分散射分解中采用的方法。在这种方法中，未知量 α 和 β 可利用 SAR 数据测量的同极化相位确定。如果同极化相位差接近于零，则认为表面散射占主导地位，则 α 为 -1；如果同极化相位差接近 π，则认为二次散射占主导地位，则 $\beta=1$。依据这个假设，则剩四个方程和四个未知量，参数全部可解。

由于 f_s、f_d 和 f_v 代表不同散射机制的强度系数，因此，f_s、f_d 和 f_v 应为正值（≥ 0），且其对应矩阵的所有特征值必须非负[46]。应用式（3.30）的主要困难在于，前面描述的算法在减去体散射后，会导致大量像素具有负能量和负特征值。针对这个问题，Zyl 等[46-47]重新修改了 Freeman 三成分分解算法，通过增加非负特征值分解（Nonnegative Eigenvalue Decomposition，NNED）的残余项来避免负散射强度。新的分解模型为

$$\langle C_{\text{total}}^{\text{HV}} \rangle = f_s [C_{\text{surface}}] + f_d [C_{\text{double}}] + f_v [C_{\text{volume}}] + [C_{\text{residual}}] \quad (3.31)$$

Zyl 等[46-47]是通过寻找使 f_v 取最大正值的 $[C'_{\text{residual}}]$，来保证除体散射外的其他散射能量均为正值：

$$[C'_{\text{residual}}] = \langle C_{\text{total}}^{\text{HV}} \rangle - f_v [C_{\text{volume}}] \quad (3.32)$$

但 Zyl 等提出的 NNED 方法[47]，仅在极化散射矩阵满足反射对称假设时有效。但考察 C 波段 RADARSAT-2 海冰 PolSAR 数据发现，其极化协方差矩阵并不满足反射对称假设，其中最主要的表现为极化协方差矩阵的非对角项并不为零。造成极化协方差矩阵非对角项不为零，既可能是传感器噪声引起的，也有可能是海冰中的卤水胞形状和大小不同（通常，卤水胞形状是椭圆形，其大小从 0.3mm 到 1.2mm 不等）[44]所造成的。为克服这一问题，我们通过引入针对非反射对称的 NNED 方法，来对式（3.30）进行极化分解[48]。非反射对称的 NNED 方法的详细步骤见参考文献[48]，这个方法可以通过调整体散射、二次散射功率和表面散射能量，以确保残余协方差矩阵具有非负特征值且最小化，来使得全部散射能量均为正值。这种方法所得结果物理意义明确，且不会高估体散射的贡献。

当完成非反射对称 NNED 后，利用式（3.31）就可计算每个散射成分 f_s、f_d 和 f_v 对海冰极化散射的能量贡献：

$$P_s = f_s(1+|\beta|^2), \quad P_d = f_d(1+|\alpha|^2), \quad P_v = f_v(1+\gamma+3\gamma^2/8) \quad (3.33)$$

进一步，可利用式（3.29）得到电磁波穿透深度对等效卤水胞分量 Nh 的贡献。

式（3.31）中右边的最后一个矩阵是减去体散射、表面散射和二次散射项后的残余值，具有非反射对称特性。因此，残余矩阵可认为是多种散射机

制作用的总和，包括同极化相位差、表面-体相互作用、体-底面（水）相互作用、表面-底面相互作用以及高阶多散射机制。

综上所述，所提出的极化分解方法步骤为：首先利用式（3.20）估算海冰的介电常数，并基于介电常数和入射角，利用 Snell 定律，计算海冰折射角；其次，利用入射角和折射角，应用式（3.27）计算 γ 值，并利用式（3.28）计算 γ_h；再次，利用非散射对称性的 NNED 估算海冰的三个散射分量 f_s、f_d 和 f_v；最后，利用式（3.29）计算 Nh 值。

3.3.5 实例分析

1. 数据

选用两景 C 波段 RADARSAT-2 全极化 SAR 影像开展实验。一景数据的成像时间为北京时间 2009 年 1 月 14 日 6 时 1 分（图 3.40（b）），如图 3.40（a）所示的红色矩形标示；另一景数据的成像时间为北京时间 2010 年 2 月 8 日 17 时 44 分（图 3.40（c）），如图 3.40（a）所示的蓝色矩形标示。图像中的开阔水域和陆地区域均进了掩膜处理，只留下海冰区域（图 3.40（d）、（e））。两景影像的主要参数如表 3.10 所示。

表 3.10 RADARSAT-2 SAR 影像的主要参数

获取时间（LT）	极化方式	分辨率/m	入射角/（°）	波束模式
2009-01-14,06:01	HH/VV/HV/VH（全极化）	8	33.0	FQ13
2010-02-08,17:44	HH/VV/HV/VH（全极化）	8	26.0	FQ7

除 SAR 数据外，我们还获取了两景与 2009 年 1 月 14 日 RADARSAT-2 SAR 影像准同步的高分辨率 CBERS-02B 影像，成像时间为北京时间 2009 年 1 月 14 日 10 时 58 分，如图 3.40（b）所示的黄色矩形标示。两景图像中一景影像是全色数据（分辨率：2.36m，图 3.41（a）），另一景是多光谱数据（分辨率：19m，图 3.41（b）），其数据参数如表 3.11 所列。

表 3.11 CBERS-02 数据参数

获取时间	模 式	分辨率/m	幅宽/km	光谱宽度/nm
2009-01-14,10:58	全色	2.36	27	500~800
2009-01-14,10:58	多光谱	19	113	波段1：450~520 波段2：520~590 波段3：630~690 波段4：770~890 波段5：510~730

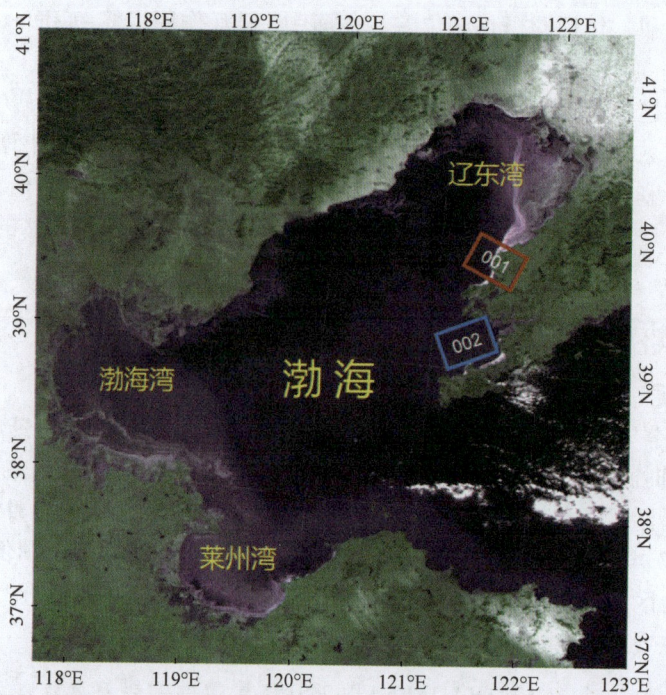

(a) RADARSAT-2 全极化 SAR 影像覆盖区域（背景为 MODIS 图像），红线矩形表示 2009 年 1月14日数据，蓝线矩形表示2010年2月8日数据

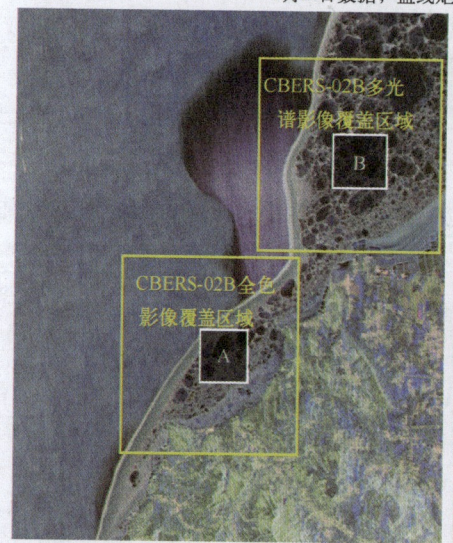

(b) 2009年1月14日伪彩色SAR图像。R：|VV-HH|；G：|VH+HV|；B：|VV+HH|

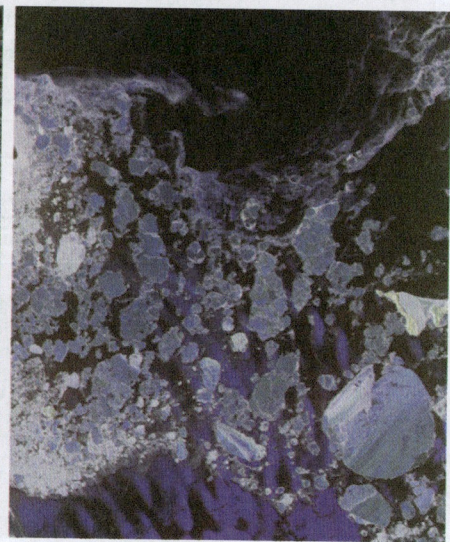

(c) 2010年2月8日伪彩色SAR图像。R：|VV-HH|；G：|VH+HV|；B：|VV+HH|

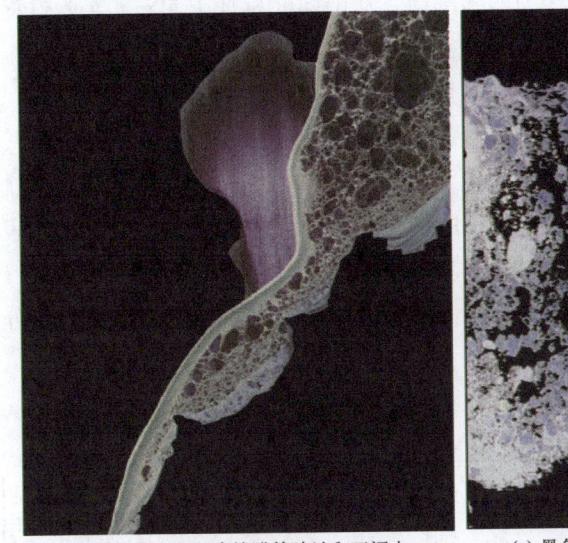

(d) 黑色区域为(b)中掩膜的陆地和开阔水　　(e) 黑色区域为(c)中掩膜的陆地和开阔水

图 3.40　RADARSAT-2 SAR 影像。(b) 中黄色矩形框标出了
同步 CBERS-02B 影像覆盖区域

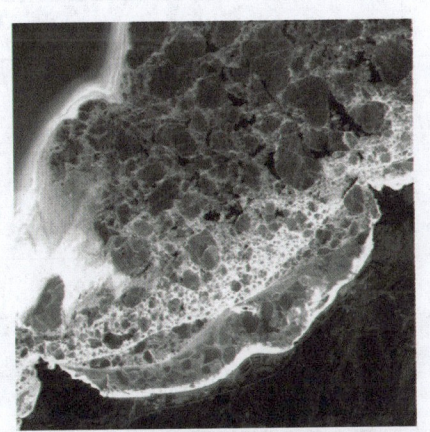

(a) CBERS-02B 全色图像　　　　　　(b) CBERS-02B 多光谱图像

图 3.41　2009 年 1 月 14 日获得的 CBERS-02B 数据，如图 3.40（b）所示
黄色矩形框标出的区域

项目组还开展了与 2009 年 1 月 14 日的 RADARSAT-2 SAR 影像准同步的现场探测实验。实验开展时间为北京时间 2009 年 1 月 14 日 8：00 至 15：40，实验区域在图 3.40（b）方框 A 附近。考虑到安全问题，实验在固定冰区开

展。图 3.42（a）左下角的黑线为实验剖面，从南向北延伸 1.5km。实验过程中，记录了气象数据。当时的平均风速为 7~8m/s、风向为西南风和平均气温为-11℃。本次实验共获得了 26 条现场数据记录，其冰型照片见图 3.42（b）。26 个测量点中有 11 个点有冰厚信息。海冰厚度在 15~30cm 之间。海冰表层、中层和底层的平均温度分别为-3.65℃、-2.67℃和-2.45℃，对应的平均盐度分别为 5.058psu、3.084psu 和 6.101psu。海冰温度和盐度观测结果见表 3.12 和表 3.13。结合实地调查数据和高分辨率光学遥感数据，可对 2009 年 1 月 14 日 RADARSAT-2 SAR 进行目视解译（图 3.42（c）），得到专家经验分类结果图，用于评价所提出的分解方法。

表 3.12　海冰温度观测数据　　（单位：℃）

海冰温度	冰层		
	表层	中层	底层
平均值	-3.65	-2.67	-2.45
最小值	-8.6	-5.2	-5.8
最大值	0.0	-0.7	-1.0

表 3.13　海冰盐度观测数据　　（单位：psu）

海冰盐度	冰层		
	表层	中层	底层
平均值	5.058	3.084	6.101
最大值	6.610	4.011	8.058
最小值	1.512	3.472	3.701

2. 提出方法与 Freeman 极化分解方法的对比分析

为对提出极化分解方法和 NNED Freeman 极化分解方法进行比较，通过功率比来分析表面散射、二次散射、体散射和残余散射分量提取结果的合理性，如图 3.43 和图 3.44 所示。功率比的定义为 $P_j/\text{Span}\times 100\%$，Span 代表总功率；$P_j$ 代表任一散射分量的功率，其中，$j = s$、d、v、r，分别表示表面散射、二次散射、体散射和残余散射分量。

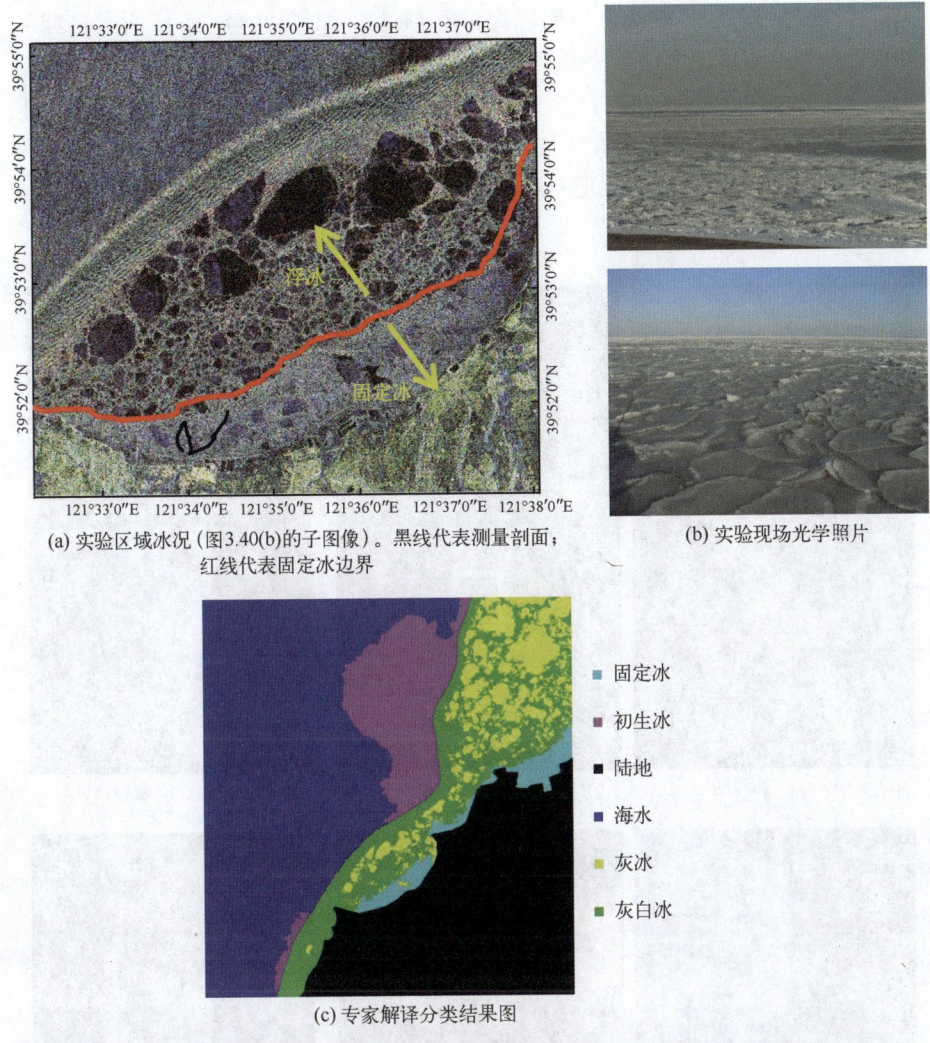

图 3.42 2009 年 1 月 14 日海冰现场实验图和专家解译分类结果图

通过对比图 3.43 和图 3.44 可知,渤海海冰的主要散射机制是表面散射。因此,雷达后向散射特征受表面粗糙度影响显著。这与参考文献 [49] 的结论是一致的。同时,与 NNED Freeman-Durden 分解的结果相比,由于我们提出的模型引入了海冰内部散射体和穿透深度对体散射的贡献,所以体散射分量占比更大。

此外,在图 3.43(b)和图 3.44(b)的区域 A 和 B 中,利用提出的极化分解方法和 NNED Freeman 极化分解方法所得的二次散射功率比并不相同:NNED 方法的二次散射功率比高于周围海冰区,如图 3.43(b)所示;而提出方法的二次散射功率较低，与周围海冰区接近，如图 3.44（b）所示。将这两种结果与 RADARSAT-2 SAR 影像（图 3.40（b））和准同步的 CBERS 光学影像（图 3.41，即图 3.40（b）的黄色矩形框标出的区域）进行对比可以看出，区域 A 和 B 的主要海冰类型为灰冰，表面粗糙度较低，没有明显的二面角结构，即二次散射的贡献应该很低。因而，在此种情况下，提出方法优于 NNED 分解。

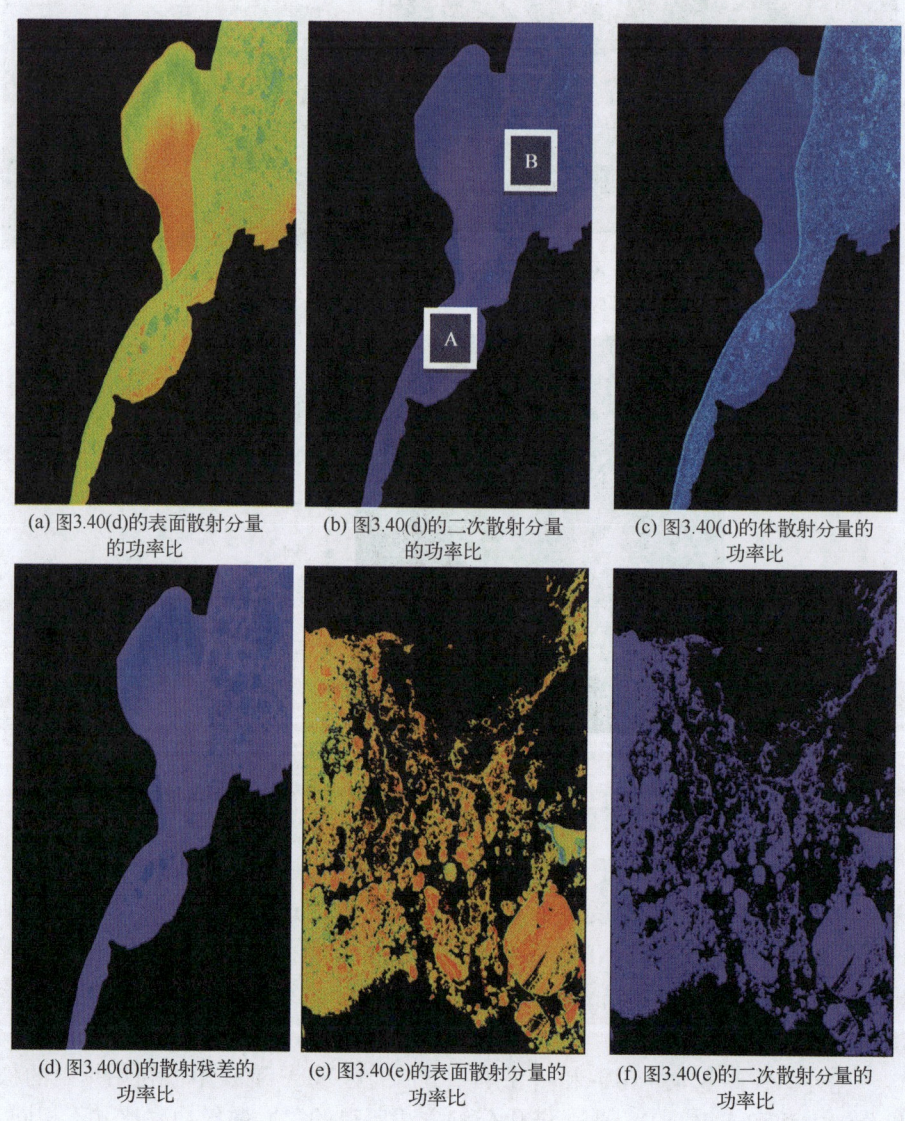

(a) 图3.40(d)的表面散射分量的功率比　　(b) 图3.40(d)的二次散射分量的功率比　　(c) 图3.40(d)的体散射分量的功率比

(d) 图3.40(d)的散射残差的功率比　　(e) 图3.40(e)的表面散射分量的功率比　　(f) 图3.40(e)的二次散射分量的功率比

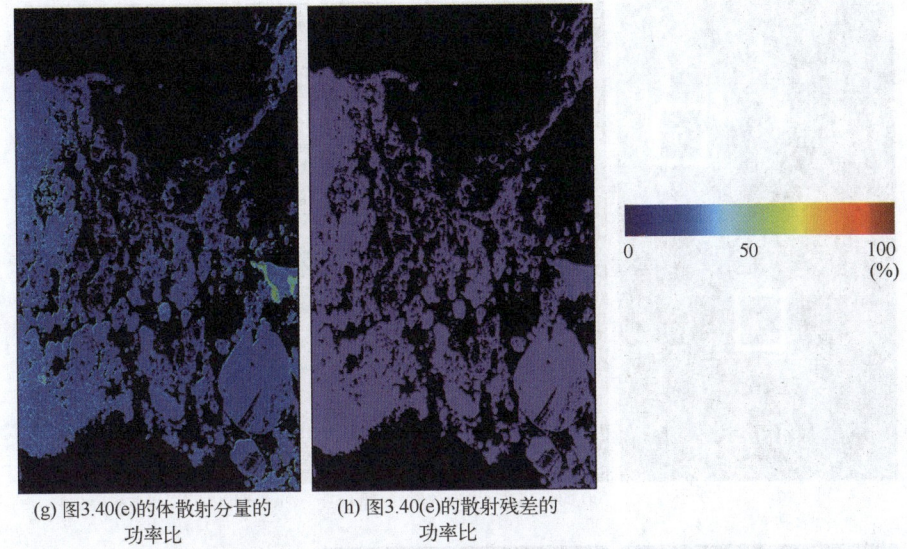

(g) 图3.40(e)的体散射分量的功率比　　(h) 图3.40(e)的散射残差的功率比

图 3.43　NNED Freeman 极化分解的每一散射机制的功率比

图 3.44（d）和（h）为非反射对称 NNED 得到的残差矩阵的能量。根据提取的结果来看，海冰的残差项功率虽然很低，但仍然占有一定的比重，特别是在浮冰区（区域 A 和区域 B）影响更为显著。这表明海冰散射的复杂性以及表面、底面和内部之间的相互作用是不可忽视的。

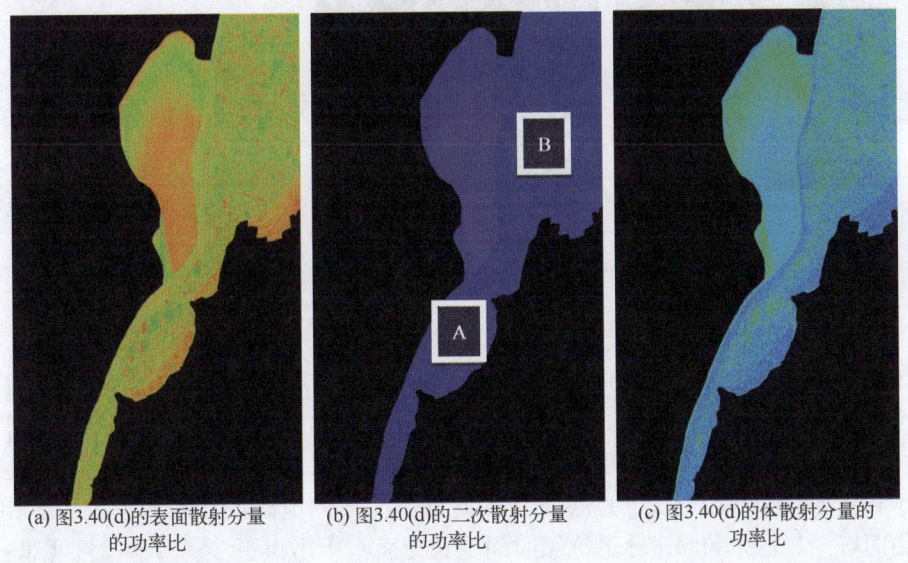

(a) 图3.40(d)的表面散射分量的功率比　　(b) 图3.40(d)的二次散射分量的功率比　　(c) 图3.40(d)的体散射分量的功率比

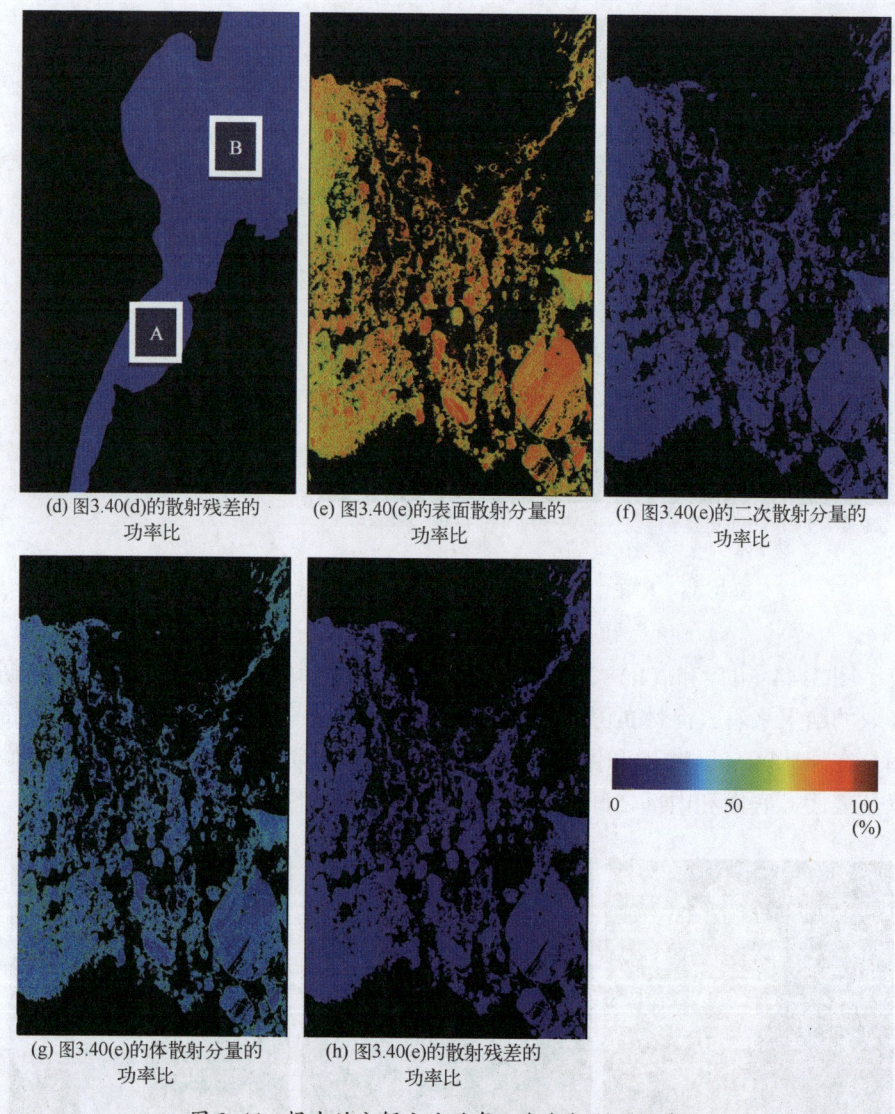

图 3.44 提出的分解方法的每一散射机制的功率比

利用提取的体散射分量以及入射角和折射角可以反演得到 Nh（式 (3.29)），如图 3.45 所示。从反演结果我们发现，固定冰的 Nh 值大于浮冰的 Nh 值。在浮冰区，灰冰（10~15cm）的 Nh 值小于灰白冰（15~30cm），但高于初生冰（0~10cm）。Nh 与电磁波的穿透深度和海冰中卤水胞的等效数量相关。初生冰和灰冰受海水影响大、盐度高，因此这类海冰的电磁波穿透深度较小。相比而言，灰白冰和固定冰的冻结时间更长，卤水析出得更多、海冰盐度更低，因此有利于电磁波的传播。所以，灰白冰和固定冰的 Nh 值普遍高于初生冰和灰冰。我们还将 Nh 值与海冰厚度实测数据进行了比较，如图 3.46 所示。可以看出，Nh 值与实测海冰厚度具有明显的线性相关性（$R^2 = 0.52$），这意味着提出方法反演的 Nh 值能够用于表征海冰厚度。

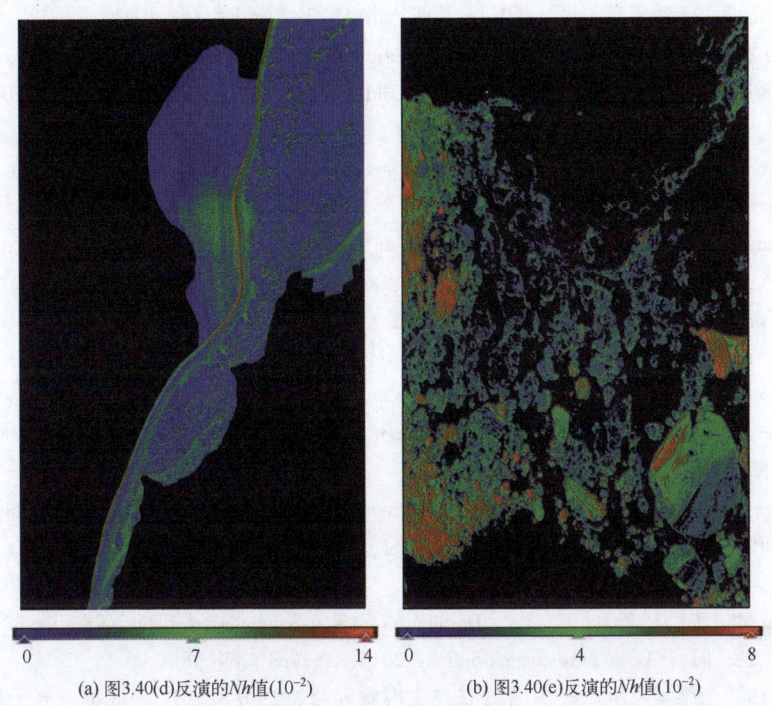

(a) 图3.40(d)反演的Nh值(10^{-2})　　(b) 图3.40(e)反演的Nh值(10^{-2})

图 3.45　体散射分量反演的 Nh 值

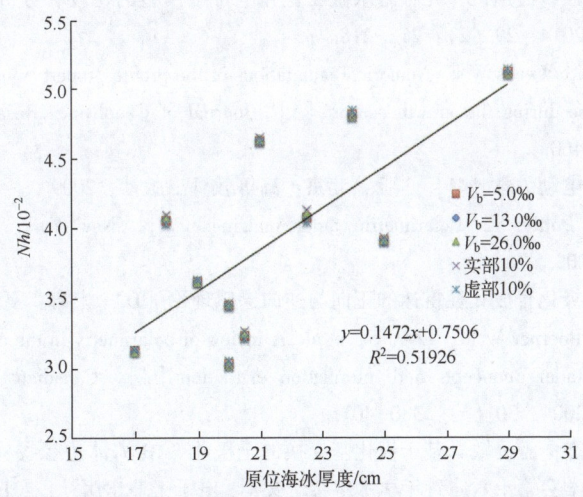

图 3.46　现场冰厚数据与基于不同卤水体积分量和介电常数反演的海冰 Nh 值的对比

参 考 文 献

[1] 康行健. 天线原理与设计 [M]. 北京：北京理工大学出版社, 1993.

[2] Xu Z, Yang Y, Sun Z, et al. In situ measurement of the solar radiance distribution within sea ice in Liaodong Bay, China [J]. Cold Regions Science and Technology, 2012, 71 (2): 23-33.

[3] Carsey F D. Microwave remote sensing of sea ice [M]. Washington, DC: American Geophysical Union, 1992.

[4] Fung A K. Microwave scattering and emission models and their applications [M]. Norwood. MA: Artech House, 1994.

[5] Ulaby F T, Moore R K, Fung A K. Microwave remote sensing: active and passive, Vol. II: radar remote sensing and surface scattering and emission theory [M]. Dedham, Massachusetts, America: Addison Wesley, 1982.

[6] Lee J S, Pottier E. Polarimetric radar imaging from basics to applications [M]. New York: CRC Press, 2009.

[7] Kim J W, Kim D J, Hwang B J. Characterization of Arctic sea ice thickness using high-resolution spaceborne polarimetric SAR data [J]. IEEE Transactions on Geoscience and Remote Sensing, 2012, 50 (1): 13-22.

[8] Liu M, Dai Y, Zhang J, et al. The microwave scattering characteristics of sea ice in the Bohai Sea [J]. Acta Oceanologica Sinica, 2016, 35 (5): 89-98.

[9] 杨伟. 三维复杂粗糙海面电磁散射建模研究与特性分析 [D]. 成都：电子科技大学, 2012.

[10] 张勇, 孙强, 吕达仁. 几种海水微波复介电常数模型的比较和分析 [J]. 遥感技术与应用, 2014, 29 (2): 212-218.

[11] Cox G F N, Weeks W F. Numerical simulations of the profile properties of undeformed first-year sea ice during the growth season [J]. Journal of Geophysics Research, 1988, 93: 12449-12460.

[12] 郭硕鸿. 电动力学 [M]. 3版. 北京：高等教育出版社, 2009.

[13] Lee J S, Pottier E. Polarimetric radar imaging [M]. New York: Taylor & Francis Group, 2009.

[14] 徐丰. 全极化合成孔径雷达的正向与逆向遥感理论 [D]. 上海：复旦大学, 2007.

[15] Touzi R, Boerner W M, Lee J S, et al. A review of polarimetry in the context of Synthetic Aperture Radar: concepts and information extraction [J]. Canadian Journal of Remote Sensing, 2004, 30 (3): 380-407.

[16] 张晰, 张杰, 孟俊敏. 基于极化基变换的全极化SAR海冰边缘线检测算法 [C] // 中国电子学会第十六届青年学术年会论文集, 电子工业出版社, 2010: 105-111.

[17] Freeman A, Durden S. A three-component scattering model to describe polarimetric SAR

data [C]//Proc. SPIE Conf. Radar Polarimetry, 1992: 213-224.

[18] Freeman A, Durden S L. A three-component scattering model for polarimetric SAR data [J]. IEEE Transactions on Geoscience and Remote Sensing, 1998, 36 (3): 963-973.

[19] Kothainachiar S, Saravanan A. Unsupervised morphological segmentation for textured and non-textured images [J]. GVIP Journal, 2006, 6 (2): 33-39.

[20] O'Callaghan R J, Bull D R. Combined morphological-spectral unsupervised image segmentation [J]. IEEE Transactions on Image Processing, 2004, 14 (1): 49-62.

[21] Blaschke T, Burnett C, Pekkarinen A. Image segmentation methods for object-based analysis and classification [M]// de Jong S M, van der Meer F D. Remote Sensing and Digital Image Analysis: Including the Spatial Domain. Dordrecht: Kluwer Academic Publishers, 2004.

[22] Zhang Y J. A survey on evaluation methods for image segmentation [J]. Pattern Recognition, 1996, 29 (8): 1335-1346.

[23] Chen J, Pappas T N, Mojsilovic A, et al. Adaptive image segmentation based on color and texture [C]//Proceedings of Image Processing. International Conference. IEEE, 2002: 777-780.

[24] Hall O, Hay G J. A multiscale object-specific approach to digital change detection [J]. International Journal of Applied Earth Observation and Geoinformation, 2003, 4 (4): 311-327.

[25] Blaschke T, Strobl J. What's wrong with pixels? Some recent developments interfacing remote sensing and GIS [J]. Zeitschrift für Geoinformationssysteme, 2001, 14 (6): 12-17.

[26] Baatz M, Schape A. Multiresolution segmentation: an optimization approach for high quality multi-scale image segmentation [C]//Proceedings of Beiträge zum AGIT-Symposium, AGIT, 2000: 12-23.

[27] Ouma Y O, Josaphat S S, Tateishi R. Multiscale remote sensing data segmentation and post-segmentation change detection based on logical modeling: theoretical exposition and experimental results for forestland cover change analysis [J]. Computers & Geosciences, 2008, 34 (7): 715-737.

[28] 梁继, 王建, 王建华. 基于光谱角分类器遥感影像的自动分类和精度分析研究 [J]. 遥感技术与应用, 2002, 17 (6): 299-303.

[29] An W, Cui Y, Yang J. Three-component model-based decomposition for polarimetric SAR data [J]. IEEE Transactions on Geoscience & Remote Sensing, 2010, 48 (6): 2732-2739.

[30] Yamada H, Yamaguchi Y, Sato R. Polarimetric scattering model decomposition for Pol-InSAR data [C] //Proceedings of IEEE International Geoscience & Remote Sensing Symposium. IEEE, 2008: IV-331-IV-334.

[31] Sharma J J, Hajnsek I, Papathanassiou K P, et al. Polarimetric decomposition over

glacier ice using long-wavelength airborne PolSAR [J]. IEEE Transactions on Geoscience and Remote Sensing, 2011, 49 (1): 519-539.

[32] Lee J S, Pottier E. Polarimetric Radar Imaging: from basics to applications [M]. Boca Raton, FL: CRC Press, 2009.

[33] Arcone A, Gow A G, McGrew S. Structure and dielectric properties at 4.8 and 9.5 GHz of saline ice [J]. Journal of Geophysical Research: Oceans, 1986, 91 (C12): 14281-14303.

[34] Ackley S F. The growth, structure, and properties of sea ice [C] //Proceedings of the International Symposium, Gtaðers - Ocean - Atmosphere Interactions. IAHS, 1990: 105-117.

[35] Nghiem S V, Kwok R, Yueh S H, et al. Polarimetric signatures of sea ice. 1: Theoretical model [J]. Journal of Geophysical Research: Oceans, 1995, 100 (C7): 13665-13679.

[36] Cloude S R, Fortuny J, Lopez-Sanchez J M, et al. Wide-band polarimetric radar inversion studies for vegetation layers [J]. IEEE Transactions on Geoscience and Remote Sensing, 1999, 37 (5): 2430-2441.

[37] Nghiem S V, Kwok R, Yueh S H, et al. Polarimetric signatures of sea ice: 2. Experimental observations [J]. Journal of Geophysical Research: Atmospheres, 1995, 100 (C7): 13681-13698.

[38] Cloude S R, Zebker H. Polarisation: applications in remote sensing [M]. London: Oxford University. Press, 2010.

[39] Shih S E, Ding K H, Kong J A, et al. Saline ice thickness retrieval under diurnal thermal cycling conditions [J]. IEEE Transactions on Geoscience and Remote Sensing, 1998, 36 (5): 1731-1742.

[40] Shih S E, Ding K H, Nghiem S V, et al. Thin saline ice thickness retrieval using time-series C-band polarimetric radar measurements [J]. IEEE Transactions on Geoscience and Remote Sensing, 1998, 36 (5): 1589-1598.

[41] Nghiem S V, Kwok R, Kong J A, et al. A model with ellipsoidal scatterers for polarimetric remote sensing of anisotropic layered media [J]. Radio Science, 1993, 28 (5): 687-703.

[42] Treuhaft R N, Siqueira P R. Vertical structure of vegetated land surfaces from interferometric and polarimetric radar [J]. Radio Science, 2016, 35 (1): 141-177.

[43] Vant M R, Ramseier R O, Makios V. The complex-dielectric constant of sea ice at frequencies in the range 0.1-40 GHz [J]. Journal of Applied Physics, 1978, 49 (3): 1264-1280.

[44] Yang G J. Sea ice engineering science [M]. Beijing: Petroleum Industry Press, 2000.

[45] Tsang L, Kong J A, Shin R T. Theory of microwave remote sensing [M]. New York: Wiley Interscience, 1985.

[46] Van Zyl J J, Arii M, Kim Y. Model-based decomposition of polarimetric SAR covariance matrices constrained for nonnegative eigenvalues [J]. IEEE Transactions on Geoscience and Remote Sensing, 2011, 49 (9): 3452-3459.

[47] Van Zyl J J, Arii M, Kim Y. Requirements for model-based polarimetric decompositions [C]//Proceedings of IGARSS. IEEE, 2008: 417-420.

[48] Liu G F, Li M, Wang Y J, et al. A novel freeman decomposition based on nonnegative eigenvalue decomposition with non-reflection symmetry [J]. Journal of Electronics and Information Technology, 2014, 35 (2): 368-375.

[49] Kim J W, Kim D J, Hwang B J. Characterization of Arctic Sea ice thickness using high-resolution spaceborne polarimetric SAR data [J]. IEEE Transactions on Geoscience and Remote Sensing, 2012, 50 (1): 13-22.

第四章

极化 SAR 海上溢油探测

21世纪以来，全球海上石油资源勘探开发速度逐步加快，海上新发现的石油储备持续增长，海洋已成为全球石油资源的重要开发区。在海洋石油的开采、运输和提炼过程中，由于自然灾害或操作失误的影响，国内外重大海上溢油事故时有发生。海洋溢油污染不仅影响海域范围广、持续时间长，而且对海洋生物和生态环境的破坏非常大。溢油事故发生后，快速识别和发现溢油事故，并且实时掌握溢油的信息，对于响应决策和资源分配，以及后续清污工作的开展极其重要。因此，需要快速和有效的方法来准确地检测和表征溢油。

极化 SAR 不但能够获取海面油膜的后向散射和几何等特征，还能获取多种极化信息，更能体现油膜的物理特性。然而，针对极化 SAR 溢油监测，目前仍存在很多问题需要进行研究。首先当前已发展有全极化、双极化和简缩极化等模式，其中简缩极化 SAR 作为新兴的模式，不仅能实现大幅宽观测（可达 350km），还能获取接近全极化的极化散射信息。然而，简缩极化 SAR 在溢油探测应用方面的研究尚不充分，还有如下两个问题尚未解决：①简缩极化 SAR 已发展了较多溢油检测特征，但对于众多的特征尚未进行全面的对比分析；②尚未有利用简缩极化 SAR 开展油膜分类的工作。

并且，以往的研究主要集中于溢油检测与分类，未考虑油膜自身属性变化对油膜散射特性的影响，特别是忽略了溢油乳化过程的影响。实际上，溢油进入海洋后油膜与海水会发生乳化反应形成油水乳化物，由于吸收了大量的海水，乳化反应使油膜自身的性质发生很大变化，油膜的黏度、表面张力、体积会大幅增加。溢油的乳化会给海洋生态系统带来更大危害，同时还会阻碍大多数机械回收设备的有效操作。因此，监测溢油的乳化，对于制定有效的溢油应急计划和优化溢油清理决策都有重要意义。然而当前对于溢油乳化过程对微波散射特性影响的机理尚不清楚，制约着极化 SAR 油水乳化物监测技术的应用。

为此，本章节针对简缩极化 SAR 溢油检测与分类和溢油乳化过程油膜表

第四章 极化SAR海上溢油探测

面微波散射特性两个方面的问题，开展简缩极化SAR溢油探测研究，并设计了溢油乳化极化SAR散射特性实验，尝试解决上述两个问题。

4.1 溢油微波散射机理研究

4.1.1 溢油对海浪的抑制比理论模型

当海面覆盖单分子油膜（忽略油膜厚度的影响）时，相关学者在雷达信号回波抑制深入的研究[1-7]。然而，矿物油的厚度比单分子油膜大得多，特别是在溢油事故初期通常不能忽略油膜厚度的影响。针对无限深不可压缩的海水上覆盖一定厚度的薄膜情况，Jenkins等[8]提出了重力-毛细波抑制比模型如下：

$$y(k) = \frac{\mathrm{Re}(\delta)}{2v} \tag{4.1}$$

其中

$$\delta = \left\{ \begin{array}{l} 2v + \frac{1}{2}v_T + \mathrm{j}\Gamma^{-\frac{1}{2}}[\gamma(1-\rho_+) - \gamma_-]D \\ + \frac{1}{2v^{\frac{1}{2}}\mathrm{j}^{\frac{1}{2}}}\rho_+ D\Gamma^{\frac{1}{4}}v_T \\ + \frac{1}{2v^{1/2}}\mathrm{j}^{1/2}(\rho_+ D)^2 \Gamma^{3/4}(R^2-1) \end{array} \right\} \bigg/ \left\{ \begin{array}{l} 1 + \frac{1}{v^{\frac{1}{2}}\Gamma^{\frac{1}{4}}}\mathrm{j}^{\frac{1}{2}}v_T \\ + \frac{1}{\mathrm{j}^{1/2}v^{1/2}}\rho_+ D\Gamma^{1/4} \end{array} \right\} \tag{4.2}$$

$$v_T = \frac{(\chi_+ + \chi_-)}{n} + v_{s+} + v_{s-} + 4\rho_+ v_+ D + \frac{v_{E+}v_{E-}D}{\rho_+ v_+} \tag{4.3}$$

$$R = \frac{(\rho_+ + \gamma_+)}{\rho_+ \Gamma} n = -\mathrm{j}\sqrt{\Gamma} \quad \Gamma = 1 + \gamma \quad \gamma = \gamma_+ + \gamma_- \tag{4.4}$$

$$v_{E\pm} = \chi_\pm/n + v_{s\pm} \quad \mathrm{j} = \sqrt{-1} \tag{4.5}$$

式中：k为空间波数；v为海水的动力学黏度；ρ_+为油的密度；γ_+为表面张力；γ_-为界面张力；D为油的厚度；v_+为运动学黏度；χ_+为表面弹性；χ_-为界面弹性；v_{s+}为表面黏度；v_{s-}为界面黏度。表4.1给出本节所用的油膜物理学参数的值[8]。

表4.1 文中所用的油膜物理学参数的数值

物理参数	数值
海水的密度	1023kg·m^{-3}
油的密度	900kg·m^{-3}

续表

物理参数	数值
海水的动力学黏度	$10^{-6} m^2 \cdot s^{-1}$
油的动力学黏度	$10^{-4} m^2 \cdot s^{-1}$
表面张力	$25 mN \cdot m^{-1}$
界面张力	$15 mN \cdot m^{-1}$
表面弹性	$15 mN \cdot m^{-1}$
界面弹性	$10 mN \cdot m^{-1}$
表面黏度	0
界面黏度	0

然而，需要指出的是式（4.1）给出的抑制比公式仅适用于微风情况，而随着风速的增大，除了黏滞耗散，风速、非线性波-波相互作用、波破碎耗散等作用均会对海面抑制产生重要影响。为了量化以上因素的影响，Alpers 等给出作用量谱平衡方程描述海浪谱的演变[1-2]：

$$0 = \frac{dN^i}{dt} = S_{in}^i + S_{nl}^i - S_{vd}^i - S_{br}^i \tag{4.6}$$

其中，$i \in \{o; w\}$，上标(o)和(w)分别表示油膜覆盖海面和清洁海面。作用量谱密度为 $N^i = (\omega/k)\psi^i$，ω 为角频率，ψ^i 表示海谱。对清洁海面可写为[9]

$$\psi^w(k, \varphi) = M(k) f(k, \varphi) \tag{4.7}$$

其中，$M(k)$ 是海谱各向同性部分，$f(k,\varphi)$ 表示角函数。φ 是波传播方向和风向的夹角。在式（4.6）的右边，S_{in}^i，S_{nl}^i，S_{vd}^i，S_{br}^i 分别表示风输入源函数、非线性波波相互作用源函数、黏滞耗散源函数和波浪破碎耗散源函数，它们的数学表达式见参考文献[1]。对于低中风速情况，可忽略波浪破碎源函数 S_{br}^i 的影响。其中，风输入源函数可表示为

$$S_{in}^i = \beta^i N^i \tag{4.8}$$

β^i 是风浪成长率，可表示为

$$\beta^i = 0.04 \cos\varphi \left(\frac{u_*^i}{c_p}\right)^2 \omega \tag{4.9}$$

其中，c_p 为海浪的相速度；ω 表示海浪的角频率，可通过色散关系定义为

$$\omega = \sqrt{gk + \frac{\tau k^3}{\rho_w}} \tag{4.10}$$

式中：g 为重力加速度；τ 和 ρ_w 分别表示表面张力和海水密度。清洁海面和油膜覆盖海面的摩擦风速为

$$u_*^o = \xi u_*^w \tag{4.11}$$

$$u_*^w = \sqrt{C_{10}} U_{10} \tag{4.12}$$

其中，ξ 是油膜覆盖海面时所引起摩擦风速减少的系数，Gade 等[7]指出 ξ 的平均值为 0.8。我们选取 Wu[10]的方法求解阻力系数：

$$C_{10} = (0.8 + 0.06 U_{10}) \times 10^{-3} \tag{4.13}$$

式中：U_{10} 是 10m 高度的风速。

式（4.6）中的黏滞耗散项可写为

$$S_{vd}^i = 2 c_g \Delta^i N^i \tag{4.14}$$

其中，c_g 是波的群速度，黏滞衰减系数为

$$\Delta^w = \frac{4 k^2 \eta \omega}{\rho_w g + 3 \tau k^2} \tag{4.15}$$

式中，η 是动力学黏度。利用式（4.1）和式（4.15），油膜覆盖海面的黏滞衰减系数为 $\Delta^o = y(k) \Delta^w$。

非线性波-波相互作用项 S_{nl}^i 可写为

$$S_{nl}^i = \alpha^i N^i \tag{4.16}$$

其中

$$\alpha^w \approx -1.15 \beta^w \tag{4.17}$$

$$\alpha^o = \alpha^w + \delta\alpha \tag{4.18}$$

$$\delta\alpha = 2 c_g \Delta_{max}^o \left(\frac{k}{k_M}\right)^{3/2} \left(\frac{u_*^w}{u_{*c}}\right)^2 \tag{4.19}$$

式中：Δ_{max}^o 表示 Δ^o 的最大值；k_M 为 Marangoni 共振波数；u_{*c} 是临界风应力此时非线性能量输入与油膜的衰减相平衡，u_{*c} 可根据实验确定。

将式（4.8）、式（4.14）和式（4.16）代入式（4.6）中，可得

$$\frac{\psi^o(k,\varphi)}{\psi^w(k,\varphi)} = \frac{\beta^w - 2 c_g \Delta^w + \alpha^w}{\beta^o - 2 c_g \Delta^o + \alpha^o} \tag{4.20}$$

油膜覆盖海面的海谱为

$$\psi^o(k,\varphi) = \psi^w(k,\varphi) / y'(k) \tag{4.21}$$

其中

$$y'(k) = \frac{\beta^o - 2 c_g \Delta^o + \alpha^o}{\beta^w - 2 c_g \Delta^w + \alpha^w} \tag{4.22}$$

一般而言，由于风和浪的作用，油膜仅覆盖海面的部分面积，因此引入油膜覆盖率 F（定义为油膜覆盖面积与所考虑的总面积的比值）修正抑制比，修正的抑制比可写为[5]

$$y'_m(k) = \frac{1}{1 - F + F/y'(k)} \tag{4.23}$$

图 4.1 给出抑制比随油膜的不同物理学参数的变化,图 4.1 (a) ~ (e) 油膜厚度 $D=0.01\text{mm}$,其他参数见表 4.1。从图 4.1 可以看出抑制比对运动学黏度、表面弹性、界面弹性和油膜厚度等参数较敏感。但抑制比对油膜密度、表面张力、界面张力、表面黏度、界面黏度等参数不敏感。图 4.1 (d) 显示抑制比随动力学黏度的增加而减小,且其峰值移向低空间波数。图 4.1 (e) 显示抑制比随表面弹性、界面弹性的增加而增大,且其峰值也移向低空间波数。

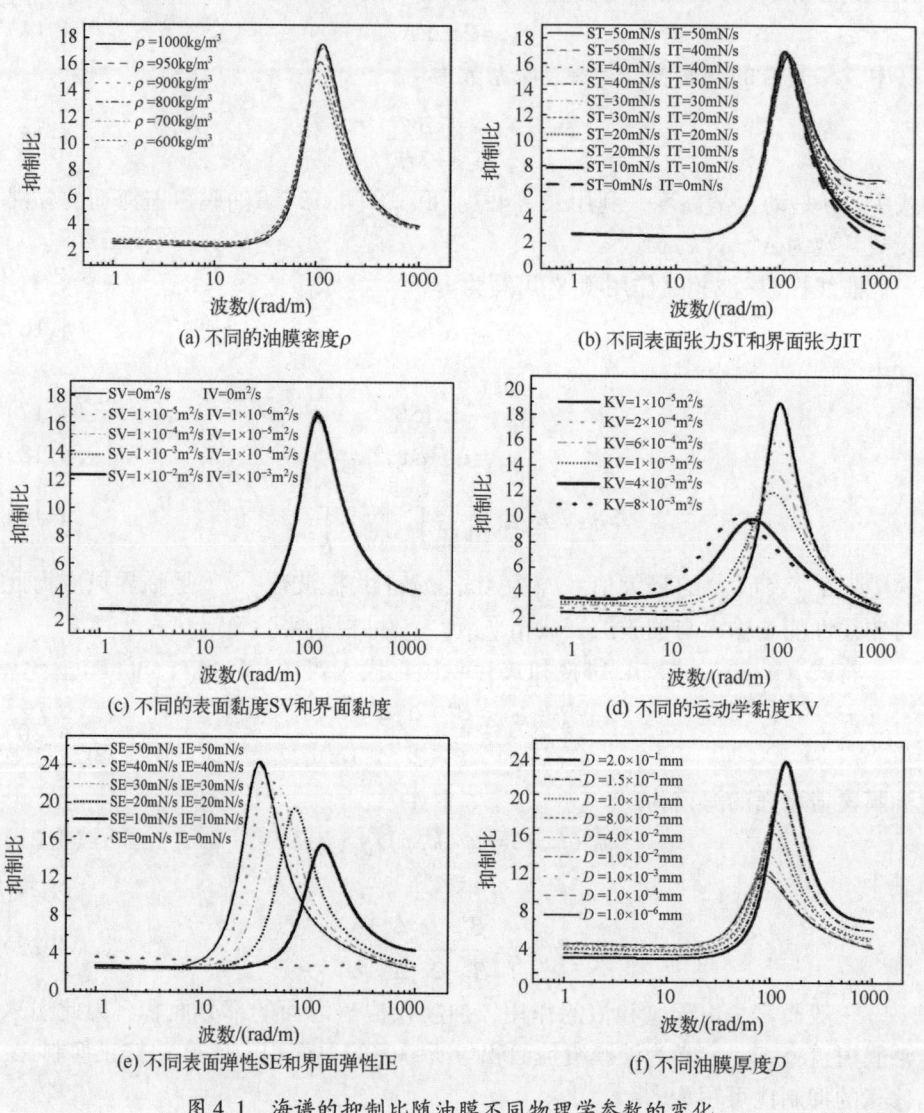

图 4.1 海谱的抑制比随油膜不同物理学参数的变化,
风速 $U_{10}=5\text{m/s}$,油膜覆盖率 $F=1$,波向角 $\phi=0°$

从图 4.1 (f) 可看出,当油膜厚度小于 0.01mm 时,对抑制比几乎不产生影响;然而,随着油膜厚度的增加它对抑制比的影响渐强,总体上抑制比随油膜厚度的增加而增大。

图 4.2 (a) 可看出油膜覆盖率 F 对抑制比的影像显著,$F=1$ 时的抑制比是 $F=0.9$ 时对应抑制比的两倍。图 4.2 (b) 和图 4.2 (c) 分别给出了风速和风向的影响,我们发现抑制比随风速的增加而减小,随波向角的增大而增大,对于顺风向方向的海浪衰减影响较小,而对侧风向传输的海浪抑制效果则更为显著。其原因如下:①风速越大,风输入的能量越多,因此 Marangoni 抑制效应越弱;②当波向角减小时,波-波相互作用增强。从式 (4.9)、式 (4.16) 和式 (4.20) 可知波-波相互作用越强,抑制效应越弱。

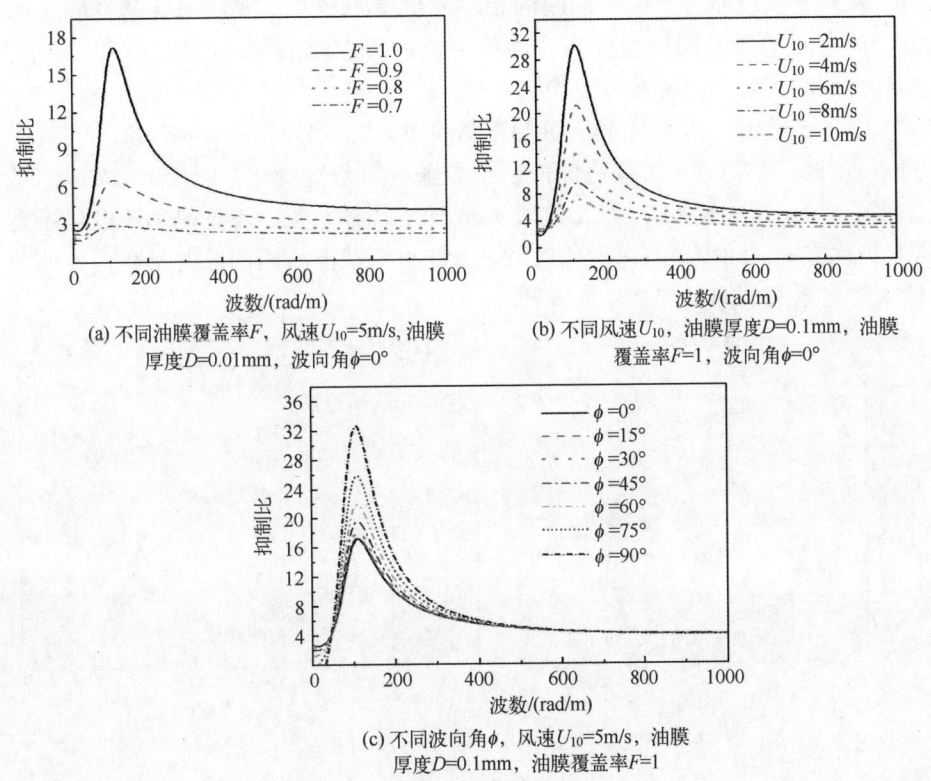

(a) 不同油膜覆盖率 F,风速 U_{10}=5m/s,油膜厚度 D=0.01mm,波向角 ϕ=0°

(b) 不同风速 U_{10},油膜厚度 D=0.1mm,油膜覆盖率 F=1,波向角 ϕ=0°

(c) 不同波向角 ϕ,风速 U_{10}=5m/s,油膜厚度 D=0.1mm,油膜覆盖率 F=1

图 4.2 抑制比随不同环境参数的变化

4.1.2 实测 SAR 数据的抑制比结果

在中等入射角下,海面微波散射以 Bragg 散射机制为主导,清洁海面和油膜覆盖海面的一阶 Bragg 散射系数可写为[11]

$$\sigma_{pp}^{i} = 16\pi k_e^4 |g_{pp}^i|^2 \psi^i(k_B, \phi_B) \tag{4.24}$$

其中，σ_{pp}^i 表示归一化雷达截面（NRCS）后向散射系数，$i \in \{o, \omega\}$，上标 "o" 和 "ω" 分别表示油膜覆盖海面和清洁海面，$k_e = 2\pi/\lambda_e$ 是入射波的波数，k_B 表示 Bragg 波数，ϕ_B 表示雷达视向和风向的夹角，g_{pp}^i 是几何参数，$pp \in \{HH, VV\}$，其表达式为

$$g_{pp}^i = \begin{cases} \dfrac{\varepsilon_r - 1}{[\cos\theta + \sqrt{\varepsilon_r - \sin^2\theta}\,]^2}, & HH \text{ 极化} \\ \dfrac{(\varepsilon_r - 1)[\varepsilon_r(1 + \sin^2\theta) - \sin^2\theta]}{[\varepsilon_r\cos\theta + \sqrt{\varepsilon_r - \sin^2\theta}\,]^2}, & VV \text{ 极化} \end{cases} \tag{4.25}$$

相对于微波而言，由于油膜的相对介电常数较小，微波可穿透油膜，因此油膜海面的散射回波主要来自油膜下面的海水散射场，故式（4.25）中，油膜海面的相对介电常数可设为 $\varepsilon_r^o = \varepsilon_r^\omega$。

图 4.3 给出了风速 5m/s，油膜覆盖率 $F = 1$，油膜厚度 $d = 0.001$m，波向角 $\phi = 0°$ 时清洁海面和油膜海面散射系数随入射角的变化；图（a）模拟的是 C 波段 5.3GHz，图（b）为 X 波段 9.6GHz。由图可见，不论是 HH 极化还是 VV 极化方式，油膜覆盖海面的散射系数均小于清洁海面的散射系数，可见油膜对散射系数的抑制均是非常显著的。

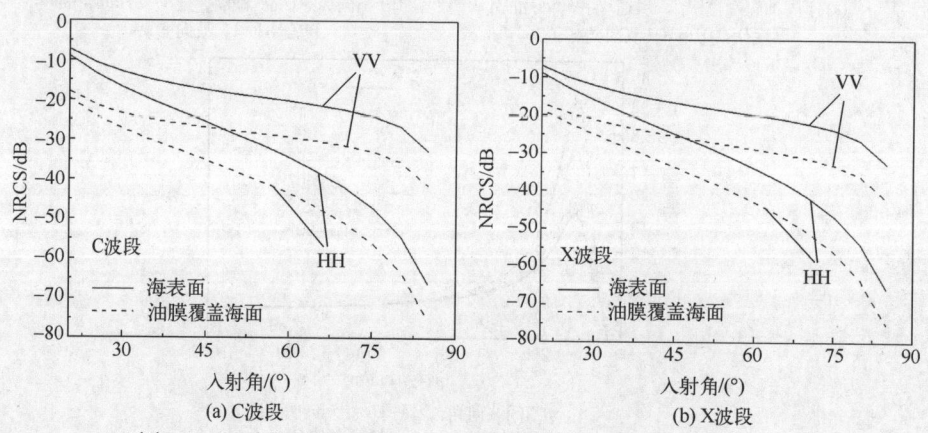

图 4.3 风速 5m/s 时油膜对散射系数的影响

图 4.4 给出散射系数随风速的变化，其中油膜覆盖率 $F = 1$，油膜厚度 $d = 0.001$m，入射角为 $\theta_i = 40°$，波向角 $\phi = 0°$。从图 4.4 中可以看出不论是 HH 极化还是 VV 极化方式，在不同风速时，油膜海面的散射系数都小于清洁海面的散射系数。

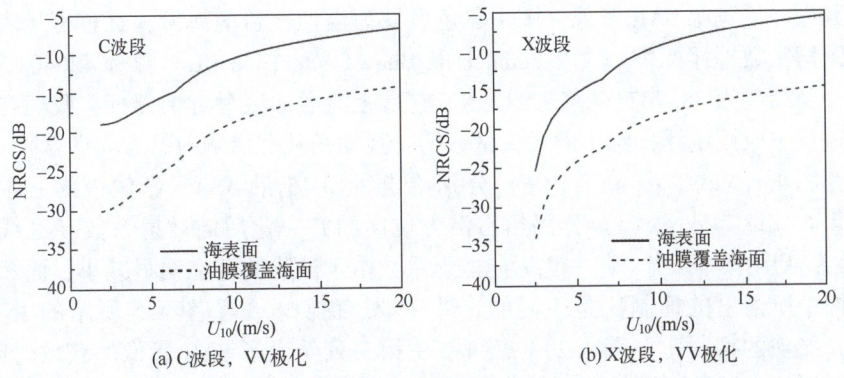

图 4.4　散射系数随风速的变化

利用式（4.20）~式（4.24），可得清洁海面和油膜海面的归一化散射系数之比为

$$\frac{\sigma_{pp}^{w}}{\sigma_{pp}^{o}}=\frac{\psi^{w}(k_B,\phi_B)}{\psi^{o}(k_B,\phi_B)}=y'_m(k) \tag{4.26}$$

为验证本章所提出的抑制比模型，我们利用 2010 年墨西哥湾溢油事故期间的 15 景 ENVISAT ASAR 影像计算溢油覆盖下的海面 NRCS 抑制比。图 4.5

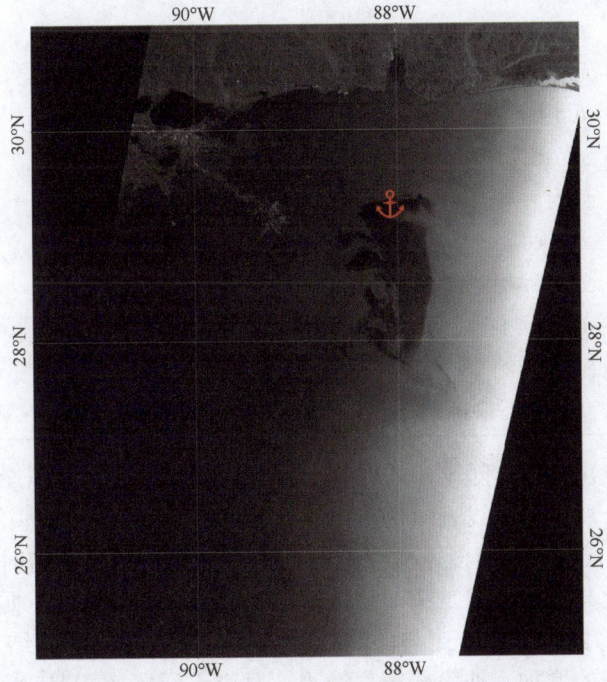

图 4.5　墨西哥湾溢油期间一景 ENVISAT ASAR 影像（2010-05-12 15:55 UTC）

是其中一景宽幅 SAR 影像，图中黑色区域为溢油覆盖的海域，红色符号表示美国国家数据浮标中心（National Data Buoy Center，NDBC）浮标 42040 的位置，经纬度为 88.207°W，29.212°N。它是距离溢油区最近的浮标，我们在模拟过程中应用了浮标给出的风矢量数据（风向角从北沿顺时针方向计算）。

图 4.6（a）、（c）、（e）分别给出所用 15 景 ASAR 影像中的三景，图 4.6（b）、（d）、（f）分别给出沿方位向的归一化后向散射系数（红线所示）。从图中可看出，归一化后向散射系数由于油膜的存在明显减小，而三景影像中所给出的抑制比是不同的。进一步，我们求出了图 4.5 所示的 15 景 SAR 影像的抑制比（表 4.2）。表 4.2 中第一列给出了 SAR 影像的获取时间，第二列给出浮标测量的风矢量，第三列是由 SAR 影像求出的平均抑制比。

表 4.2 SAR 影像求出的抑制比

SAR 影像的获取时间（UTC）	浮标测量的风矢量	抑制比
2010-04-29 03:45	3.2m/s 187°	13.18
2010-05-02 03:51	9.7m/s 153°	1.99
2010-05-09 15:48	8.7m/s 57°	3.46
2010-05-12 15:55	7.1m/s 115°	3.16
2010-05-25 15:47	4.9m/s 118°	5.24
2010-05-28 15:52	2.8m/s 314°	10.54
2010-06-03 03:56	4.9m/s 147°	7.08
2010-06-06 03:49	4.3m/s 194°	3.39
2010-06-09 03:56	5.5m/s 132°	5.01
2010-06-22 03:48	4.7m/s 143°	7.76
2010-06-25 03:53	3.9m/s 113°	7.58
2010-07-11 03:49	6.4m/s 210°	6.16
2010-07-18 15:49	5.0m/s 163°	4.89
2010-07-21 15:55	7.3m/s 93°	4.16
2010-07-24 16:01	4.5m/s 61°	5.01

图 4.7 给出抑制比随风速的变化，图中实心方形表示 SAR 影像求出的抑制比如表 4.2 所示，曲线表示由式（4.22）求出的抑制比的理论结果，其中油膜厚度 0.01mm，油膜覆盖率为 0.65～1.0，可以看出低风速时由 SAR 影像给出的抑制比与高油膜覆盖率对应的理论计算结果符合较好，同时，高风速时由 SAR 影像给出的抑制比与低油膜覆盖率对应的理论计算结果符合较好。由于随着风速的增加，油膜覆盖率减小；对应不同风速情况时，选用合适的油膜覆盖率，理论所得抑制比结果与 SAR 影像所求的抑制比结果符合更好。

第四章 极化 SAR 海上溢油探测

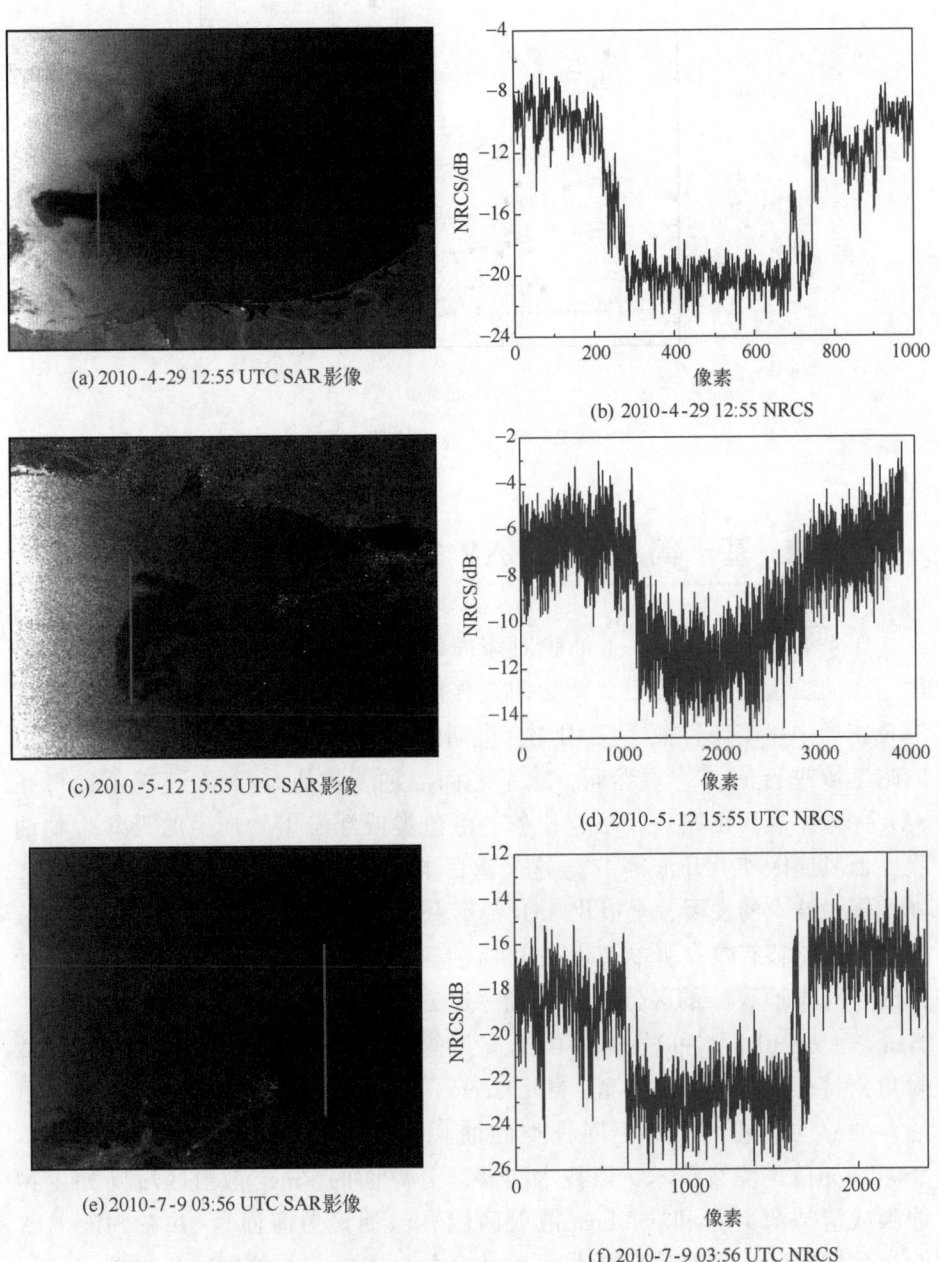

图 4.6 其中的三景 SAR 影像

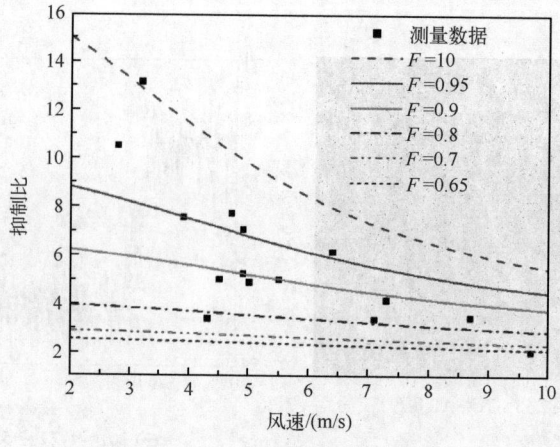

图 4.7 抑制比随风速的变化

4.2 基于简缩极化 SAR 的溢油检测与分类方法

在 4.1 节中已经给出了油膜对海面的中短波和毛细波有较强的抑制作用。在油膜覆盖的情况下，雷达回波强度明显减弱，海上溢油覆盖区域在 SAR 图像中呈暗斑特征[12]。因此，早期的 SAR 溢油检测是通过探测海面中的暗区域进行的[13-14]。然而，除了海面溢油，其他海洋/大气现象也可在 SAR 图像中表现出暗斑特征，比如，由鱼类或浮游生物产生的天然生物油膜、低风速区和上升流等[15]。这严重影响了单极化 SAR 的溢油探测精度。随着雷达技术的发展，全极化 SAR 能够获取比单极化 SAR 更全面的极化信息，不仅能够有效克服单极化 SAR 溢油探测精度低的问题，还使油膜和疑似油膜（类油膜）的区分成为可能。这方面主要的工作有：Milgliaccio[16]、Tian[17]、Schuler[18] 和 Fortuny-Guasch[19] 等将 $H/A/\alpha$（熵/各向异性/平均散射角）特征应用于溢油监测；Milgliaccio 等进一步利用 $H/A/\alpha$ 特征进行了重油、油醇、油酸甲酯等不同种类的油膜识别[20]。Nunziata 等发展了基于 Mueller 矩阵的滤波技术，该技术能够区分海面的 Bragg 散射区域（如生物油膜或清洁海面）和非 Bragg 散射区域（溢油覆盖海面），并在 SIR-C/X SAR 数据中进行了溢油检测[21]。除此之外，同极化相位差的标准差也可用于区分溢油和类溢油[22]。

虽然全极化探测溢油能力较好，但是全极化 SAR 的幅宽明显小于单极化 SAR 数据（例如 RADASAT-2 的全极化数据幅宽为 25/50，单极化幅宽为

500km），而且系统的结构复杂，极大限制了全极化 SAR 的应用。为克服全极化 SAR 的缺陷，简缩极化 SAR 于 2005 年提出[23-24]，其采用特殊的双极化 SAR 结构，不仅能实现大幅宽观测（可达 350km），还能获取接近全极化的极化散射信息。由于简缩极化模式有这些优势，加拿大、日本等国的卫星已支持这种模式，已成为当前新的研究热点。

在简缩极化 SAR 溢油探测方面，最早有 Zhang 等利用简缩极化的一致性参数（Conformity Coefficient）进行了溢油检测[25]；Shirvany 等引入简缩极化度开展 C 波段和 X 波段 SAR 溢油检测[26]。Salberg 等将全极化 SAR 极化特征引入简缩极化 SAR 溢油检测中[27]，还用简缩极化 m-χ 分解得到极化度和椭圆率，将其用于溢油检测[28]，Xie 等使用简缩极化特征值参数简缩极化熵、简缩极化比和简缩极化基准高度等方法进行溢油检测[29]。这些研究证明了简缩极化 SAR 在溢油探测中有较大的应用潜力。然而在简缩极化 SAR 海面溢油探测研究方面，还有几个问题尚未解决：①简缩极化 SAR 已发展了较多溢油检测特征，但对于众多的特征尚未进行全面的对比分析；②利用简缩极化 SAR 开展溢油分类的工作尚未有学者开展。为此，本章将针对上述两个问题开展研究。研究思路如下：首先利用简缩极化 SAR 数据提取常用的 36 个极化特征，通过对比分析这 36 个简缩极化特征图像中不同类型油膜和清洁海面间的欧几里得距离，分别筛选出最优的溢油检测和油膜类型（包括疑似溢油）区分的特征；然后，基于筛选的最优特征，提出一种基于二叉树原理的溢油检测与分类的方法；最后利用模拟的简缩极化 SAR 数据开展方法有效性评估。

4.2.1 实验与数据

本章的内容是基于国际上两次著名的极化 SAR 溢油观测实验数据开展的。实验一是 1994 年 4 月和 10 月，SIC-C/X SAR 执行飞行任务时开展了海洋溢油实验。德国的实验是于 1994 年 4 月 11 日和 10 月 11 日在北海边界开展的，该实验在两次过境时，分别布放了两种不同种类和黏性属性的原油。本书收集了两景包含原油的全极化 SAR 图像，对应的 SIC-C/X SAR 数据的编号为 PR17041 和 PR44327，数据图像见图 4.8（a）和图 4.8（b）。日本的实验是于 1994 年 10 月 1 日在日本海的北部以及日本南面的黑潮主流区（32°44′N，135°19′E）开展的溢油实验，实验在海面上布置了准生物油膜（油醇-OLA），也即模拟疑似溢油，其对应的 SAR 数据编号为 PR41370（图 4.8（c））。实验数据和实验时的环境条件信息见表 4.3。

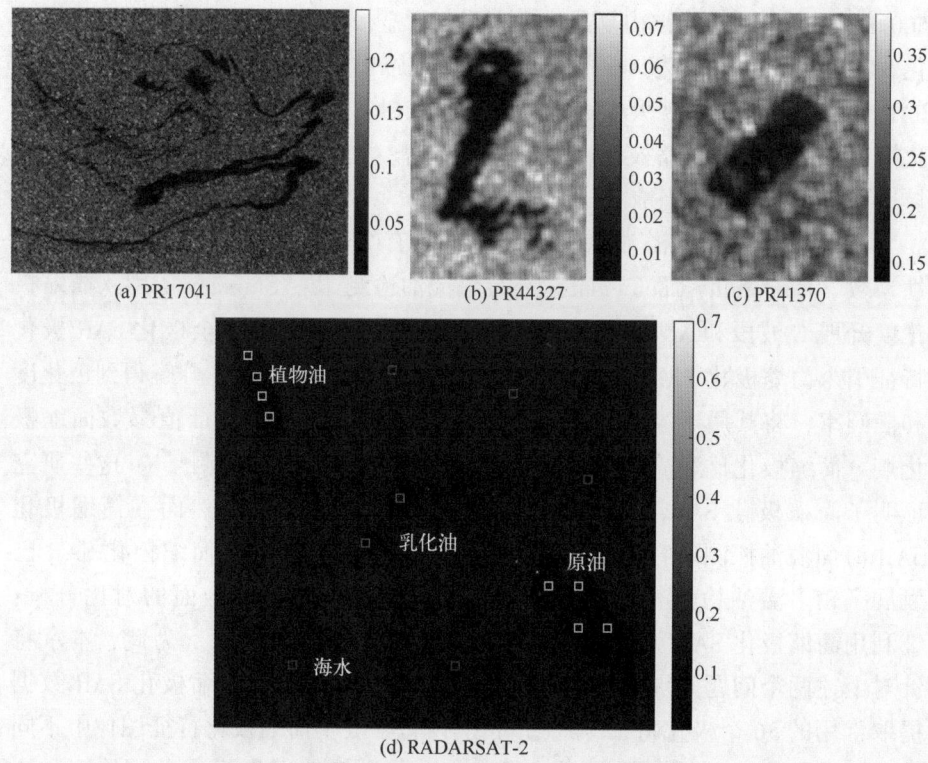

图 4.8 溢油区域及选择感兴趣区域,其中(a)、(b)、(c)为 SIR-C 数据,
(d)为 RADARSAT-2 数据,图像为特征 Raney 图

表 4.3 实验数据列表

数 据	模 式	区域	时 间	油膜类型	风 速
SAR-PF-1307733525	Fine Quad C-Band	北海	2011-06-08	植物油、原油、乳化油	3~4m/s
PR17041	MLC C-Band	北海	1994-04-11	OLA 原油	低到中度
PR44327	MLC C-Band	北海	1994-04-11	OLA 原油	低到中度
PR41370	MLC C-Band	太平洋	1994-10-01	疑似溢油	5.7m/s

实验二为 NOFO(Norwegian Clean Seas Association for Operating Companies)于 2011 年 6 月 6 日至 9 日在北海(59°59′N,2°27′E)开展的海上溢油实验。此实验在海上布放了植物油、乳化油和原油三种类型的油品。其中,植物油为 Radiagreen ebo 植物油,成分主要为油酸 2-乙基己酯,在 20℃时,密度为 865kg/m^3,此时动态黏度为 6.92mPa·s。由于该植物油成分中的酯基构成分子具有亲水性,使得此植物油具有与天然浮油相似的结构和属性。因此,该实验中选择该植物油的目的是用于模拟天然单分子生物浮油,也即疑似溢油。

实验使用的原油为 Barlder 原油，根据 2001 年 Barlder 等的实验研究，此原油的密度为 0.914g/mL，在 13℃时，动态黏度为 219mPa·s。乳化油为 Oseberg blend 原油和 5%中性燃油（IFO380）的混合液，经样本分析可知，乳化油在实验过程中含水量为 69%，黏度为 4860mPa·s。详细的油品属性见表 4.4。

表 4.4 实验二中植物油、原油和乳化油的油膜属性

属性	植物油	原油	乳化油
成分	Radiagreen ebo 植物油	Barlder 原油	Oseberg blend 原油和 5%中性燃油（IFO380）
密度	865kg/m^3	0.914g/mL	—
黏度	6.92mPa·s	219mPa·s	4860mPa·s
释放量	0.4m^3	20m^3	30m^3

表 4.3 给出了实验过程中的气象数据，此气象数据源于实验协同船只和邻近石油平台的观测。图 4.8（d）为油膜区域的总功率 Span 图像，尽管此时风速较低（1.6~3.3m/s），但三种油膜依然清晰可见，图中自左向右依次为植物油、乳化油和原油，并且在图中由植物油模拟的生物油膜在视觉上与原油/乳化油无显著差别。原油油膜附近的高亮点为实验协同船只，图中方框选取的区域将用于下面数据分析。

4.2.2 简缩极化 SAR 理论

简缩极化 SAR 实质上是一种特殊的双极化 SAR。典型的工作方式为发射左/右旋圆单极化电磁波，然后用水平和垂直双极化接收。由于目前缺乏真实的简缩极化 SAR 数据，大部分研究是利用全极化 SAR 数据重构生成简缩极化 SAR 数据，由极化散射矩阵得到的简缩极化散射矢量如下[30]：

$$k = \begin{bmatrix} E_{Hc} \\ E_{Vc} \end{bmatrix} = \frac{1}{\sqrt{2}} \begin{bmatrix} S_{HH} & S_{VH} \\ S_{HV} & S_{VV} \end{bmatrix} \begin{bmatrix} 1 \\ \pm j \end{bmatrix} = \frac{1}{\sqrt{2}} \begin{bmatrix} S_{HH} \pm jS_{HV} \\ S_{VH} \pm jS_{VV} \end{bmatrix} \quad (4.27)$$

其中，下标"c"表示圆极化。此外"l"表示左圆极化，"r"表示右圆极化。式中"+"表示系统发射左旋圆极化（lhc）波，"−"表示系统发射右旋圆极化（rhc）波。本章采用右旋圆极化发射，水平和垂直线极化接收的模式。由式（4.1）可知，右旋圆极化的简缩极化 SAR 协方差矩阵表示为

$$C_2 = \langle \vec{k}\vec{k}^{*T} \rangle = \begin{bmatrix} \langle |E_{rH}|^2 \rangle & \langle E_{rH}E_{rV}^* \rangle \\ \langle E_{rV}E_{rH}^* \rangle & \langle |E_{rV}|^2 \rangle \end{bmatrix} \quad (4.28)$$

式中：T 表示矩阵转置；"*"表示复共轭，"< >"表示空间集平均。

类似于全极化 H-α 分解理论，Cloude 等于 2012 年基于协方差矩阵 C_2 提

出了简缩极化 H-α 分解方法[31]：

$$C_2 = \frac{1}{\lambda_1 + \lambda_2} [U_2] \begin{bmatrix} p_1 & 0 \\ 0 & p_2 \end{bmatrix} [U_2]^{-1} \tag{4.29}$$

式中：$[U_2]$ 为 2×2 的可逆矩阵；$[U_2]^{-1}$ 为 $[U_2]$ 的逆矩阵，该分解能够得到极化协方差矩阵的特征值 λ_i 和概率 p_i，并且特征值满足 $\lambda_1 \geq \lambda_2$。利用简缩极化特征值，可以获取一系列基于特征值的参数，例如，简缩极化熵[31]、简缩极化比[32]和简缩极化基准高度[33]等。

简缩极化 SAR 除了用散射矢量与协方差矩阵表示，还可以使用 Stokes 矢量表示。Raney 等于 2007 年给出了简缩极化模式下的 Stokes 矢量表达式[34]：

$$g = \begin{bmatrix} g_0 \\ g_1 \\ g_2 \\ g_3 \end{bmatrix} = \begin{bmatrix} \langle |E_{rH}|^2 + |E_{rV}|^2 \rangle \\ \langle |E_{rH}|^2 - |E_{rV}|^2 \rangle \\ 2\mathrm{Re}\langle E_{rH} E_{rV}^* \rangle \\ -2\mathrm{Im}\langle E_{rH} E_{rV}^* \rangle \end{bmatrix} \tag{4.30}$$

其中，g_0 表示电磁波总功率，g_1 表示水平或垂直线极化分量功率值，g_2 表示倾角为 45°或 135°时的线极化分量功率值，g_3 为右旋圆极化分量的功率值。Re 和 Im 分别表示复数的实部和虚部。利用 Stokes 矢量可以得到极化度 m、相对相位 δ、和圆度 χ：

$$m = \frac{\sqrt{g_1^2 + g_2^2 + g_3^2}}{g_0} \tag{4.31}$$

$$\sin 2\chi = -\frac{g_3}{m g_0}, \quad \chi \in [-45°, 45°] \tag{4.32}$$

$$\delta = -\arctan\left(\frac{g_3}{g_2}\right), \quad \delta \in [-180°, 180°] \tag{4.33}$$

基于此，Raney 提出了基于 m-χ 的三分量分解方法，其分解如下公式所示：

$$\begin{bmatrix} V_R \\ V_G \\ V_B \end{bmatrix} = \begin{bmatrix} \sqrt{g_0 m \dfrac{1+\sin 2\chi}{2}} \\ \sqrt{g_0(1-m)} \\ \sqrt{g_0 m \dfrac{1-\sin 2\chi}{2}} \end{bmatrix} \tag{4.34}$$

其中，V_R、V_G、和 V_B 分别为偶次散射系数、体散射系数和奇次散射系数。

为分析简缩极化 SAR 特征的溢油检测和疑似溢油区分能力，本章共提取了 36 种极化特征，详细特性见表 4.5。

表 4.5 提取的简缩极化特征

简缩极化协方差矩阵[31]	特征值参数[31-33]	Stokes 参数[34]	Raney 分解参数[34]
c1 C_{11} c2 C_{12} c3 C_{12} 相位 c4 C_{22}	c5 平均散射角 c6 各项异性指数 c7 简缩极化熵 c8 特征值 1 c9 特征值 2 c10 概率 1 c11 概率 2 c12 总功率 c13 简缩极化比 c14 简缩极化基准高度	c16 g_0 c17 g_1 c18 g_2 c19 g_3 c20 圆极化比 c21 圆极化度 c22 线极化度 c23 线极化比 c24 对比度 c25 特征值 3 c26 特征值 4 c27 概率 3 c28 概率 4 c29 椭圆方位角 c30 椭圆角	c31 偶次散射 c32 奇次散射 c33 体散射 c34 圆度 c35 相对相位 c36 极化度

4.2.3 简缩极化特征溢油检测与油膜分类性能分析

为了定量地比较上述 36 个极化特征的溢油检测和油膜类型区分能力,本章采用欧几里得距离度量清洁海面和不同油膜之间的对比度。欧几里得距离的定义及分析如下[35]:

$$D = \frac{|m_1 - m_2|}{\sqrt{\sigma_1^2 + \sigma_2^2}} \quad (4.35)$$

其中,m 和 σ 分别表示样本均值和方差,欧几里得距离满足:$D>0$。欧几里得距离值越大,表明两种样本间的可分性越强,反之则越难区分。由上式可知,区域间的均值差异越大,方差越小,区域间的欧几里得距离越大,可分性越强。本章以图 4.8 中的 RADARSAT-2 数据为例,分别选取原油、植物油、乳化油和清洁海面四种区域的样本(见图中的感兴趣区标注),统计每个简缩极化特征图像中各区域样本的均值和方差,再根据式(4.35)计算各区域间的欧几里得距离。其中,油膜(原油、植物油、乳化油)与清洁海面之间的欧几里得距离用于度量每个特征的溢油检测能力,不同油膜相互之间的欧几里得距离用于度量每个特征的油膜分类能力。

1. 简缩极化特征溢油检测性能分析

溢油检测是基于油膜与清洁海面之间的差异进行,差异越大,越容易区分,故在极化特征图像中两者间的欧几里得距离越大,代表该特征的溢油检测能力越强。图4.9分别给出了计算的植物油与清洁海面(D_{P-W})、原油与清洁海面(D_{C-W})以及乳化油与清洁海面(D_{E-W})间的欧几里得距离。从图中可以看出,大部分特征的D_{C-W}最大,D_{E-W}次之,D_{P-W}最小,并且D_{C-W}和D_{E-W}两者差异较小,造成此现象的原因主要是原油和乳化油同属于矿物质油,油膜性质相近,其对波浪的抑制作用强于植物油。D_{C-W}、D_{E-W}和D_{P-W}三者都相对较大的特征如下:奇次散射系数V_B,简缩极化熵H_C、C_{22},极化总功率Span,g_0,特征值λ_1、C_{12}和g_3等特征,上述特征具有很好的溢油检测能力。其中,奇次散射系数V_B表现最优,并且在以往的溢油检测研究中并未考虑该特征,我们提出将奇次散射系数引入简缩极化SAR溢油检测中,其定义如下:

$$V_B = \sqrt{g_0 m \frac{1-\sin 2\chi}{2}} \qquad (4.36)$$

由式(4.36)可以看出,V_B对表面粗糙度非常敏感,其值越大说明目标散射机制中单次散射越强。当雷达波束照射到海水表面时,主要以Bragg散射机制为主,去极化效应弱,极化度m大,单次散射较强,V_B大。当雷达波束照射到油膜时,其表面以非Bragg散射为主[14],去极化效应强,极化度m低,单次散射较弱,V_B小。基于上述差异,利用奇次散射系数可以用于区分油膜和海水。

2. 简缩极化特征油膜分类性能分析

本章中油膜分类主要是植物油、原油和乳化油三者间的区分,其中原油和乳化油属于溢油,植物油模拟生物油膜属于疑似溢油。图4.10分别给出了计算的原油与植物油(D_{C-P})、原油与乳化油(D_{C-E})以及乳化油与植物油(D_{E-P})间的欧几里得距离。可以看出,大部分特征下D_{C-P}最大,其次为D_{E-P},最小为D_{C-E},并且D_{C-E}最大值小于1,可见原油和乳化油可分性较低,这是由于两者都是矿物质油,性质相近的缘故。因此,后续的油膜分类中首先将原油和乳化油作为一类与植物油区分。所有特征中,D_{C-P}和D_{E-P}都相对最大的特征为简缩极化熵,D_{C-E}相对最大的特征为简缩极化基准高度PH_C。因此,我们提出利用简缩极化熵H_C区分溢油(原油和乳化油)与疑似溢油(植物油);利用简缩极化基准高度区分乳化油与原油。

4.2.4 溢油简缩极化SAR检测与分类方法

1. 基于二叉树原理的检测与分类方法

本节利用奇次散射系数V_B、简缩极化熵H_C和简缩极化基准高度PH_C等简缩极化特征,结合二叉树原理对海上溢油实验获取的简缩极化SAR溢油

第四章 极化 SAR 海上溢油探测

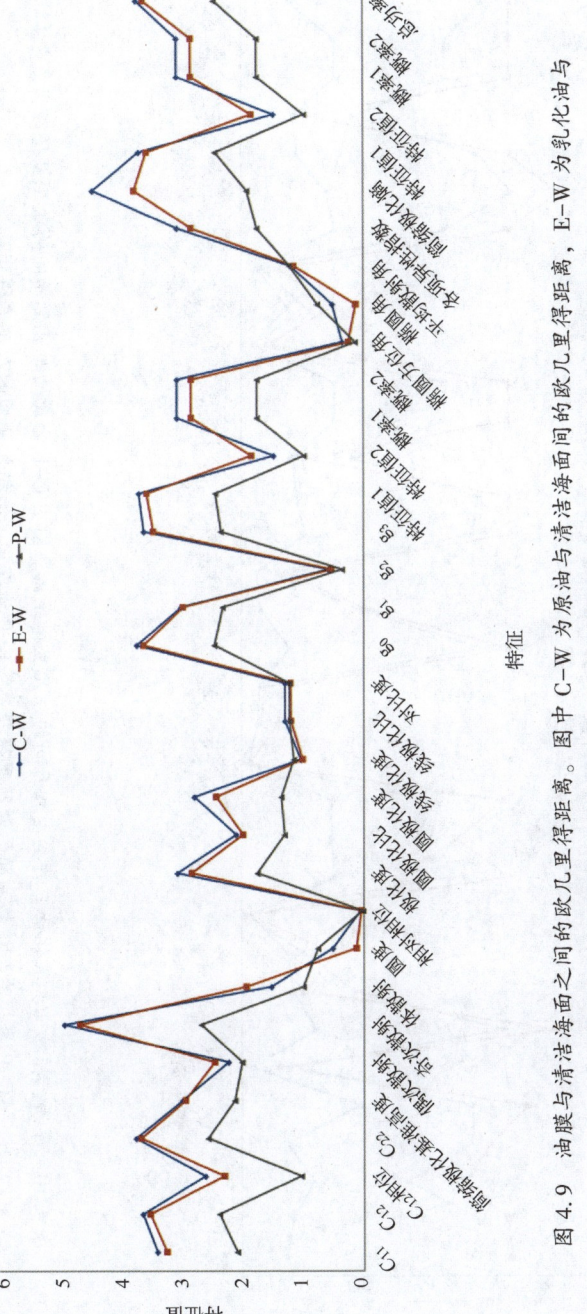

图 4.9 油膜与清洁海面之间的欧几里得距离。图中 C-W 为原油与清洁海面间的欧几里得距离，E-W 为乳化油与清洁海面间的欧几里得距离，P-W 为植物油与清洁海面间的欧几里得距离

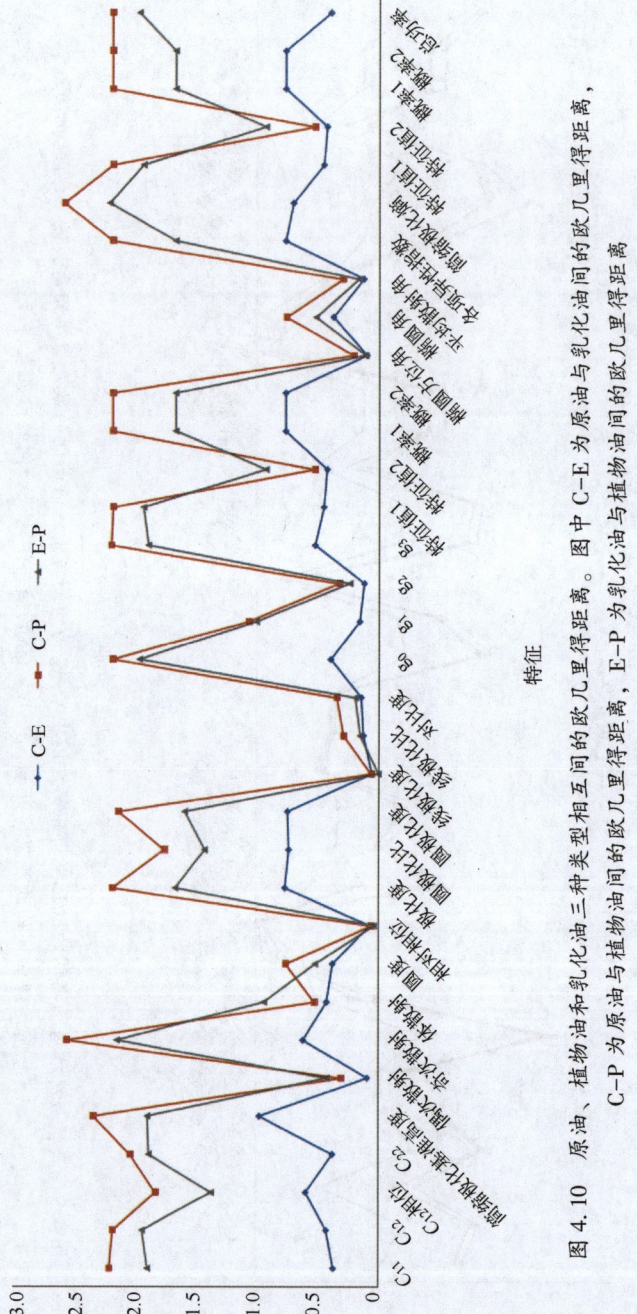

图 4.10 原油、植物油和乳化油三种类型相互间的欧几里得距离。图中 C-E 为原油与乳化油间的欧几里得距离，C-P 为原油与植物油间的欧几里得距离，E-P 为乳化油与植物油间的欧几里得距离

影像进行分类：由于奇次散射系数特征图像中 D_{C-W}、D_{E-W} 和 D_{P-W} 三者都相对较大。因此，首先利用该特征分割海水和油膜，其中油膜包括原油、乳化油、植物油；再利用 D_{C-P} 和 D_{E-P} 都相对最大的简缩极化熵 H_C 识别溢油与疑似溢油，其中溢油包括原油和乳化油，疑似溢油为植物油；最后利用 D_{C-E} 最大的简缩极化基准高度 PH_C 区分原油和乳化油。每一次分类过程只得到两种类别，依次逐步分类，直到把所有油膜类型都区分出来。相比于一次区分多种类别的方法，这种方法可有效提高分类精度。图 4.11 为本章溢油检测与油膜分类算法流程图。

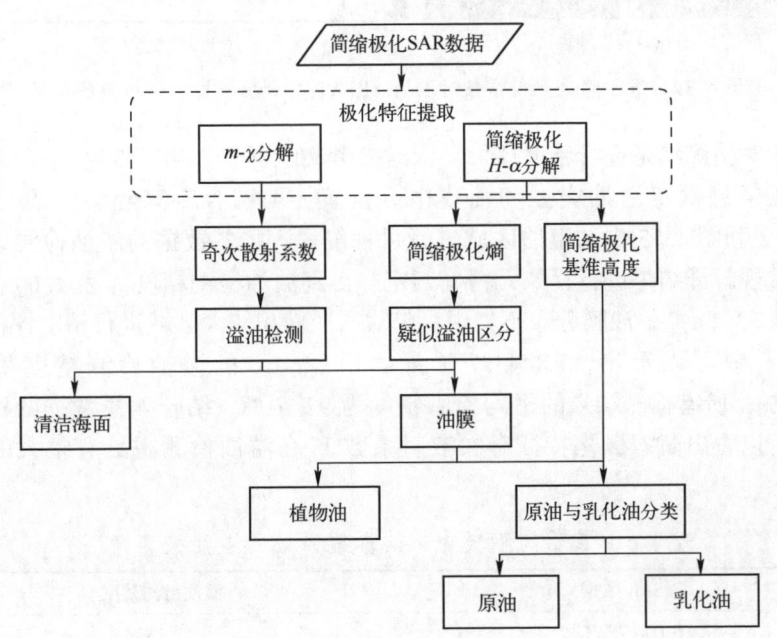

图 4.11 基于简缩极化 SAR 特征和二叉树原理的溢油检测与油膜分类算法流程图

2. 溢油检测结果

本章算法的第一步为溢油检测，即区分油膜和清洁海面，提取出油膜区域。本章主要使用阈值分割法对溢油进行检测，阈值是通过最大类间方差法（OTSU）[29]确定。图 4.12 和图 4.13 分别为 RADARSAT-2 数据和 SIR-C 数据中简缩极化奇次散射系数的特征图像以及溢油检测结果。特征图像中油膜与清洁海面有明显的目视差异，这说明该奇次散射系数 V_B 能够用于溢油检测。从检测结果图像中可以看出，V_B 能够突出溢油区域，增大溢油与海杂波的差异，同时也能够有效地保持油膜边缘细节。

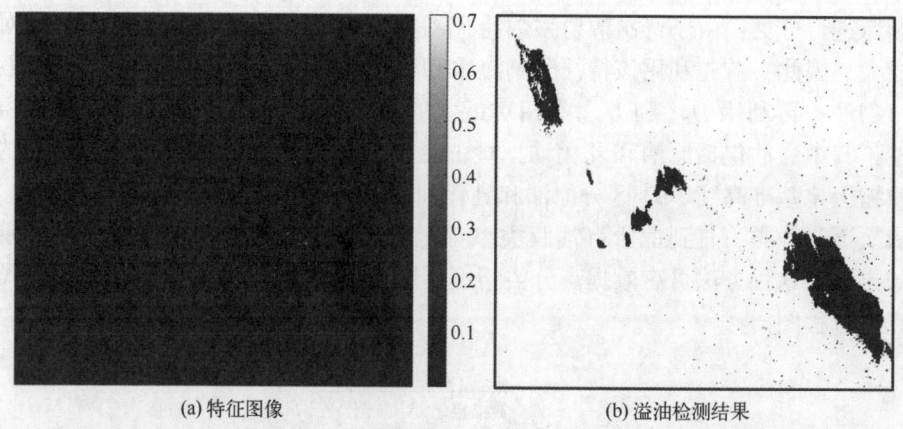

(a) 特征图像　　　　　　　　　(b) 溢油检测结果

图4.12　基于奇次散射系数对RADARSAT-2数据进行溢油检测的结果

为对检测结果进行精度评价，依据参考文献 [29] 和 [36] 中记载的现场实验信息确定溢油类型和油膜中心位置，再结合专家经验知识分别对图4.12和图4.13中的溢油区域进行目视解译，将各数据的溢油检测结果与专家目视解译结果进行逐像元精确判定，得到溢油检测精度（表4.6），其中由于4.13（a）中油膜分布不集中，仅对联通面积较大区域进行精度评价。从表4-6中可以看出，PR44327（图4.13（c））的溢油检测精度最高为95.67%，所有检测结果的平均检测精度为92.61%。结合4景数据的检测结果，可以看出简缩极化特征奇次散射系数 V_B 在溢油检测中具有很大的应用潜力。

表4.6　基于简缩极化奇次散射系数的溢油检测精度

SAR 数据	溢油检测精度
RADARSAT-2	95.18%
SIR-C PR44327	95.67%
SIR-C PR41370	92.35%
SIR-C PR17041	87.21%

3. 油膜分类结果

本节将基于上面提取的油膜区域（图4.12（b））对油膜区域进行分类。首先我们对提取的油膜区域像素利用简缩极化熵 H_C 区分植物油与乳化油/原油，也即疑似溢油的鉴别。分类结果如图4.14（a）所示，为了便于观察，我们将分割后的植物油和乳化油/原油区域以不同颜色置于一幅图中，绿色主要为植物油，红色主要为乳化油/原油，图中植物油和乳化油/原油绝大部分区域被分割开，仅有少数乳化油/原油区域边缘被分为植物油，这可能是由于边

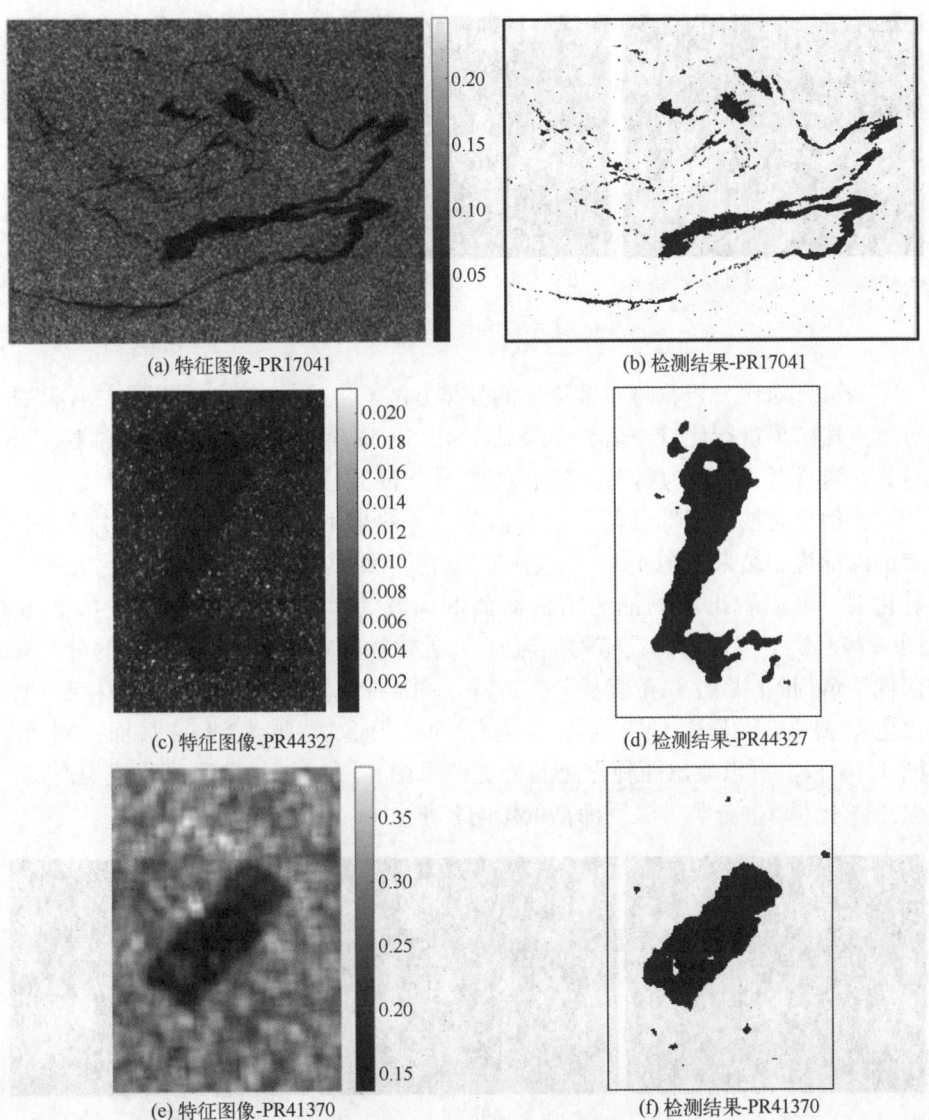

图 4.13 基于奇次散射系数对 SIR-C 数据进行溢油检测的结果

缘区域油膜较薄,在图像中此区域的特征与植物油相近的缘故。然后,基于上述提取的红色区域再利用简缩极化基准高度 PH_c 区分乳化油和原油。结果如图 4.14(b)所示,同样地将两者以不同颜色置于一幅图中,白色主要为乳化油,红色主要为原油,图中白色与红色混叠,没有明显的划分,这可能是由于原油和乳化油同属于矿物质油,性质相近的缘故,总体分类结果见图 4.14(c)。

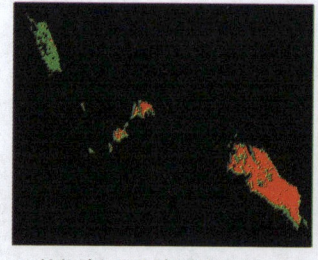  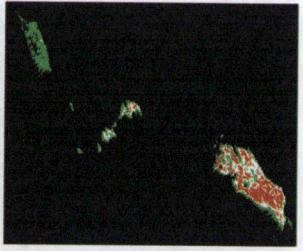

(a) 植物油与乳化油/原油膜分类结果　　(b) 原油和乳化油的分类结果　　(c) 总体分类结果

图 4.14　本章分类方法的油膜分类结果

为进行对比分析，将本章提出的分类方法与经典的 Wishart 极化 SAR 监督分类方法结果进行比较，后者结果见图 4.15。图 4.15（a）中红色为油膜，黑色为清洁海面，紫色为船只，其中原油/乳化油的检测结果基本与图 4.12（b）相同，但植物油仅有部分与清洁海面分离，效果不及提出的基于奇次散射系数的溢油检测结果。图 4.15（b）中，绿色主要为植物油，红色主要为原油/乳化油，可以看出植物油与清洁海面混淆较为严重。对比图 4.14（a）和图 4.15（b），可以看出在植物油与原油/乳化油的区分上，本章提出的分类方法优于 Wishart 极化 SAR 监督分类方法。图 4.15（c）中绿色主要为植物油，白色主要为乳化油，红色主要为原油，黑色主要为清洁海面，对比图 4.14（c）可以看出两种方法的分类结果中，原油与乳化油混淆较为严重，但总体上本章的分类方法受海面的影响较小。

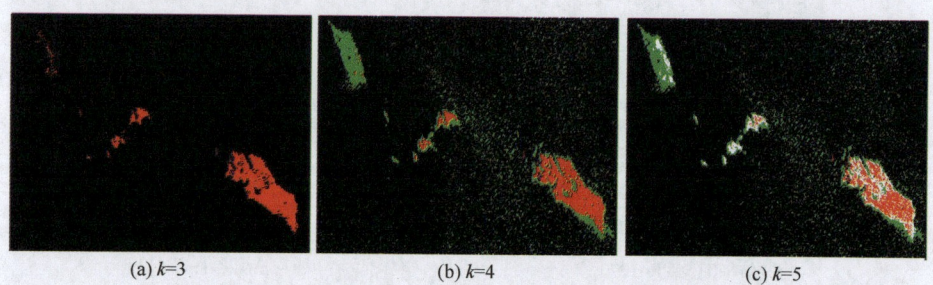

(a) $k=3$　　(b) $k=4$　　(c) $k=5$

图 4.15　基于 Wishart 极化 SAR 监督分类方法的油膜分类结果

为对两种分类方法进行定量的评价，本章根据 NOFO 北海溢油实验记录[26]，确定了 3 种油膜中心位置，并对图 4.8 的 RADARSAT-2 数据制作了高精度的溢油类型专家解译图（图 4.16），图中绿色为植物油，白色为乳化油，红色为原油，黑色为清洁海面。

参照溢油类型专家解译图（图 4.16），对溢油分类结果图 4.14（c）和图 4.15（c）中所有像元进行逐点精确判定，得到本章提出的分类方法和

图 4.16 溢油类型专家解译图

Wishart 极化 SAR 监督分类方法的溢油分类精度见表 4.7 和表 4.8。从表中可以看出，提出的溢油分类方法，清洁水面的识别精度最高，精度达到 96.24%，而 Wishart 监督分类中植物油与清洁海面的混淆较为严重，精度仅为 83.57%；本章分类方法的植物油识别精度可达到 95.71%，优于 Wishart 监督分类方法的 93.59%。

表 4.7 本章提出方法的分类结果混淆矩阵

确定类型	植物油	乳化油	原油	清洁水面
植物油	95.71%	1.11%	0.05%	3.13%
乳化油	27.75%	63.21%	8.53%	0.51%
原油	12.08%	31.10%	56.62%	0.20%
清洁水面	3.04%	0.43%	0.29%	96.24%

表 4.8 Wishart 极化 SAR 监督分类的混淆矩阵

确定类型	植物油	乳化油	原油	清洁水面
植物油	93.59%	5.18%	0.05%	1.18%
乳化油	24.67%	65.40%	9.81%	0.12%
原油	15.90%	33.47%	50.56%	0.07%
清洁水面	15.81%	0.35%	0.27%	83.57%

然而对于原油和乳化油的区分，两种方法的精度均不理想，乳化油的分类精度分别为 63.21% 和 65.4%，原油的分类精度分别为 56.62% 和 50.56%，这可能是原油和乳化油成分相似，性质相近的缘故。此外，考察两种分类方

法的结果可以发现,原油和乳化油区域边缘与植物油发生混淆,这可能是由于边缘区域油膜较薄,在图像中此区域的特征与植物油相近的缘故,但两者主体部分有明显的区分。总体上,本章的分类方法优于Wishart极化SAR监督分类方法。

综上所述,该研究提出的基于简缩极化SAR特征和二叉树原理的溢油检测与油膜分类算法可以准确地区分海水和疑似溢油,由于目前没有能够有效区分原油和乳化油的简缩极化特征,所以最终实验结果中原油和乳化油发生混淆,分类精度低。并且可以看出,引入的简缩极化特征奇次散射系数在溢油检测中具有较大优势,以及简缩极化熵在过滤生物油膜中具有很大的应用潜力;利用奇次散射系数和简缩极化熵,结合二叉树分类思想的溢油分类方法能够有效地检测溢油并过滤疑似溢油。

4.3 溢油乳化过程的极化雷达响应

随着溢油监测需求的增加,不仅要求能够对溢油区域进行准确的检测与定位,还需要获取溢油的种类、厚度、油膜状态等关键信息。要解决这一问题,必须深入研究溢油自身属性、介电性以及对微波的散射特性,而不只是对雷达图像中溢油区域的灰度和纹理图像特征进行检测。基于该问题,近年来各国学者利用微波设备开展了多种形式的溢油实验,主要分为室内和室外实验[37]。其中,室外实验是指在真实的海洋环境下人为倾倒石油来模拟溢油发生,通过星载、空载[38-39]、陆基[40]、船载[41-42]微波设备进行监测,此种方式虽然在环境模拟方面存在优势,但实施难度大、成本高并且对环境造成污染。因此,目前学者们更倾向于开展室内实验,通过搭建风浪水槽[43]等方式来开展溢油实验。在溢油种类区分实验方面,1992年Alpers等搭建26m×1m×0.5m的室内风浪水槽,采用轻质燃油和重燃料油两种油品,分别采用L、S、C、X波段散射计进行实验研究[44-45]。在油膜厚度反演方面,杨跃忠等利用微波辐射计分析了机油油膜厚度与辐射量温之间的关系[46]。逢爱梅等利用微波辐射计分析了石油、燃料油、食用油的微波辐射率与油膜厚度关系[47]。在多手段溢油检测方面,Loor等开展了遥感海洋监测计划,在室内实施建设100m×8m×0.5m的风浪水槽用来模拟海洋环境,采用空载侧视雷达、红外传感器探测设备分析了海洋风浪和溢油的微波散射特性[43]。

尽管目前已开展了大量的室内外溢油实验,但这些实验未考虑油膜自身属性变化对油膜表面散射特性的影响,特别是忽略了溢油的乳化过程对微波散射的影响。实际上,溢油发生后在受波浪搅拌和风化共同作用后引起的乳化反应,不仅会增加油膜的黏度、表面张力、体积[48-49],还会使油与海水发生混合形成油包水型乳化物[50],从而极大改变了油的性质,并且油膜的乳化状态和性质会在数小时至数天内不断地发生变化[51-52]。

因此,这些溢油乳化过程产生的状态变化是否改变溢油的微波散射特性,甚至是否会进一步影响溢油的检测精度均不得而知。为此,本书作者所在的研究团队开展了室外水槽溢油观测实验,该实验针对不同类型原油,利用全极化C波段微波散射计(HH、VV、HV、VH)和矢量网络分析仪等测量设备,详细分析了溢油乳化过程中的微波散射特性变化,以及不同类型油种间其乳化过程所引起的微波散射差异。

4.3.1 溢油乳化的极化雷达探测实验介绍

1. 实验过程

实验地点位于中国科学院烟台海岸带研究所牟平海岸带环境综合试验站。实验分两阶段进行,2017年8月23日至8月27日(共计5天)开展实验第一阶段,2018年9月15日至9月18日(共计4天)开展第二阶段。两阶段实验均在同一玻璃纤维质水槽进行(长×宽×深:6m×2.2m×0.7m)。实验共采用了三种类型原油,分别为:易发生乳化反应沥青含量小于3%的原油(A型油),直接从油田中开采出的新鲜原油(B型油),经过脱水和去杂质处理的工业原油(C型油),油膜属性见表4.9。实验主要使用的测量设备有全极化C波段微波散射计和矢量网络分析仪等。图4.17给出了实验设备的布置示意图,微波散射计架设在水槽短边一端的平台上,实验开始前在水槽中注入高0.35m、密度为1.02g/ml的海水。

表4.9 实验所采用的三种原油的参数

油种	易发生乳化反应沥青含量小于3%的原油(A型油)	直接从油田中开采出的新鲜原油(B型油)	经过脱水和去杂质处理的工业原油(C型油)
沥青含量	1.35%	7.50%	>7%
含水率	0.64%	7.76%	0%

实验第一阶段主要研究的是同一油种的乳化反应以及油量对油膜表面后向散射的影响。全程采用的是A型原油。分8次在水槽加入不等量的A型油,累计总加油量为6996.7g。同时,为了模拟实际海洋环境中波浪对油膜的搅拌作用,每次加油后对均对油膜进行了人工搅拌,待水面平静后,再利用散射计进行测量。具体搅拌以及散射计测量时间见图4.18。

图 4.17　实验设备布置示意图。微波散射计架设在水槽短边一端的平台上，水槽壁周边用保鲜膜包裹，防止油膜附着在水槽壁上

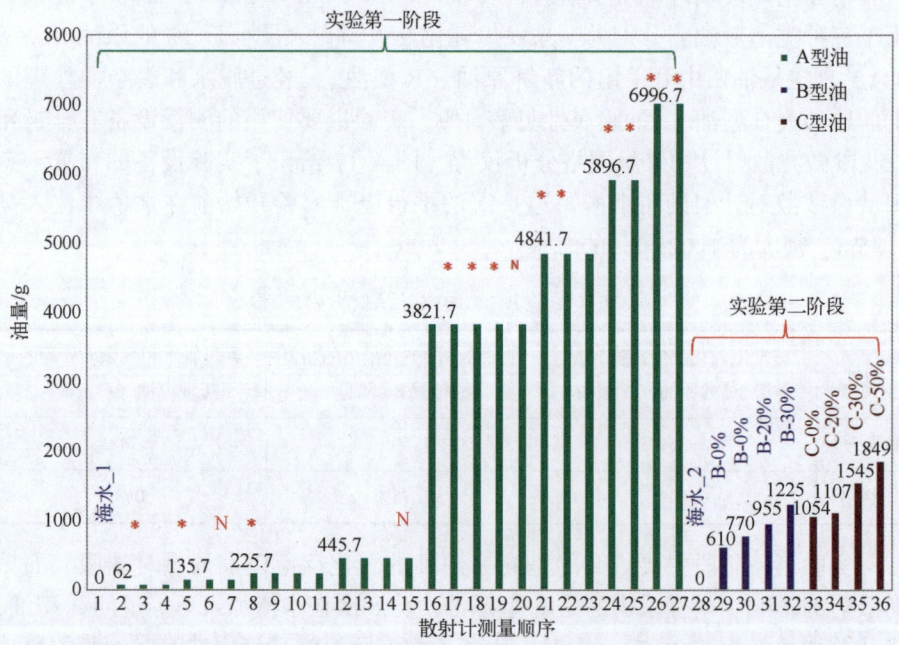

图 4.18　实验流程图。图中柱长表示加油量，不同颜色表示不同类型原油。横坐标序号为散射计测量次序，其对应时间见表 4.10。符号"*"表示经过人工搅拌，"N"表示油膜静置过夜，"B-0%"表示含水率为0%的B型油，依此类推

表 4.10 实验中散射计测量序号以及对应的时间

	实验第一阶段						实验第二阶段
1	2017-8-24/10:03	10	2017-8-25/13:35	19	2017-8-26/16:33	28	2018-9-15/08:44
2	2017-8-24/10:20	11	2017-8-25/14:05	20	2017-8-27/07:55	29	2018-9-16/14:25
3	2017-8-24/11:09	12	2017-8-25/15:28	21	2017-8-27/10:09	30	2018-9-16/16:41
4	2017-8-24/16:03	13	2017-8-25/15:48	22	2017-8-27/10:50	31	2018-9-17/09:01
5	2017-8-24/16:36	14	2017-8-25/16:57	23	2017-8-27/11:53	32	2018-9-17/10:49
6	2017-8-24/17:56	15	2017-8-26/08:10	24	2017-8-27/14:26	33	2018-9-15/09:18
7	2017-8-25/08:02	16	2017-8-26/10:06	25	2017-8-27/15:00	34	2018-9-15/15:09
8	2017-8-25/08:58	17	2017-8-26/11:12	26	2017-8-27/16:22	35	2018-9-17/14:32
9	2017-8-25/10:30	18	2017-8-26/13:48	27	2017-8-27/17:30	36	2018-9-15/16:29

实验第二阶段主要研究不同油种的乳化过程对后向散射的影响，分析在不同乳化状态下油种间的后向散射差异。实验全程采用的是 B 型和 C 型原油，同时为实现油膜不同的乳化阶段，分别制备了含水率为 0%、10%、20%、30% 和 0%、20%、40%、50% 的油样。其中含水率为溢油乳化状态的重要指标，其计算公式如下：

$$W_c = \frac{m_{\text{water}}}{m_{\text{oil}} + m_{\text{water}}} \times 100\% \tag{4.37}$$

其中，W_c 为油膜含水率，m_{water} 为水的质量，m_{oil} 为油的质量。制备流程：将相应质量比例的原油和海水混合溶液加入 JJ-2A 搅拌器，以 600r/min 的速率进行搅拌，搅拌完成后静置 24h，若容器底部沉积有水，则再次进行搅拌直至所有水全部溶解。当每个油样完成散射计测量后均对水槽进行除油处理（图 4.19），使得前序的测量不影响后续实验。需要指出的是全部实验过程均使用高清摄像机录制了油膜扩散和分布情况。

(a) 使用吸油滚筒清除厚层油膜

(b) 使用吸油毡清除薄膜

图 4.19 实验第二阶段中的除油过程

2. 气象条件

实验过程中全程记录了风场和水文数据（图4.20）。风场数据来源于距离水槽200m的小型气象站（测量频率：每半小时一次）。由图4.20可知，实验期间为低风速条件（第一次实验的平均风速为3.8m/s；第二次实验的平均风速为2.6m/s），并且受水槽壁以及周边建筑的影响，水槽中海水表面平静无明显波纹。此外，实验中在散射计入射角40°扫描区域的左右两侧选择了四个位置，利用测波仪测量表面波高，结果如表4.11所示，结果表明水槽中水面波高最大值小于3mm，这基本可证明本实验处于低风速、无浪的理想环境，因此本实验受风速干扰极小，能够更好地分析油膜自身乳化过程变化对微波散射特性的影响。

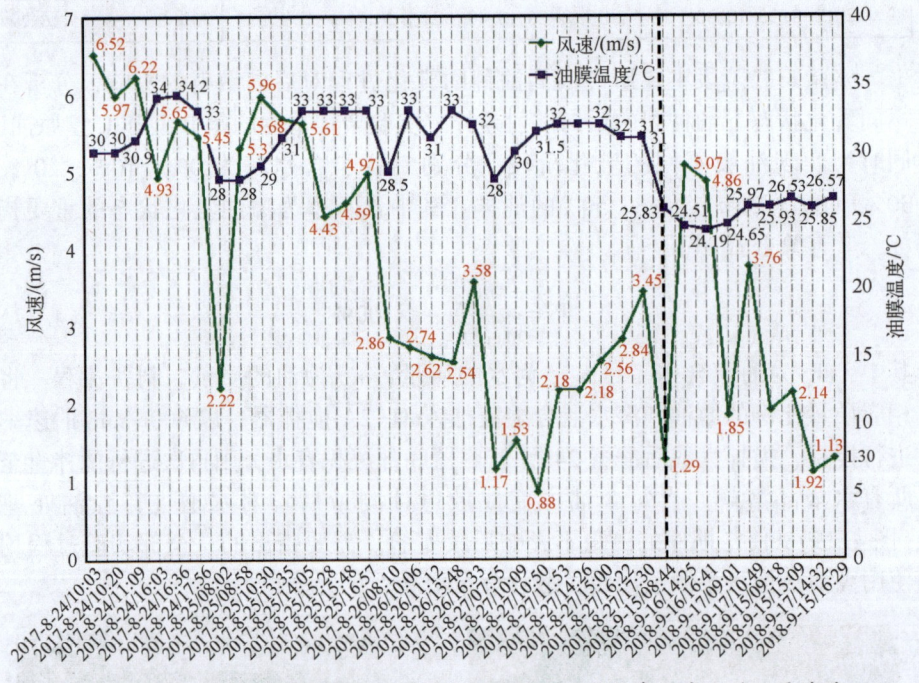

图4.20　风速及油膜温度数据。风速数据来源于小型气象站半小时一平均的测量，油膜温度数据源于温度计的测量

表4.11　不同风速下纯净海水表面的波高数据　　（单位：mm）

日　期	位置1	位置2	位置3	位置4
2018-9-14/14:24	1.525	2.0494	2.7826	2.2572
2018-9-14/15:19	2.1491	2.5218	2.8413	2.8757
2018-9-14/15:32	2.8757	2.1668	2.1578	2.0658

续表

日　　期	位置 1	位置 2	位置 3	位置 4
2018-9-14/16:43	1.9333	1.7842	2.1054	2.9052
2018-9-14/16:52	2.8247	2.4361	—	—
2018-9-15/08:14	1.1515	1.3464	1.1894	0.92265
2018-9-15/08:25	1.258	1.0042	1.1056	1.0925

3. 数据收集

1）后向散射数据的获取

本实验所用的全极化 C 波段微波散射计由美国 ProSensing 公司设计生产（图 4.21），该散射计的天线直径 $D=0.61m$，工作在 C 波段，发射波束的波长 $\lambda=0.055m$，观测距离为 30m，其详细参数见表 4.12。散射计用于测量目标的雷达后向散射特性，该散射计采用双极化发射机和双极化接收机，这使得系统能够在几毫秒内测量目标的复杂散射矩阵。对目标的多个样本进行平均，可以将散射矩阵数据转换为归一化雷达截面（NRCS）以及平均极化量，如复杂的 VV/HH 极化相关系数。极化量以目标协方差矩阵或目标 Muller 矩阵的形式存储。系统典型的设置如图 4.22 所示。

(a) 天线　　　　　　　　　　　(b) 操作平台

图 4.21　全极化 C 波段微波散射计系统

表 4.12　散射计规格参数

参　　数	参　数　值
输出频率	5.25~5.75GHz
发射功率	+7dBm

续表

参　　数	参　数　值
发射波束带宽	500MHz
距离向分辨率	0.3m
极化方式	全极化（VV、VH、HV 和 HH）
方位向扫描范围	±120°
仰角扫描范围	15°~120°

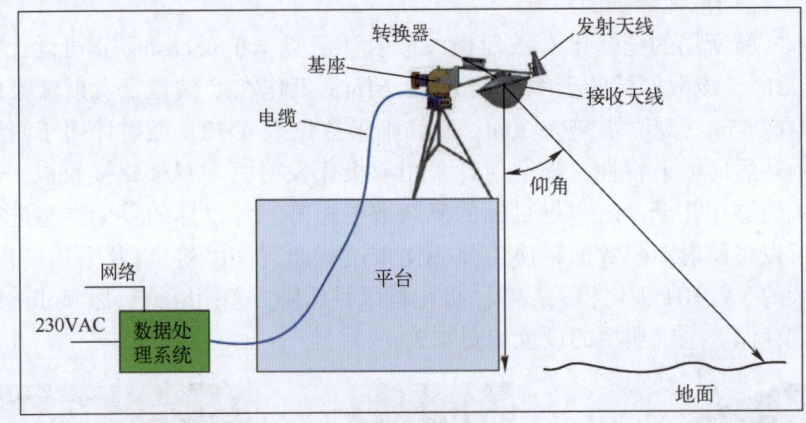

图 4.22　散射计典型的系统设置

油膜表面后向散射数据来源于全极化 C 波段微波散射计的测量，该散射计能够获取同极化和交叉极化四个通道的归一化雷达截面后向散射系数 σ_{VV}^0、σ_{HV}^0、σ_{VH}^0、σ_{HH}^0，其中 $\sigma_{HV}^0 = \sigma_{VH}^0$（后续以 $\sigma_{HV/VH}^0$ 表示两者）。实验中散射计架设在左侧平台上，在入射角 25°~60° 的范围内每间隔 5° 进行一次测量（图 4.23）。

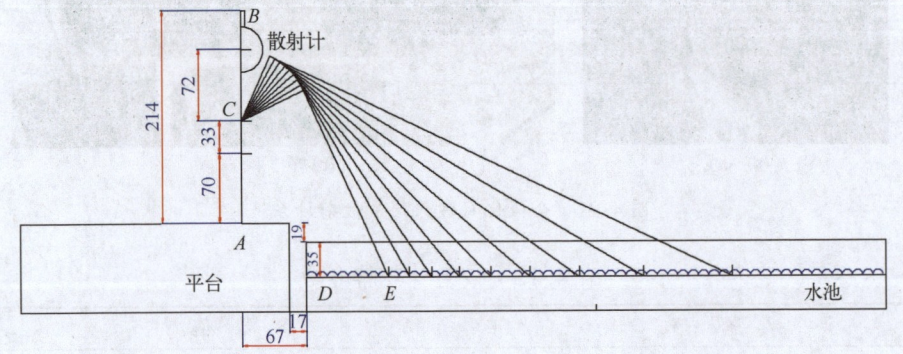

图 4.23　散射计工作示意图。标注的长度单位为 cm，水面高度 35cm，AB 为散射计高度，C 为散射计转轴高度，DE 为入射角 25°对应水池中的位置

第四章 极化SAR海上溢油探测

每个角度扫描时间约为1s,雷达足印为约0.8m直径的圆形。同时,为减小测量误差,每次测量均用散射计进行三次扫描,所得的后向散射在剔除异常值后再对其取均值处理。

本实验中,由表4.13可知散射计天线到水面的平均距离为2.4m,大于电磁波的近场的限制($r_n = \lambda/\pi = 0.0175\text{m}$),小于远场条件($r_f = 2D^2/\lambda = 13.53\text{m}$)。因此,还需对测量结果进行近场校正。该校正过程由系统内置完成,具体细节见参考文献[53]。

表4.13 散射计各入射角的扫射足印对应水槽中的位置 单位:cm

入射角	25°	30°	35°	40°	45°	50°	55°	60°
第一阶段实验	92.85	114.98	140.13	169.28	203.82	245.84	298.60	367.52
第二阶段实验	85.65	106.78	130.83	158.73	191.82	232.12	282.75	348.93

2)油膜介电常数数据的获取

本实验利用安捷伦矢量网络分析仪测量油样的相对介电常数。例如,矢量网络分析仪的型号为N1500/85070E,工作频率范围为200MHz~20GHz,介电常数测量精度为±0.05。如图4.24所示,测量时将探头置入待测样品内,实验中为保证测量的准确性,均对同一油样进行3次测量后取均值。表4.14给出了纯净海水和B型油在不同含水率下的相对介电常数测量结果。

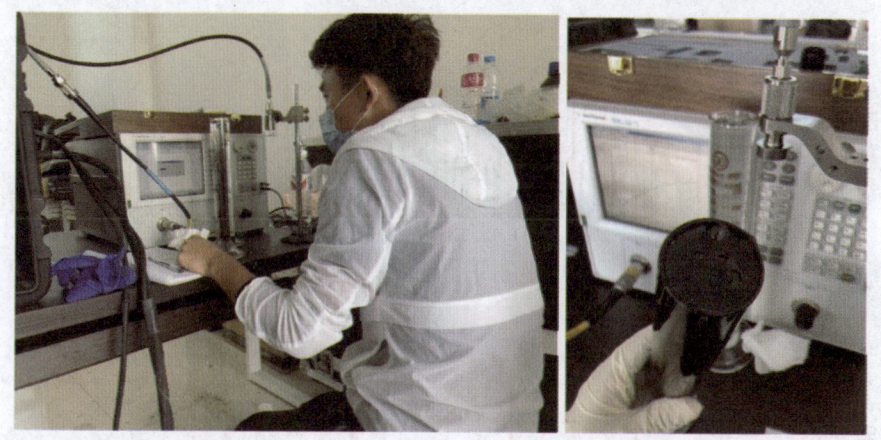

图4.24 利用矢量网络分析仪测量介电常数,容器内的黑色液体为待测油样

表4.14 纯净海水和B型油的相对介电常数测量结果

样 品	C-BAND (5.34GHz)
纯净海水	66.7+33.9j
B-0%	2.61+0.21j

续表

样　品	C-BAND（5.34GHz）
B-10%	3.07+0.04j
B-20%	7.31+2.95j
B-30%	8.2+1.08j

注：B-10%表示含水率为10%的B型油。

4.3.2 实验结果与分析

1. 乳化油膜与平静水面的后向散射差异分析

本节采用实验第一阶段中获取的A型油后向散射数据进行处理分析。常规的溢油检测是基于油膜覆盖区域和清洁海面的差异进行的，因此本章首先将油膜的后向散射与海水表面后向散射进行作差分析（$\Delta = \sigma_{oil}^0 - \sigma_{water}^0$）。结果如图4.25所示，各极化方式下大多数测量结果呈现出油膜表面后向散射σ_{oil}^0大于海水表面后向散射σ_{water}^0的现象（$\Delta>0$）。在VV、HH和HV/VH极化方式下呈现$\sigma_{oil}^0 > \sigma_{water}^0$的实验样本比例分别为71.15%、78.21%、64.1%。

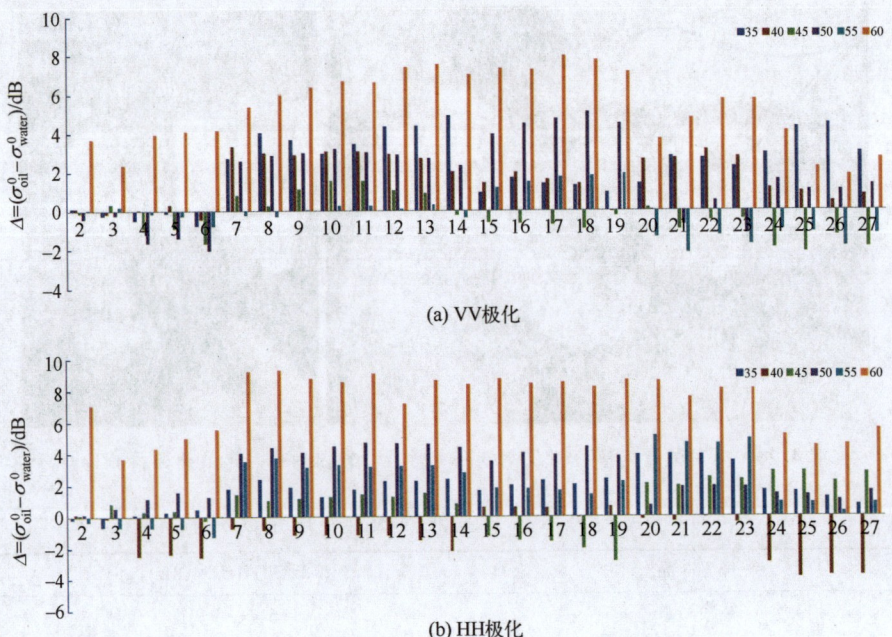

(a) VV极化

(b) HH极化

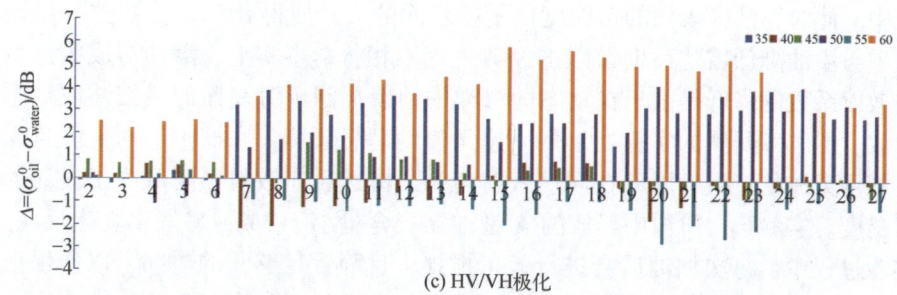

(c) HV/VH极化

图 4.25　油膜与海水表面后向散射差值。纵坐标为差值 $\Delta = (\sigma_{oil}^0 - \sigma_{water}^0)$（dB），差值大于 0 表示 $\sigma_{oil}^0 > \sigma_{water}^0$；横坐标序号对应散射计测量次序

这一现象主要是由于原油发生乳化反应改变油膜表面粗糙度造成的。如图 4.26 所示，乳化反应会产生一种介于液体与固体之间的乳化物[54-56]，其表面疏松多孔。乳化物在实验过程中经过人工搅拌后堆叠形成油碎片分布于水

(a) 静置过夜后的油膜表面

(b) 搅拌后堆叠的乳化物

(c) 搅拌后游离分布的油块

(d) 未经搅拌的乳化油膜

图 4.26　实验第一阶段 A 型油乳化过程中的油膜表现

池中。此时,油膜表面的粗糙度比平静水面的大,使得 $\sigma_{\text{oil}}^0 > \sigma_{\text{water}}^0$。这一结论似乎与溢油降低雷达后向散射的经典理论不相符。事实上,溢油造成雷达后向散射系数的降低是由于在动态的海洋中油膜抑制了海表面的毛细波或短重力波。但本章开展的实验处于低风速无浪的理想环境,水槽中水面平静且无毛细重力波的产生,因此在同一入射角下,雷达后向散射主要取决于表面的粗糙度。实验第一阶段中释放的 A 型油沥青含量小于 3%,易发生乳化反应。实验过程中,每次加油后会进行人工搅拌,且静置足够长的时间,以便保证乳化反应充分完成。实验结果显示油膜乳化生成的油包水型乳化物密度小于海水,浮于海水表面,增加油膜表面粗糙度,从而增加雷达后向散射。综上所述,可以初步得到如下结论:油膜的乳化过程会改变油膜表面粗糙度,从而增加后向散射。

2. 油膜乳化过程对后向散射的影响

为了研究油膜乳化过程对后向散射的影响,本节将分析 B 型和 C 型两种原油在不同含水率下的后向散射表现,后向散射随入射角的变化如图 4.27 和图 4.28 所示。对于不同含水率的 B 型和 C 型油,σ_{VV}^0、σ_{HH}^0 和 $\sigma_{\text{HV/VH}}^0$ 均随入射角的增大而减小,并且减小速率随入射角增加而降低。从图 4.27 可以看出,B 型油在同一入射角下,各极化方式的 σ^0 随油膜含水率的增大而增大,即 $\sigma_{w_c=20\%}^0 > \sigma_{w_c=10\%}^0 > \sigma_{w_c=0\%}^0$($W_C$ 表示含水率)。由于 B-30%(油膜含水率为 30% 的 B 型油)在实验测量过程中油膜主要分布于入射角 25°~50° 之间,故 $\sigma_{w_c=30\%}^0$ 仅在入射角 25°~50° 呈上述规律。

对于 B 型油,油膜均匀扩散形成薄膜(图 4.29),不同含水率油膜表面粗糙度相对一致,油膜表面后向散射随油膜含水率的增大而增大,这可以根据密歇根大学提出的半经验模型[57]解释,VV 极化后向散射表示为

$$\sigma_{\text{VV}}^0(\theta) = \frac{g\cos^3\theta}{\sqrt{p}} \{ |\rho_\text{V}|^2 + |\rho_\text{H}|^2 \} \tag{4.38}$$

其中

$$g = 0.7\{1 - \exp[-0.65(ks)^{1.8}]\} \tag{4.39}$$

VV 和 HV/VH 极化后向散射表示为

$$\sigma_{\text{HH}}^0(\theta) = p\sigma_{\text{VV}}^0(\theta) \tag{4.40}$$

$$\sigma_{\text{HV/VH}}^0(\theta) = q\sigma_{\text{VV}}^0(\theta) \tag{4.41}$$

其中

$$p = \left[1 - \left(\frac{2\theta}{\pi}\right)^{\frac{0.33}{|\rho(0)|^2}} \exp(-ks) \right]^2 \tag{4.42}$$

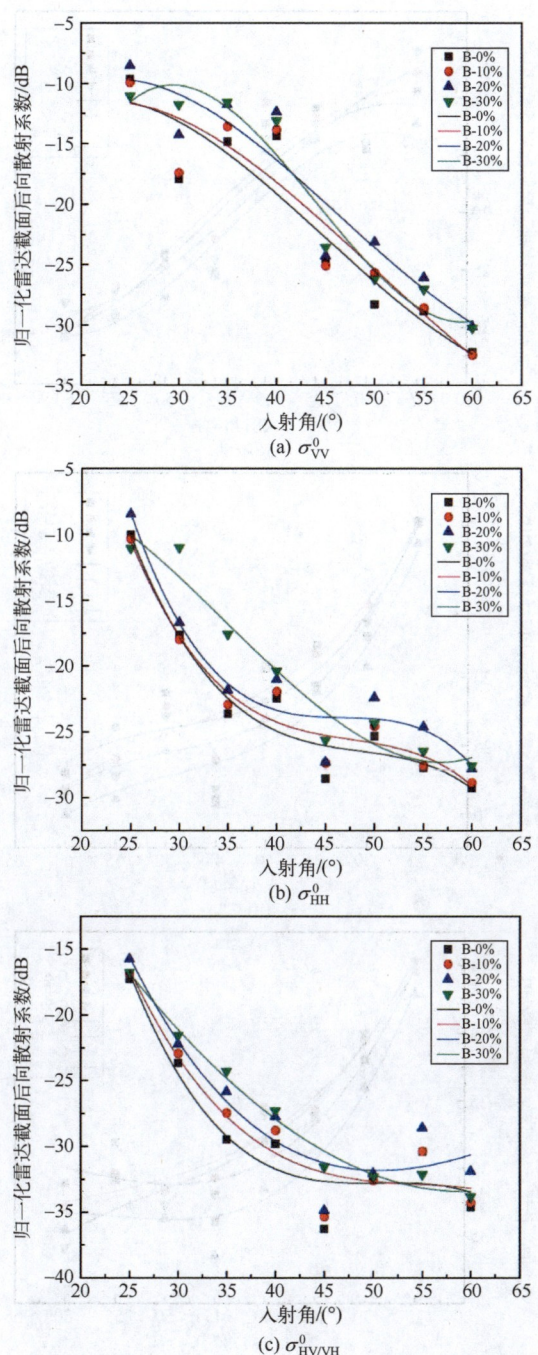

图 4.27 含水率分别为 0%、10%、20% 和 30% 的 B 型原油表后向散射:
彩色线表示不同含水率的油膜的后向散射趋势线是三次拟合的结果,彩色点表示实测点

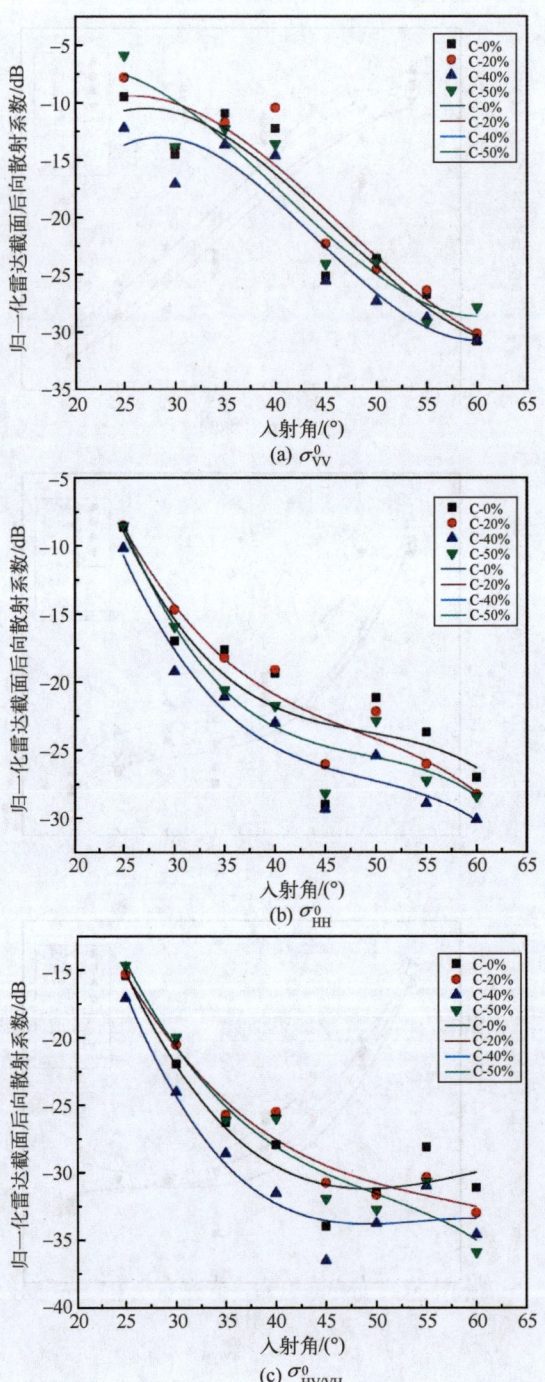

图 4.28 含水率分别为 0%、20%、40% 和 50% 的 C 型原油表后向散射

 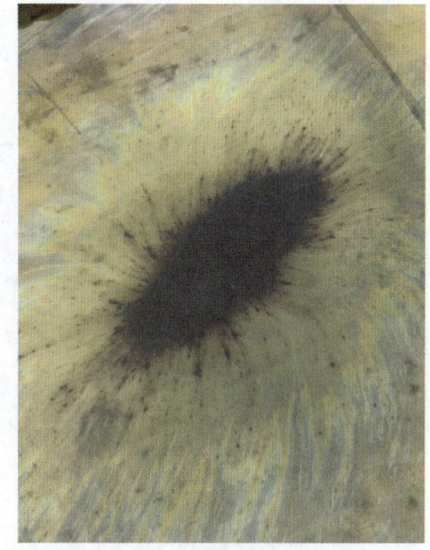

(a) 油膜分布情况　　　　　　　　　　(b) 油块的扩散

图 4.29　实验过程中 B 型油膜分布情况

$$q = 0.23|\rho(0)|[1-\exp(-ks)] \quad (4.43)$$

$$\rho(0) = \frac{1-\sqrt{\varepsilon_r}}{1+\sqrt{\varepsilon_r}} \quad (4.44)$$

其中，θ 是入射角，雷达波数 $k=2\pi/\lambda$，s 是表面高度变化的均方根，ε_r 是相对介电常数，$\rho(0)$ 是垂直入射时的菲涅耳反射系数。极化相关的反射系数 ρ_H 和 ρ_V 分别定义为

$$\rho_H = \frac{\cos\theta - \sqrt{\varepsilon_r - \sin^2\theta}}{\cos\theta + \sqrt{\varepsilon_r - \sin^2\theta}} \quad (4.45)$$

$$\rho_V = \frac{-\varepsilon_r\cos\theta + \sqrt{\varepsilon_r - \sin^2\theta}}{\varepsilon_r\cos\theta + \sqrt{\varepsilon_r - \sin^2\theta}} \quad (4.46)$$

利用式（4.38）~式（4.46）模拟后向散射 σ^0 随相对介电常数 ε_r 的变化，模拟结果如图 4.30 所示，图中后向散射与相对介电常数呈线性正相关，并且油膜介电常数的实际测量结果表明油膜的相对介电常数与含水率呈正相关（表 4.14）。因此，可以证明后向散射随油膜含水率的增加而增加。

对于 C 型油，油膜表面后向散射与油膜含水率无显著的关系。同一入射角下，$\sigma^0_{w_c=20\%}$（20%含水率油膜表面后向散射）在各极化状态下基本处于最大值，$\sigma^0_{w_c=40\%}$（40%含水率油膜表面后向散射）却处于最小值。观察视频数

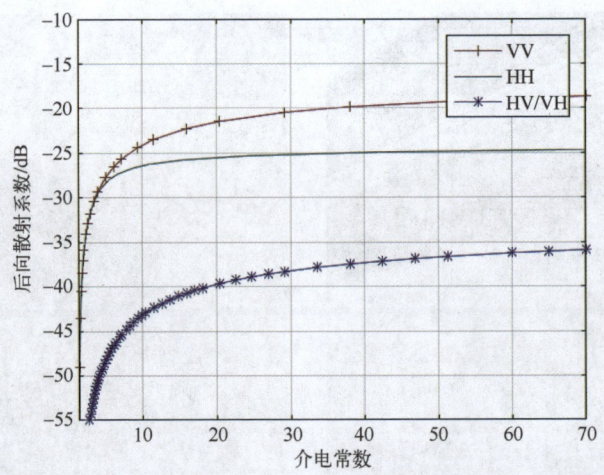

图 4.30 利用 SEM 模型模拟后向散射系数随介电常数变化的结果

据发现（图 4.31），这是由于不同含水率油膜的分布不一致造成的。经过加工处理的 C 型原油去除了亲水成分，含水率分别为 0%、20% 和 30% 的 C 型油在水面难以扩散，大部分以油块的形态堆积在一起，且当 20% 含水率时，油膜的堆积物的分布密集度最大（图 4.31（b））。当含水率为 40% 时，C 型油反而能够在水槽中快速扩散形成薄膜（图 4.31（c））。正是由于油膜在水面上的堆积效应，使得在不同情况下的油膜表面粗糙度有显著不同：在 20% 含水率时，表面油块堆积物的分布密集度最高，粗糙度最大，其对应的后向散射也最高；反之，在 40% 含水率时，油膜表面最为光滑，粗糙度最小，对应的后向散射也最低。

(a) $W_C = 0\%$

(b) $W_C = 20\%$

(c) $W_C = 40\%$

(d) $W_C = 50\%$

图 4.31　不同含水率 C 型油实验过程中油膜的分布情况

综上可得，在低风速无浪的实验条件下，原油的乳化反应可通过表面粗糙度和自身介电常数的变化调制雷达后向散射的变化。对比 B 型油和 C 型油的实验结果表明这两种方式中表面粗糙度的调制作用占主导地位。

3. 油种间的后向散射差异分析

本节主要分析 B 型和 C 型油在乳化状态和非乳化状态下油膜表面后向散射差异。在油膜非乳化状态下（图 4.32（a））时，对比 B 型和 C 型原油，同一极化方式下 C 型油表面后向散射大于 B 型油，且在中等入射角时（25°~35°）二者的差值随入射角的增大而增大。两者在 VV、HH、HV/VH 极化方式下平均差值分别为 2.19dB、2.63dB、2.21dB。

图 4.32（b）为 B 型和 C 型油的后向散射变化，在 20%油膜含水率的乳化状态下。在 25°~50°的入射角范围内，同一极化方式下 C 型油膜表面后向散射大于 B 型油，但二者间的差异较未乳化状态时小，分别为 0.98dB、1.49dB、1.5dB。在入射角 50°~60°间出现 B 型油膜表面后向散射大于 C 型油的现象，这是由于在该入射角分布下 B 型油膜分布密集度大于 C 型油造成的。

B 型和 C 型油后向散射的差异是由于两种油成分的差异导致的。B 型油是油田开采未经加工的原油，C 型油是经过脱水去杂质处理的工业原油。观察油膜扩散视频及图片发现 B 型油在水中扩散速率快，能快速覆盖水槽中的大片区域，而对于 C 型油，由于去除了亲水成分，黏度大，油膜难以扩散，油膜在水面堆积。因此，在同一乳化状态下 B 型油相对于 C 型油的表面粗糙度低，故 C 型油的表面后向散射大。

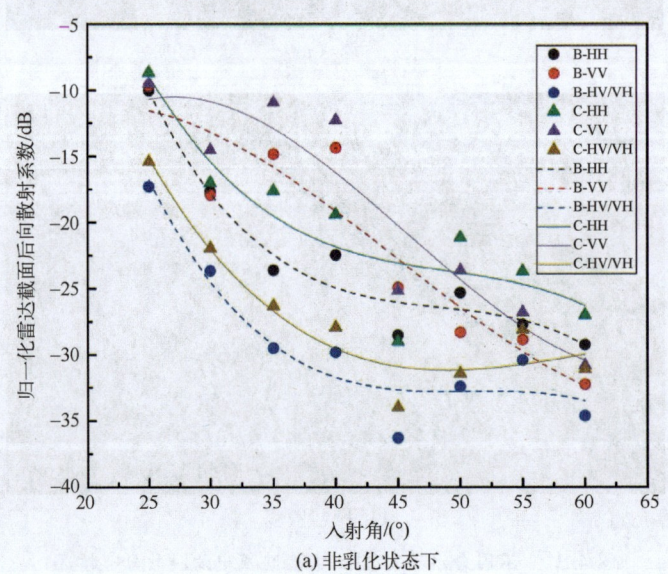

(a) 非乳化状态下

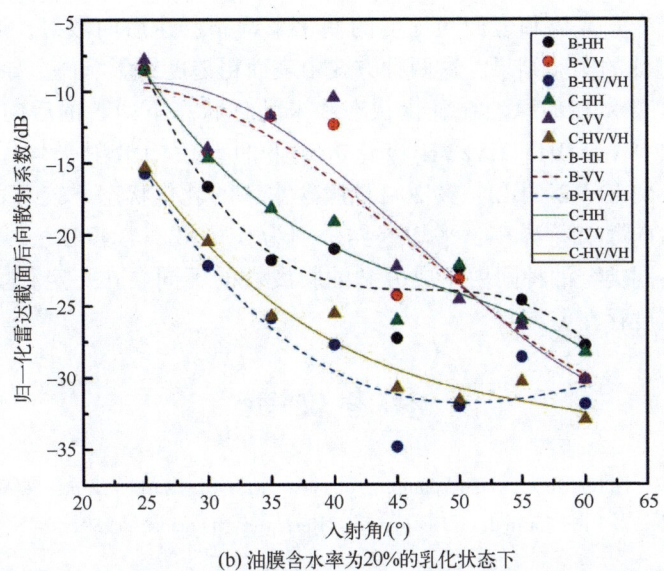

(b) 油膜含水率为20%的乳化状态下

图 4.32 C 型和 B 型油的油膜 σ_{VV}^0、$\sigma_{HV/VH}^0$ 和 σ_{HH}^0 随入射角的变化，图中彩色点表示实测数据，趋势线是三次拟合的结果

同时需注意的是，两种油膜在乳化状态时的后向散射差异相对非乳化状态时小，这是由于在乳化后，B 型油膜表面后向散射上升幅度相对于 C 型油大，故乳化后缩小了两者间的后向散射差异。

4.3.3 小结

本章针对溢油的散射微波特性是否会被溢油乳化过程产生的状态变化，是否会进一步影响溢油检测特征，开展室外水槽溢油实验。该实验利用全极化 C 波段微波散射计观测 A 型、B 型和 C 型三种不同类型原油在乳化过程中油膜表面后向散射的表现。在低风速、无浪的条件下，详细分析了乳化油膜与平静水面的后向散射差异和油膜乳化过程对后向散射的影响，以及不同油种的后向散射差异。

实验结果表明，由于原油的乳化反应产生一种介于液体与固体之间的乳化物，增加了表面粗糙度，使得在 VV、HH 和 HV/VH 极化方式下有 71.15%、78.21%、64.1% 的实验样本呈现乳化油膜表面后向散射大于平静水面，初步得到结论：原油乳化可以改变表面粗糙度。

利用 Bragg 散射模型模拟了后向散射随介电常数的变化，发现介电常数的实测结果显示油膜介电常数与油膜含水率呈正比。实验结果与模拟结果相符，油膜表面后向散射随油膜含水率的增加而增大。得到结论：原油的乳化反应可通过自身介电常数和表面粗糙度的变化来调制雷达后向散射,通过对比 B 型油和 C 型油的实验结果,这两种方式中表面粗糙度的影响占主导地位。

对比 B 型和 C 型原油在乳化状态和未乳化状态下两者的后向散射差异,结果显示在 VV、HH、HV/VH 极化方式下两者后向散射平均差异分别为 2.19dB、2.63dB、2.21dB,在 20% 油膜含水率的乳化状态下较未乳化状态时二者间的后向散射差异小,平均差异分别为 0.98dB、1.49dB、1.5dB,实验结果表明不同类型油种间由于成分和油膜属性的不同会在一定程度上导致油膜表面粗糙度存在差异。

参 考 文 献

[1] Alpers W, Hühnerfuss H. The damping of ocean waves by surface films: a new look at an old problem [J]. Journal of Geophysical Research: Oceans, 1989, 94 (C5): 6251–6265.

[2] Franceschetti G, Iodice A, Riccio D, et al. SAR raw signal simulation of oil slicks in ocean environments [J]. IEEE Transactions on Geoscience and Remote Sensing, 2002, 40 (9): 1935–1949.

[3] Pinel N, Déchamps N, Bourlier C. Modeling of the bistatic electromagnetic scattering from sea surfaces covered in oil for microwave applications [J]. IEEE Transactions on Geoscience and Remote Sensing, 2008, 46 (2): 385–392.

[4] Mallinger W D, Mickelson T P. Experiments with monomolecular films on the surface of the open sea [J]. Journal of Physical Oceanography, 1973, 3 (7): 328–336.

[5] Lombardini P, Fiscella B, Trivero P, et al. Modulation of the spectra of short gravity waves by sea surface films: slick detection and characterization with a microwave probe [J]. Journal of Atmospheric and Oceanic Technology, 1989, 6 (6): 882–890.

[6] Wang Qingyu, Feder A, Mazur E. Capillary wave damping in heterogeneous monolayers [J]. Journal of Physical Chemistry, 1994, 98: 12720–12726.

[7] Gade M, Alpers W, Hühnerfuss H, et al. On the reduction of the radar backscatter by oceanic surface films: scatterometer measurements and their theoretical interpretation [J]. Remote Sensing of Environment, 1998, 66 (1): 52–70.

[8] Jenkins A D, Jacobs S J. Wave damping by a thin layer of viscous fluid [J]. Phys Fluids, 1997, 9 (5): 1256–1264.

[9] Elfouhaily T, Chapron B, Katsaros K, et al. A unified directional spectrum for long and short wind-driven waves [J]. Journal of Geophysical Research: Oceans, 1997, 102 (C7): 15781–15796.

[10] Wu Jin. Wind-stress coefficients over sea surface near neutral conditions–a revisit [J]. Journal of Physical Oceanography, 1980, 10 (5): 727–740.

[11] Ulaby F T, Moore R K, Fung A K. Microwave remote sensing. Volume II: radar remote sensing and surface scattering and emission theory [M]. Reading, MA, USA: Addison-Wesbey, 1982.

[12] Merv F, Carl B. A review of oil spill remote sensing [J]. Sensors, 2017, 18 (1): 91.

[13] 吴一全, 吉珋, 沈毅, 等. Tsallis 熵和改进 CV 模型的海面溢油 SAR 图像分割 [J]. 遥感学报, 2012, 16 (4): 678-690.

[14] Leifer I, Lehr W J, Simecek-Beatty D, et al. State of the art satellite and airborne marine oil spill remote sensing: application to the BP deepwater horizon oil spill [J]. Remote Sensing of Environment, 2012, 124: 185-209.

[15] Alpers W, Holt B, Zeng K. Oil spill detection by imaging radars: challenges and pitfalls [J]. Remote Sensing of Environment, 2017, 201: 133-147.

[16] Migliaccio M, Gambardella A, Tranfaglia M. SAR polarimetry to observe oil spills [J]. IEEE Transactions on Geoscience and Remote Sensing, 2007, 45 (2): 506-511.

[17] Tian W, Shao Y, Yuan J, et al. An experiment for oil spill recognition using RADARSAT-2 image [C]//2010 IEEE International Geoscience and Remote Sensing Symposium. IEEE, 2010: 2761-2764.

[18] Schuler D L, Lee J S. Mapping ocean surface features using biogenic slick-fields and SAR polarimetric decomposition techniques [J]. IEEE Proceedings-Radar, Sonar and Navigation, 2006, 153 (3): 260-270.

[19] Fortuny-Guasch J. Improved oil slick detection and classification with polarimetric SAR [C]//Proc. Workshop Appl. SAR Polarimery and Polarimetric Interferometry. ESA-ESRIN, 2003: 27-1.

[20] Migliaccio M, Tranfaglia M. A study on the capability of SAR polarimetry to observe oil spills [C]//ESA Special Publication. ESA, 2005, 586: 25.

[21] Nunziata F, Gambardella A, Migliaccio M. On the Mueller scattering matrix for SAR sea oil slick observation [J]. IEEE Geoscience and Remote Sensing Letters, 2008, 5 (4): 691-695.

[22] Migliaccio M, Nunziata F, Gambardella A. On the co-polarized phase difference for oil spill observation [J]. International Journal of Remote Sensing, 2009, 30 (6): 1587-1602.

[23] Souyris J C, Mingot S. Polarimetry based on one transmitting and two receiving polarizations: the/spl pi//4 mode [C]//IEEE International Geoscience and Remote Sensing Symposium. IEEE, 2002: 629-631.

[24] Souyris J C, Imbo P, Fjortoft R, et al. Compact polarimetry based on symmetry properties of geophysical media: The/spl pi//4 mode [J]. IEEE Transactions on Geoscience and Remote Sensing, 2005, 43 (3): 634-646.

[25] Zhang B, Perrie W, Li X, et al. Mapping sea surface oil slicks using RADARSAT-2 quad-polarization SAR image [J]. Geophysical Research Letters, 2011, 38 (10): 415-421.

[26] Shirvany R, Chabert M, Tourneret J Y. Ship and oil-spill detection using the degree of polarization in linear and hybrid/compact dual-pol SAR [J]. IEEE Journal of Selected Topics in Applied Earth Observations and Remote Sensing, 2012, 5 (3): 885-892.

[27] Salberg A B, Rudjord O, Solberg A H S. Oil spill detection in hybrid-polarimetric SAR images [J]. IEEE Transactions on Geoscience and Remote Sensing, 2014, 52 (10): 6521-6533.

[28] Nunziata F, Migliaccio M, Li X. Sea oil slick observation using hybrid-polarity SAR architecture [J]. IEEE Journal of Oceanic Engineering, 2015, 40 (2): 426-440.

[29] 谢广奇, 杨帅, 陈启浩, 等. 简缩极化特征值分析的溢油检测 [J]. 遥感学报, 2019, 23 (2): 303-312.

[30] Li H, Perrie W, He Y, et al. Target detection on the ocean with the relative phase of compact polarimetry SAR [J]. IEEE Transactions on Geoscience and Remote Sensing, 2012, 51 (6): 3299-3305.

[31] Cloude S R, Goodenough D G, Chen H. Compact decomposition theory [J]. IEEE Geoscience and Remote Sensing Letters, 2012, 9 (1): 28-32.

[32] Ainsworth T L, Cloude S R, Lee J S. Eigenvector analysis of polarimetric SAR data [C]//IEEE International Geoscience and Remote Sensing Symposium. IEEE, 2002: 626-628.

[33] Nunziata F, Migliaccio M, Gambardella A. Pedestal height for sea oil slick observation [J]. IET Radar, Sonar and Navigation, 2011, 5 (2): 103-110.

[34] Raney R K. Hybrid-polarity SAR architecture [J]. IEEE Transactions on Geoscience and Remote Sensing, 2007, 45 (11): 3397-3404.

[35] 曹成会, 张杰, 张晰, 等. C波段紧缩极化合成孔径雷达船只目标检测性能分析 [J]. 中国海洋大学学报（自然科学版）, 2017, 47 (2): 85-93.

[36] Skrunes S, Brekke C, Eltoft T. Characterization of marine surface slicks by RADARSAT-2 multipolarization features [J]. IEEE Transactions on Geoscience and Remote Sensing, 2013, 52 (9): 5302-5319.

[37] 过杰, 孟俊敏, 何宜军. 基于二维激光观测的溢油及其乳化过程散射模式研究进展 [J]. 海洋科学, 2016, 40 (2): 159-164.

[38] Ulaby F T, Moore R K, Fung A K. Microwave remote sensing, active and passive. Volume III from theory to application [M]. Norwood, MA: Artech House Inc, 1986.

[39] Angelliaume S, Boisot O, Guérin C A. Dual-polarized L-band SAR imagery for temporal monitoring of marine oil slick concentration [J]. Remote Sensing, 2018, 10 (7): 1012.

[40] Nunziata F, Migliaccio M, Sobieski P. A BPM two-scale contrast model [C]//IEEE International Geoscience and Remote Sensing Symposium. Boston, 2008, IV-593-IV-596.

[41] Li Y, Jin L, Zhao Q. Microwave remote sensing sea surfaces covered in oil [C]//International Conference on Electric Information and Control Engineering. IEEE, 2011: 2319-2322.

[42] Wismann V, Gade M, Alpers W, et al. Radar signatures of marine mineral oil spills measured by an airborne multi-frequency radar [J]. International Journal of Remote Sensing, 1998, 19 (18): 3607-3623.

[43] Loor G P D, Clten H W B V. Microwave measurements over the North Sea [J]. Boundary-Layer Meteorology, 1978, 13 (13): 119-131.

[44] Alpers W, Hühnerfuss H. Radar signatures of oil films floating on the sea surface and the Marangoni effect [J]. Journal of Geophysical Research: Oceans, 1988, 93 (C4): 3642-3648.

[45] Gade M, Alpers W, Hühnerfuss H, et al. Wind wave tank measurements of wave damping and radar cross sections in the presence of monomolecular surface films [J]. Journal of Geophysical Research: Atmospheres, 1998, 103 (C2): 3167-3178.

[46] 杨跃忠, 卢桂新, 钟其英, 等. 航空遥感测量海面油膜厚度的研究 [J]. 遥感学报, 1993 (3): 222-231.

[47] 逄爱梅, 孙元福. 水面油膜微波辐射特性实验室测量与分析 [J]. 海岸工程, 2003, 22 (4): 36-41.

[48] Fingas M. Water–in–oil emulsion formation: a review of physics and mathematical modelling [J]. Spill Science & Technology Bulletin, 1995, 2 (1): 55-59.

[49] Khan B A. Basics of pharmaceutical emulsions: a review [J]. African Journal of Pharmacy and Pharmacology, 2011, 5 (25): 2715-2725.

[50] Thingstad T, Pengerud B. The formation of "chocolate mousse" from Statfjord crude oil and seawater [J]. Marine Pollution Bulletin, 1983, 14 (6): 214-216.

[51] National Research Council (US) Committee on Oil in the Sea, Inputs, Fates, and Effects. Oil in the Sea Ⅲ: inputs, fates, and effects [M]. Washington (DC): National Academies Press (US), 2003.

[52] Minchew B, Jones C E, Holt B. Polarimetric analysis of backscatter from the deepwater horizon oil spill using L-band synthetic aperture radar [J]. IEEE Transactions on Geoscience and Remote Sensing, 2012, 50 (10): 3812-3830.

[53] Baldi C A. The design validation and analysis of surface-based S-band and C-band polarimetric scatterometers [D]. New York: UMass Amherst, 2014.

[54] Fingas M, Fieldhouse B. Studies of the formation process of water-in-oil emulsions [J]. Marine Pollution Bulletin, 2003, 47 (9-12): 369-396.

[55] Fingas M, Fieldhouse B. Formation of water-in-oil emulsions and application to oil spill modelling [J]. Journal of Hazardous Materials, 2004, 107 (1-2): 37-50.

[56] 岳瀚森, 过杰, 牟彦恺, 等. 三维激光扫描仪油膜粗糙度检测 [J]. 广西科学院学报, 2017, 33 (4): 298-302.

[57] Richards, John A. Remote sensing with imaging radar [M]. Heidelberg: Springer-Verlag Berlin, 2009.

第五章

极化 SAR 海洋内波探测

海洋内波是发生在海洋内部的波动，广泛分布在世界各大洋、边缘海和大陆架海域。海洋内波具有大振幅、强剪切等特点，对于水下航行的潜艇、海上油气平台的安全有巨大威胁；由于内波改变了水下温度场，因此对声纳的水下探测效能有重要影响；另外，海洋内波扮演着海洋能量级串的重要角色，也是引起海洋混合的重要因素，因此，对于海洋内波的观测具有迫切的需求和重要的科学意义。SAR 作为先进的成像微波遥感器，自 SEASAT 发射以来，已经广泛应用于全球范围的海洋内波观测，展示了卫星遥感大范围、成像的技术优势。随着极化 SAR 的发展，可为海洋内波的信息提取提供更多手段，发挥更大作用。

海洋内波在其传播过程中，不仅会在水下产生巨大的振幅，也能调制海表面微尺度波的重新分布产生水质点的辐聚与辐散效应，形成"沸水现象"（图 5.1），进一步改变了海表面的粗糙起伏，影响海表面的电磁波散射特性。另外，海洋内波的传播会改变海表面的流速，其引起的海表面流速变化信息会反映在 SAR 的回波信号中，可利用 SAR 影像对其进行计算描述。

图 5.1　海洋内波现场拍摄照片，2021 年 5 月 26 日获取于南海

第五章 极化 SAR 海洋内波探测

本章基于 SAR 影像，分析海洋内波的极化响应特性并反演计算内波致海表面方位向粗糙变化及内波致海面流速变化，对进一步认识海洋内波在海表面的调制作用具有重要的指导意义。

5.1 内波遥感机理与探测方法

5.1.1 内波遥感机理与成像特征

1. 内波 SAR 成像机理

SAR 工作在微波频段，虽然不能穿透海水，但却能观测到水下几十米，甚至几百米深处的海洋内波。这是由于内波在传播过程中引起的海表面流场的变化调制了海表面微尺度波的分布，从而改变了海面的后向散射强度，在 SAR 图像表现为亮暗条纹。理论与实验研究表明，SAR 内波成像主要包括以下三个物理过程：

1）内波在传播过程中引起海表面流场发生辐聚和辐散的变化。

图 5.2 展示了两层流体中界面波一个半周期的垂直分布及流线情况，同时也展示了内波引起的近表面流的特性，即沿内波传播方向，交替出现近表面流相向和反向流动的区域，即为辐聚和辐散。

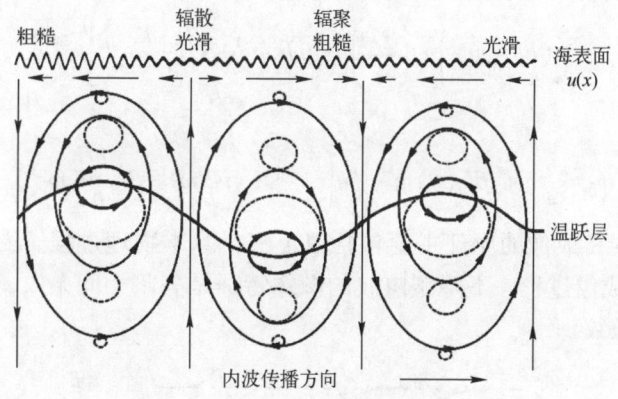

图 5.2　内波传播中对海面流场的调制

2）变化的表层流场通过调制表面微尺度波，改变了海面粗糙度。

图 5.3 为安装在南海石油平台上的 CCD 相机观测到的内波经过前后 6min 海面的变化情况。图（a）为内波正好经过时，海面遍布微尺度波，海面粗糙度增大；图（b）为内波经过后海面变得非常平滑。

(a) 内波经过时　　　　　　　　　　(b) 内波经过后

图 5.3　南海 PY30-1 平台上 CCD 相机拍摄的内波经过前后海面情况
（2011 年 9 月 18 日）

3) 雷达波与海面微尺度波相互作用产生 Bragg 散射。

海洋 SAR 影像是海面微尺度波后向散射截面 σ_0 的平面分布，Valenzuela 根据 Bragg 后向散射原理导出[1]：

$$\sigma_0 = 4\pi\kappa^4 \cos^4\theta F_1(\theta) \Psi(k,\varphi) \tag{5.1}$$

式中：κ 为工作微波的波数；θ 为微波的入射角；$F_1(\theta)$ 为极化函数；$\Psi(k,\varphi)$ 为海浪方向谱，φ 表示海波波数 k 的方向角，波数模 k 满足如下共振条件：

$$k = 2\kappa\sin\theta \tag{5.2}$$

根据袁业立解算得到的海浪谱[2]：

$$\Psi(k) = m_3^{-1}\left[m\left(\frac{u_*}{c}\right)^2 - 4\nu k^2\omega^{-1} - S_{\alpha\beta}\frac{\partial U_\beta}{\partial x_\alpha}\omega^{-1}\right]k^{-4} \tag{5.3}$$

可得

$$\sigma_0 = \frac{\pi}{4}\cot^4\theta F_1(\theta) m_3^{-1}\left[m\left(\frac{u_*}{c}\right)^2 - 4\nu k^2\omega^{-1} - S_{\alpha\beta}\frac{\partial U_\beta}{\partial x_\alpha}\omega^{-1}\right] \tag{5.4}$$

总之，SAR 成像的原理主要包括以上三个基本物理过程。图 5.4 展示了内波的 SAR 成像过程，下降型内波的图像特征是亮暗相间条纹，上升型内波是暗亮相间条纹。

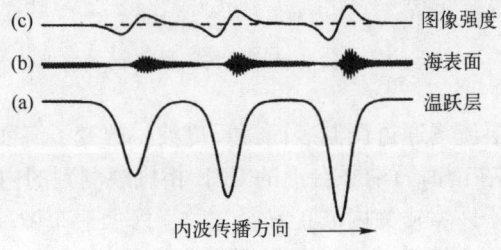

图 5.4　内波、表面波、SAR 图像关系示意图

2. 内波 SAR 成像特征

对大量内波 SAR 影像的分析总结出内波在 SAR 图像中的基本特征：内波在 SAR 图像中表现为直线或曲线状的亮暗相间条纹；内波一般以波包形式传播，但也包括以单个孤子传播的形式。当以波包形式传播时，每个波包包含若干个孤立子，波包间有一定的间距；沿内波传播方向，波包中孤立波波峰线长度和孤立波间距呈现递减趋势。

此外，内波波锋线弯曲的程度还与地形有关；大气内波也易与海洋内波发生混淆。SAR 图像上内波条纹亮暗的先后顺序还与内波的极性有关，对于下降型内波，图像上的条纹表现为先亮后暗；对于上升型内波，图像上的条纹则表现为先暗后亮。因此，结合以上特征可以对 SAR 图像中的内波加以识别。

如图 5.5 所示，内波在以波包的形式传播时，通常会在遥感影像上呈现出明暗相间的条纹，波包间有一定的间隔，每个波包含数个孤立子，并且孤立子的波峰线长度呈现递减趋势。图 5.6 展示了内波以两个单孤子的传播形式。对比图 5.5 和图 5.6 可知，内波波峰线的弯曲程度受水深影响较大，水深较深的图 5.6 的波峰线比图 5.5 的波峰线的弯曲程度更弱。

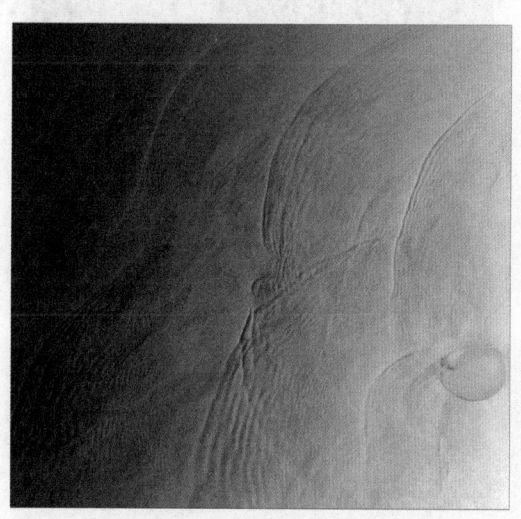

图 5.5　南海北部内波 SAR 影像（ENVISAT ASAR，2009-06-22 10:16 UTC）

图 5.7 为 1993 年 9 月 3 日 22:39 直布罗陀海峡 ERS-1 SAR 图像（源自 http://www.ifm.zmaw.de/~ers-sar）。直布罗陀海峡内波受射流的影响，其波峰线弯曲程度十分剧烈。同时该图也展示了大气内波和海洋内波共存的情形；对比发现，大气内波较海洋内波的尺度更大，图像上海洋内波的纹理特

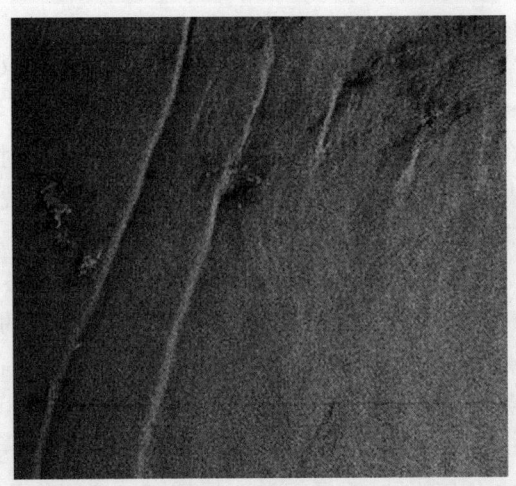

图 5.6　南海北部内波 SAR 影像（ERS-2 SAR，2002-05-17 10:39 UTC）

征较大气内波的更加明显和规则。因此，需要注意 SAR 图像中大气内波与海洋内波的区分。

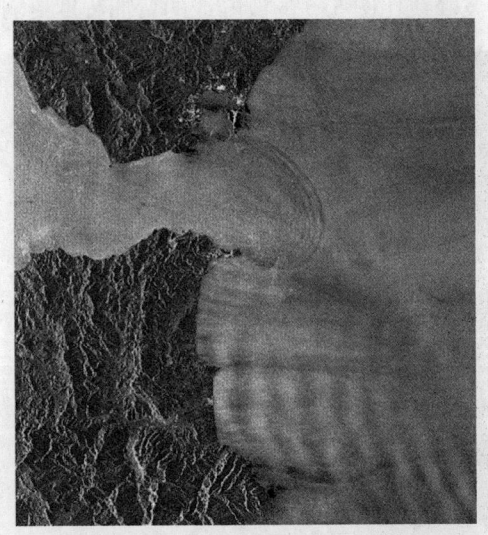

图 5.7　海洋内波与大气内波同时存在的 SAR 图像

5.1.2　海洋内波遥感探测方法

大振幅内波对海上石油工程、水下潜艇航行等影响巨大，内波的传播速度、传播方向以及混合层深度对海洋工程、海洋军事等意义重大。因此，海洋内波遥感探测主要对振幅、传播速度和方向、混合层深度等参数进行反演研究。

1. 内波振幅

利用 SAR 图像可以进行内波振幅反演，反演过程需要提取 SAR 图像中内波条纹的亮暗间距，然后结合内波传播模型计算振幅。根据内波波长与水深的关系可选用不同的控制方程描述内波的水平传播。当波长远小于水深 H 时，可采用 Benjamin-Ono 方程；当波长与水深相当时，Joseph-Kubota 方程适用；对于浅水波，Korteweg-de Vries 方程最合适。若不考虑海水的黏性作用和海底摩擦效应，通常利用下述 KdV 方程来描述弱非线性波振幅的时空演变。

$$\frac{\partial \eta}{\partial t}+c_0\frac{\partial \eta}{\partial x}+\alpha\eta\frac{\partial \eta}{\partial x}+\beta\frac{\partial^3 \eta}{\partial x^3}=0 \tag{5.5}$$

式中：c_0 是线性相速度；α 和 β 分别是非线性项和频散项的常系数，主要取决于局地的密度分层

$$\alpha = \frac{3}{2}c_0\frac{\int_H^0 w_z^3 dz}{\int_H^0 w_z^2 dz}, \quad \beta = \frac{1}{2}c_0\frac{\int_H^0 w_z^2 dz}{\int_H^0 w_z^2 dz} \tag{5.6}$$

式中：w 是内波的线性模态函数。对于上述 KdV 方程的解析解为

$$\eta(x,t,z)=\eta_0 w(z)\mathrm{sech}^2\left(\frac{(x-x_c)-ct}{L}\right)+O(\varepsilon,\delta) \tag{5.7}$$

式中：x_c 是孤立子中心；η_0 是最大振幅；c 是非线性相速度；L 是孤立子半特征宽度，$L=D/1.32$，D 为影像中量取的孤立子条纹的亮暗间距。而对于孤立子，满足下列关系：

$$L^2=\frac{12\beta}{\eta_0\alpha} \tag{5.8}$$

因此，在连续分层的情况下，只要得到模态函数 $W_j(z)$，就可以反演内波的振幅。而内波的模态函数 $W_j(z)$ 可由内波的特征值和特征模态表征，通常由水深 H、浮性频率 $N(z)$、惯性频率 f 决定。

$$\frac{d^2 W_j(z)}{dz^2}+\{\gamma_j^2[N^2(z)-f^2]-k^2\}W_j(z)=0 \tag{5.9}$$

式中：$W_j(0)=W_j(H)=0$；k 为已知的水平波数。γ_j^2，$j=1$，j 是相对于特征频率 $\omega_j^2=f^2+k^2/\gamma_j^2$ 的特征值。

以南海北部海域的内波 SAR 图像为例（图 5.8），介绍如何从进行 SAR 图像中反演内波振幅。

首先，在 SAR 影像中选取一个 200×60 的子图像，将子图像沿垂直内波传

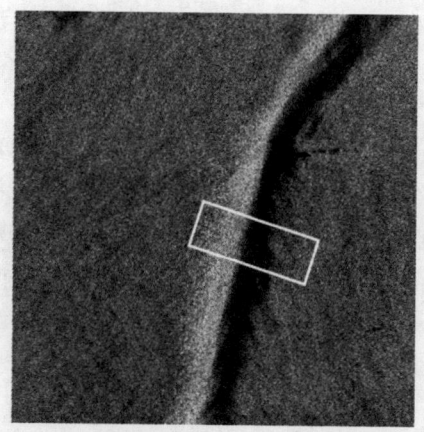

图 5.8 内波 ERS-2 SAR 影像

播方向平均,得到一条曲线,将该曲线沿内波传播方向每 8 个点进行平滑,得到所需要的图像平均剖面。由此可以得到亮暗间距 D,这里取图像剖面的峰谷距离,如图 5.9 所示。

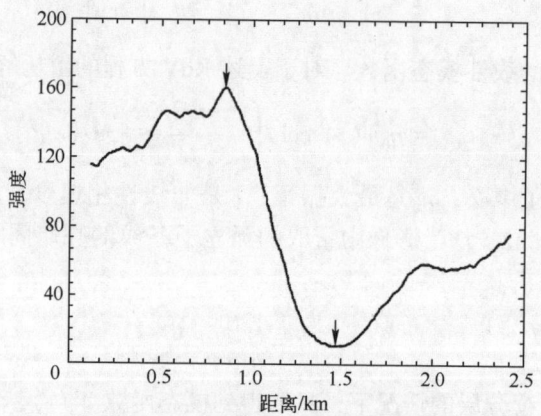

图 5.9 内波 SAR 影像的平均剖面

然后,计算该点的浮性频率,由于没有同步的实测资料,因此选用 Levitus94 温盐月平均资料,选取离该点最近的网格点数据。根据下式计算浮性频率:

$$\frac{1}{\rho}\frac{\partial \rho}{\partial z} = -a\frac{\mathrm{d}T}{\mathrm{d}z} + b\frac{\mathrm{d}S}{\mathrm{d}z} \tag{5.10}$$

式中:T 和 S 分别表示温度和盐度;a 和 b 分别为温度膨胀系数和盐度压缩系数,其典型值 $a = 0.13 \times 10^{-3}$,$b = 0.80 \times 10^{-3}$。

最后,利用数值方法计算得到内波的特征值和特征模态。由此,可以计算得到内波的振幅,见表5.1。

表 5.1 内波振幅反演结果

D	L	α	β	η
600m	455m	-0.013	12248	55m

与 SAR 相比,内波的光学成像机制较为复杂,目前还没有适用于光学遥感的内波参数反演精确表达式,通常近似采用 SAR 影像的结论。对于两层分层海水情况下,光学遥感图像的内波振幅反演也可根据 KdV 方程得到:

$$\eta_0 = \frac{4h^2 C_g^3}{3g'\left[\dfrac{D}{1.32}\right]^2 (g'^2 h^2 - 4g'h C_g^2)^{1/2}} \tag{5.11}$$

其中,

$$C_g = \sqrt{\frac{g\Delta\rho h_1 h_2}{\rho(h_1 + h_2)}} \tag{5.12}$$

式中:水深 h 可由海图或者数字地形图得到,约化重力加速度 $g' = g\Delta\rho/\rho$ 可由实测或者历史观测资料得到,波的传播速度 C_g 可通过遥感影像得到,亮暗间距 D 可从光学图像测量得出,将上述参数代入上式即可计算内波的振幅。

2. 内波传播速度和方向

星载 SAR 图像的大范围成像能力往往能捕捉周期潮汐激发的多个内波波群。当一幅 SAR 图像包含两个或多个由同一激发源产生的内波波群时,可以通过测量波群之间的间距来确定内波的波速。首先从 SAR 图像上测量得到波群的间距 Λ,考虑到半日潮是陆架内波的主要驱动力,内波波群具有相同的周期 T,依此就可以计算内波的群速度:

$$C_g = \Lambda/T \tag{5.13}$$

其中,T 为半日潮周期,$T = 12.42\mathrm{h}$。

星载 SAR 和光学卫星的快速发展也为基于多星数据的内波传播速度测量提供了可能。利用不同卫星通过同一地区的时间差 Δt 和同一内波群在这段时间内传播的距离 Λ,可以得到内波波群的传播速度。但两个卫星或者多个卫星数据的成像时间间隔不能太长,否则无法确定两个卫星拍摄到的内波群是否为同一个,所以时间以不超过 5h 为宜。同时,若是间隔时间太短,内波在两幅影像的位置基本相同,此时测量误差会成为传播速度误差的主要来源,因此时间以不少于 15min 为宜。

内波传播方向是指所选取剖面线与正北沿顺时针方向转动的夹角。内波波向信息提取过程首先提取出内波前导波的波峰线,然后将波峰线两端点连成线段,取该线段的中点,过该线段的中点做剖面线,使之与此线段相互垂直,通过对剖面线与正北向的所成交角的计算,进而确定内波波向。以正北方向为 0°,顺时针旋转,波向的范围为 0~360°。图 5.10 为中国南海北部的 SAR 影像,红线代表内波波峰线,黄色箭头指示内波的传播方向。

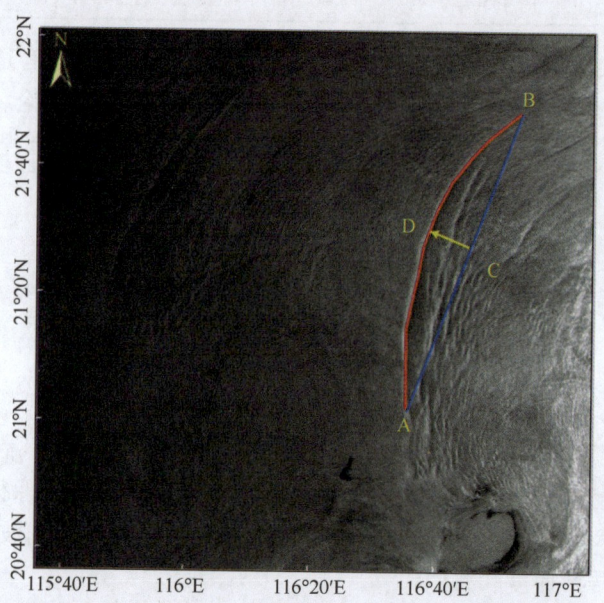

图 5.10　南海北部内波 SAR 影像(ENVISAT ASAR,2011-5-12 02∶19∶39 UTC)

3. 内波深度

内波的相速度与波长无关,因而内波的相速度和内波的群速度相等,即 $C_g = C_p$。如果满足以下条件:

$$\frac{\eta_0}{2} \cdot \frac{|h_1 - h_2|}{h_1 h_2} \ll 1 \tag{5.14}$$

则可以得到 $C_p = C_0$,因此内波深度的计算公式为

$$h_1 = \frac{g'h \pm (g'^2 h^2 - 4g'h C_g^2)^{\frac{1}{2}}}{2g'} \tag{5.15}$$

式中:正负号分别对应上升型内波和下降型内波。通过数值计算或遥感图像获得内波的群速度 C_g,进而求得内波深度。

在某些特殊情况下,当上升型内波和下降型内波同时发生在某一海区时,同一幅 SAR 图像上将出现上升型内波的暗亮条纹和下降型内波的亮暗条纹。此时,可依据两种内波在上下层水深相等处的相互转换特性,由 SAR 图像直接获得内波深度。

5.2 海洋内波的 L 波段极化 SAR 响应特性分析与检测

本节基于日本的先进陆地观测卫星（Advanced Land Observing Satellite，ALOS）相控阵 L 波段合成孔径雷达（Phased Array Type L-band Synthetic Aperture Radar，PALSAR）影像开展海洋内波的极化响应特征分析研究。首先对 ALOS PALSAR 全极化影像进行预处理并构建简缩极化 SAR 影像，其次经极化分解等方法提取极化特征参数，通过检测识别筛选出对内波响应较好的极化特征参数，并据此分析内波的极化响应特性。

本节共选取使用 145 幅 ALOS PALSAR Level 1.1 级影像开展分析，影像的方位向及距离向分辨率分别约为 24m 和 10m。数据主要分布于安达曼海、科隆群岛附近、南美洲沿岸大陆架等地方。

首先使用其中 5 幅影像开展海洋内波的可检测性分析，用于极化特征参数初选；使用剩余 140 幅影像开展海洋内波的检测识别，用于极化特征参数终选。图 5.11 展示了用于极化特征参数初选的 5 景影像的 HH 极化通道后向散射系数图，其中影像#1~#3 中的内波沿距离向传播，影像#4~#5 中的内波沿方位向传播，影像具体信息见表 5.2。

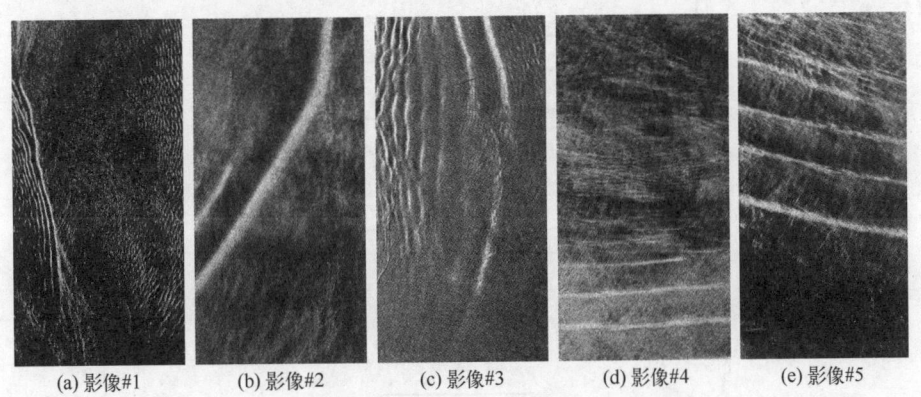

(a) 影像#1　　(b) 影像#2　　(c) 影像#3　　(d) 影像#4　　(e) 影像#5

图 5.11　5 景 ALOS PALSAR HH 极化通道影像

表 5.2　5 景 SAR 影像的数据信息

编号	影像名	成像时间	分辨率/m	视数	中心入射角/(°)
#1	ALPSRP065000120	2007-04-14 UTC16:02	21.37×9.36	6×1	23.93

续表

编号	影像名	成像时间	分辨率/m	视数	中心入射角/(°)
#2	ALPSRP233480140	2010-06-12 UTC16:09	23.85×9.36	6×1	25.73
#3	ALPSRP274470120	2011-03-20 UTC16:10	24.83×9.36	6×1	23.95
#4	ALPSRP229970140	2010-05-19 UTC14:39	24.85×9.36	6×1	25.73
#5	ALPSRP229970180	2010-05-19 UTC14:39	24.85×9.36	6×1	25.73

原始全极化影像均为单视复数数据，图像狭长导致内波信息不易辨认，因此在数据处理过程中首先对原始 SAR 数据沿方位向进行多视处理。然后对多视处理后的全极化影像进行 Refined Lee 滤波。基于滤波处理的全极化 ALOS PALSAR 影像构建简缩极化 SAR 影像，通过极化分解等处理分别提取全极化特征参数及简缩极化特征参数，最后利用这些特征参数图像开展海洋内波的极化响应特性分析工作。具体数据处理流程见图 5.12。

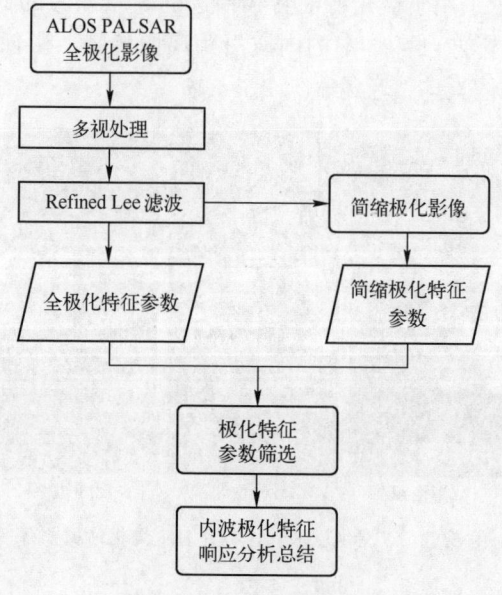

图 5.12 数据处理流程图

5.2.1 极化特征参数筛选

本章分别提取了 36 个全极化 SAR 特征参数和 30 个简缩极化 SAR 特征参

数。首先针对预处理后的全极化 SAR 数据进行辐射校正得到极化散射矩阵 S 和极化相干矩阵 T，提取不同矩阵的基本极化特征参数。再利用 H-A-α 分解[3]、Freeman 分解[4]、Yamaguchi 分解[5]等方法，共获得了 36 个全极化特征参数，详细参数见表 5.3。具体地，$f_1 \sim f_4$ 为 HH 极化、HV/VH 极化以及 VV 极化的海面后向散射系数；$f_5 \sim f_8$ 为不同通道的极化比，其中 f_5 与 f_6 表征海表面的起伏高度变化，f_7 与 f_8 表征海表面对电磁波的去极化能力；$f_9 \sim f_{12}$ 为 Lambda 值、Beta 值、Delta 值以及 Gamma 值，分别表征海表面反射电磁波的能力以及海表面总散射偏向于单次散射、二次散射、多次散射的程度；f_{13} 为极化总功率 Span；$f_{14} \sim f_{15}$ 为海表面单次散射及二次散射之间的差异；$f_{16} \sim f_{24}$ 为极化相干矩阵 T 中不同元素的幅度与相位特征；$f_{25} \sim f_{27}$ 为相干矩阵特征值；$f_{28} \sim f_{30}$ 为 H-A-α 分解的三个特征；Freeman 极化分解和 Yamaguchi 极化分解得到的表面散射（Odd）、二面角散射（Dbl）与体散射特征（Vol）分别由 $f_{31} \sim f_{32}$、$f_{33} \sim f_{34}$ 及 $f_{35} \sim f_{36}$ 来表示。

表 5.3 本章所用全极化特征参数

定 义	极化特征	定 义	极化特征
$f_1 \sim f_4$	σ_{HH}^0, σ_{HV}^0, σ_{VH}^0, σ_{VV}^0	$f_{16} \sim f_{24}$	T_{11}, T_{22}, T_{33}, $|T_{12}|$, $|T_{13}|$, $|T_{23}|$, T_{12pha}, T_{13pha}, T_{23pha}
$f_5 \sim f_8$	$\dfrac{\sigma_{HH}^0}{\sigma_{VV}^0}$, $\dfrac{\sigma_{VV}^0}{\sigma_{HH}^0}$, $\dfrac{\sigma_{HH}^0}{\sigma_{HV}^0}$, $\dfrac{\sigma_{VV}^0}{\sigma_{HV}^0}$	$f_{25} \sim f_{27}$	λ_1, λ_2, λ_3
		$f_{28} \sim f_{30}$	Entropy(H), Anistropy(A), α
$f_9 \sim f_{12}$	Lambda, Beta, Delta, Gamma	$f_{31} \sim f_{32}$	FreeOdd, YamOdd
f_{13}	Span	$f_{33} \sim f_{34}$	FreeDbl, YamDbl
$f_{14} \sim f_{15}$	DERD, SERD	$f_{35} \sim f_{36}$	FreeVol, YamVol

实验所用的简缩极化 SAR 数据由全极化数据重构生成。本章选择右旋圆极化发射、水平及垂直线极化接收的模式来构建简缩极化 SAR 影像，其极化散射矢量和极化协方差矩阵由式（4.27）、式（4.28）给出。

本章选用的 30 个简缩极化特征参数见表 5.4。其中参数 C_1 和 C_2 分别对应式（4.28）中对角线元素的振幅，C_3 为简缩极化 SAR 模式中的极化总功率[4]。基于式（4.29）表述的简缩极化 H-A-α 分解，得到了一系列新的特征参数，如极化协方差矩阵的特征值 $\lambda_i(C_4 \sim C_5)$ 并且特征值满足 $\lambda_1 \geq \lambda_2$，简缩极化熵（H, C_6）、各向异性指数（A, C_7）、平均散射角（α, C_8）[6]及表征海表面反射电磁波的能力的 Lambda 值。基于简缩极化模式下的 Stokes 矢量，得到了与表 4.5 相同的 Stokes 参数 $g_i(C_{10}-C_{13})$，线极化比及圆极化比（LRP, C_{14}；CRP, C_{15}），线极化度及圆极化度（DoLP, C_{16}；DoCP, C_{17}），椭圆角（tau, C_{18}），指向角(phi, C_{19})及对比度(con, C_{20})。参数 $C_{21}\sim C_{23}$ 分别为利用 Raney 极化分解[7]得到的圆度(χ, C_{21})、极化度(m, C_{22})及相对相位(δ, C_{23}),其表达式由式(4.34)给出。极化特征 $C_{24}\sim C_{26}$ 分别表征探测目标的表面散射(Odd, C_{24})、二次散射(Dbl, C_{25})及体散射(Vol, C_{26})能力[7]。$C_{27}\sim C_{30}$ 为不同极化通道的 σ^0 影像。

表5.4 本章所用于内波检测的简缩极化特征参数

定 义	极化特征	定 义	极化特征
$C_1\sim C_2$	$|C_{11}|, |C_{22}|$	$C_{14}\sim C_{17}$	LPR, CPR, DoLP, DoCP
C_3	Span	C_{18}	Ellipticity Angle (tau)
$C_4\sim C_5$	λ_1, λ_2	$C_{19}\sim C_{20}$	Orientation Angle (phi), Contrast (con)
$C_6\sim C_8$	Entropy(H), Anistropy(A), α	$C_{21}\sim C_{23}$	χ, m, δ
C_9	Lambda	$C_{24}\sim C_{26}$	Odd, Dbl, Vol
$C_{10}\sim C_{13}$	Stokesg_0, Stokesg_1, Stokesg_2, Stokesg_3	$C_{27}-C_{30}$	$\sigma^0_{HH}, \sigma^0_{HV}, \sigma^0_{VH}, \sigma^0_{VV}$

5.2.2 内波可检测性分析

5.2.1 节得到的全极化 SAR 特征参数及简缩极化 SAR 特征参数具有一定的区分海洋内波及海洋背景能力,但不同参数的物理特性不同,因此它们对海洋内波的敏感程度也不同。本节参考 4.2.3 节的方法,构建了巴塔恰里雅距离(巴氏距离)[8]及欧几里得距离[9]两种检测指数来评价不同极化特征参数的海洋内波探测识别能力,初选出对内波检测效果较好的特征参数。为了确保样本的准确性,选择空间上分散且来自不同区域的像元作为样本。

内波与海面之间的巴氏距离及欧几里得距离分别定义为

$$J=\frac{1}{8}(M_{\text{IW}}-M_{\text{sea}})^2\frac{2}{\sigma^2_{\text{IW}}+\sigma^2_{\text{sea}}}+\frac{1}{2}\ln\frac{\sigma^2_{\text{IW}}+\sigma^2_{\text{sea}}}{2\sigma_{\text{IW}}\sigma_{\text{sea}}} \quad (5.16)$$

$$D=\frac{|M_{\text{IW}}-M_{\text{sea}}|}{\sqrt{\sigma^2_{\text{IW}}+\sigma^2_{\text{sea}}}} \quad (5.17)$$

式中:M_{IW} 和 M_{sea} 分别表征内波与海面的统计样本均值;σ^2_{IW} 和 σ^2_{sea} 分别表征内波与海面的统计样本方差。

图 5.13 展示了基于全极化 SAR 特征参数的内波海面巴氏距离提取结果,图中黑色实线代表平均值。经统计,每种评价指标在 5 景影像上具有

相同的趋势，区别仅在于相对值的大小。从均值结果可以看出，表面散射系数 Odd($f_{31} \sim f_{32}$)、特征值 $\lambda_1(f_{25})$、Lambda 值(f_9)、极化熵 Entropy(f_{28})以及极化总功率 Span(f_{13})的巴氏距离排在前 6 位，其图像中的内波辨别效果优于原始极化通道的 σ^0 影像。而其他特征的巴氏距离则均小于 2，内波检测能力相对较弱。

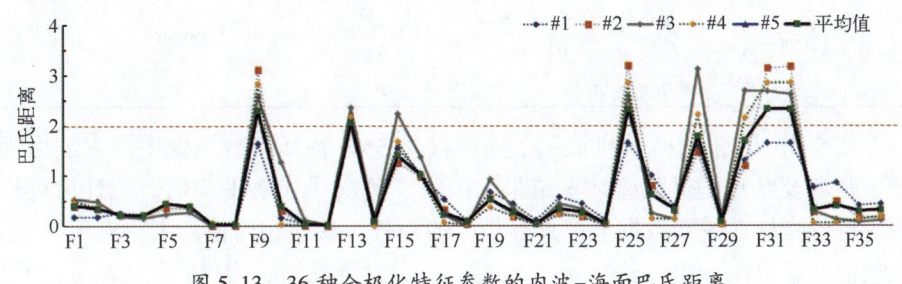

图 5.13　36 种全极化特征参数的内波−海面巴氏距离

与巴氏距离类似，欧几里得距离能够体现出内波与均匀海面的散射强度差异，可作为衡量内波可检测性的度量。图 5.14 展示了全极化 SAR 数据的内波海面欧几里得距离结果，总的来说其检测结果与巴氏距离的检测结果基本一致，但参数 $\alpha(f_{30})$ 也表现出具有较好的内波海面区分能力。

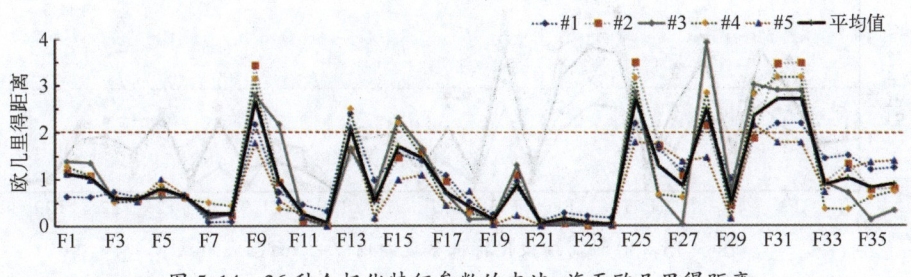

图 5.14　36 种全极化特征参数的内波−海面欧几里得距离

综合分析欧几里得距离及巴氏距离计算结果，表 5.5 总结了 36 个全极化特征参数的内波可检测能力，其中 Level Ⅰ中所列举参数的巴氏距离与欧几里得距离的平均值大于 2，具有较为优异的内波检测识别性能；Level Ⅱ中参数的平均值介于 0.5 与 2 之间，内波识别能力较弱；Level Ⅲ中的参数表示无法识别内波，其欧几里得距离与巴氏距离的平均值小于 0.5。

表 5.5　本章所用全极化特征参数的内波检测能力

区分能力	特征参数
Level Ⅰ	FreeOdd, YamOdd, λ_1, Lambda, Entropy(H), α, Span

续表

区分能力	特征参数
Level II	SERD, T_{11}, λ_2, λ_3, σ^0_{HH}, σ^0_{VV}, FreeDbl, YamDbl, Beta, FreeVol, YamVol, $\dfrac{\sigma^0_{HH}}{\sigma^0_{VV}}$, $\dfrac{\sigma^0_{VV}}{\sigma^0_{HH}}$
Level III	σ^0_{HV}, σ^0_{VH}, $\dfrac{\sigma^0_{HH}}{\sigma^0_{HV}}$, $\dfrac{\sigma^0_{VV}}{\sigma^0_{VH}}$, DERD, Delta, Gamma, Anistropy(A), T_{22}, T_{33}, $|T_{12}|$, $|T_{13}|$, $|T_{23}|$, T_{12pha}, T_{13pha}, T_{23pha}

图 5.15 及图 5.16 分别展示了简缩极化 SAR 特征参数图像中的内波海面巴氏距离及欧几里得距离计算结果，图中黑色实线代表平均值。统计后可得两种评价指标在 5 景数据上都具有相似的趋势，仅与相对值的大小有所区别。从均值结果可以看出，Stokesg_0、Stokesg_3、λ_1、Lambda、H 以及 Stokesg_1 的巴氏距离排居前列，这些参数图像中的内波辨别效果均优于原始 σ^0 影像，而其他特征的巴氏距离则均小于 2，内波检测性能相对较弱。内波海面的欧几里得距离检测结果与巴氏距离检测结果基本一致，但参数 Span 也表现出具有较好的内波海面区分能力。

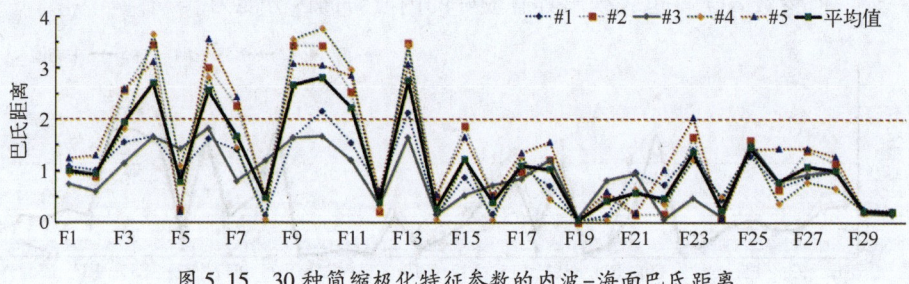

图 5.15　30 种简缩极化特征参数的内波-海面巴氏距离

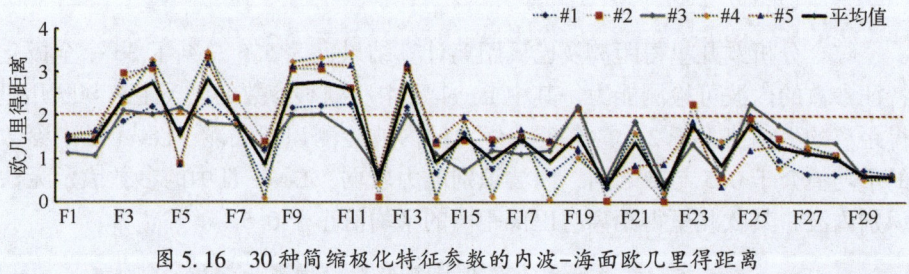

图 5.16　30 种简缩极化特征参数的内波-海面欧几里得距离

与全极化处理方式类似，综合分析欧几里得距离及巴氏距离计算结果，表 5.6 总结了 30 个简缩极化特征参数的内波检测能力。

表 5.6 本章所用简缩极化特征参数的内波检测能力

区分能力	特征参数
Level Ⅰ	λ_1, Entropy(H), Lambda, Stokesg_0, Stokesg_1, Stokesg_3, Span
Level Ⅱ	Anistropy(A), m, $|C_{11}|$, $|C_{22}|$, DoCP, λ_2, σ^0_{HH}, σ^0_{VV}, Dbl, Vol, CPR
Level Ⅲ	Contrast(con), χ, Ellipticity Angle(tau), DoLP, δ, LPR Odd, Stokesg_2, σ^0_{HV}, σ^0_{VH}, Orientation Angle(phi), δ

5.2.3 极化 SAR 内波检测

在遥感影像中辨别内波,其本质是对内波与海面背景进行聚类识别。基于这个原理,本节将上文初选得到的 Level Ⅰ 中的全极化及简缩极化 SAR 特征参数作为无监督分类的基础,以进一步鉴别它们在海面中探测识别内波的能力。

本节主要使用了基于极化特征参数的 k-means 聚类算法与基于极化协方差矩阵 C_2 的 Wishart 聚类算法。在利用极化特征参数进行 k-means 分类操作时,本节将特征图像进行了对数转换,这能够增强数据的对比度,进一步提高 k-means 算法的性能[10]。同时,k-means 分类需要设定待分类的数量(k),本节在实验处理过程中将类数均设定为 2,即只考虑内波与海面背景两种类型。

为了分析上述两种聚类算法的内波识别性能,本节针对内波识别精度进行了评定比较。目前尚未有精确可行的遥感影像内波检测精度评定标准,在此采用了专家经验知识对影像进行目视解译,并将内波区域在图中以红色实线标定(图 5.17)。将两种聚类算法的内波识别结果与原始影像的专家目视解译结果进行判定比对,得到内波检测识别精度(表 5.7)。本节共选取了 140 幅 ALOS PALSAR 全极化影像并构建得到了相应的简缩极化影像,同时从原始影像中解译得到 250 条内波。由于内波的空间尺度较大,其在遥感影像中主要以波包的形式存在并表现为亮暗相间的条带,因此在标定内波时只选择波峰位置的较大连通区域。

表 5.7 展示了对全极化特征参数进行聚类分析的结果,由表可知,利用 Wishart 聚类方法共识别出 186 条内波,识别精度为 74.4%。而基于全极化特征参数的 k-means 聚类算法表现出了较为优异的内波识别性能。其中参数 FreeOdd 和 YamOdd 的内波识别精度均超过 80%;参数 λ_1、Lambda、Entropy(H) 及 Span 的内波识别精度分别为 78.4%、79.2%、77.6% 和 77.6%;参数 α 的内波识别精度略低于 Wishart 算法结果,仅为 71.2%。综上所述,利用欧几里得距离及巴氏距离所挑选出的全极化特征参数 FreeOdd、YamOdd、λ_1、Lambda、Entropy(H) 及 Span 可有效用于海洋内波的检测识别。

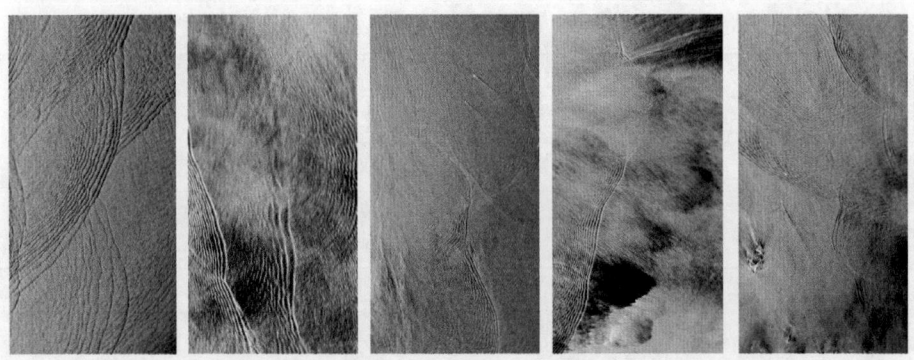

图 5.17 部分内波影像,内波目视解译结果以红色实线标定

表 5.7 全极化特征参数内波识别精度

聚类方法	内波数量	精度	聚类方法	内波数量	精度
Wishart	186	74.40%	k-means of Lambda	198	79.20%
k-means of FreeOdd	201	80.40%	k-means of H	194	77.60%
k-means of YamOdd	205	82.00%	k-means of α	178	71.20%
k-means of λ_1	196	78.40%	k-means of Span	194	77.60%

分析表 5.8 可知,利用 Wishart 聚类方法识别出了 194 条内波,识别精度为 77.6%,展示了对简缩极化特征参数进行聚类分析的结果。基于简缩极化特征参数的 k-means 聚类算法与基于全极化类似,同样表现出了较好的内波识别性能。其中参数 λ_1、Lambda、Entropy(H) 及 Span 的内波识别精度均超过 80%;参数 Stokes g_0 及 Stokes g_3 的内波识别精度与 Wishart 算法接近,分别为 76.8% 与 78.8%;而参数 Stokes g_1 特征图像中仅可识别出 142 条内波,识别精度为 56.8%,内波识别能力较差,不适合用于海洋内波的探测研究。综上所述,本节利用欧几里得距离及巴氏距离所挑选出的部分简缩极化特征参数 λ_1、Lambda、Entropy(H)、Stokes g_0、Stokes g_3 以及 Span 可有效用于海洋内波的探测与识别。

表 5.8 简缩极化特征参数内波识别精度

聚类方法	内波数量	精度	聚类方法	内波数量	精度
Wishart	194	77.60%	k-means of Stokesg_0	192	76.80%
k-means of λ_1	205	82.00%	k-means of Stokesg_1	142	56.80%
k-means of Lambda	203	81.20%	k-means of Stokesg_3	197	78.80%
k-means of H	207	82.80%	k-means of Span	203	81.20%

图 5.18 为针对内波全极化特征参数图像进行聚类处理的结果示例,在图像中,内波被分配成黑色,海面背景分配为白色。由图可知,在两种分类方

法中，均可轻松地将内波与背景环境区分开来，但Wishart聚类的结果与基于特征参数图像的聚类结果存在一定的差异。其中，基于极化特征参数的k-means聚类算法能够突出内波区域特征，且起到了一定的降噪作用，有效地保持了内波边缘特征。

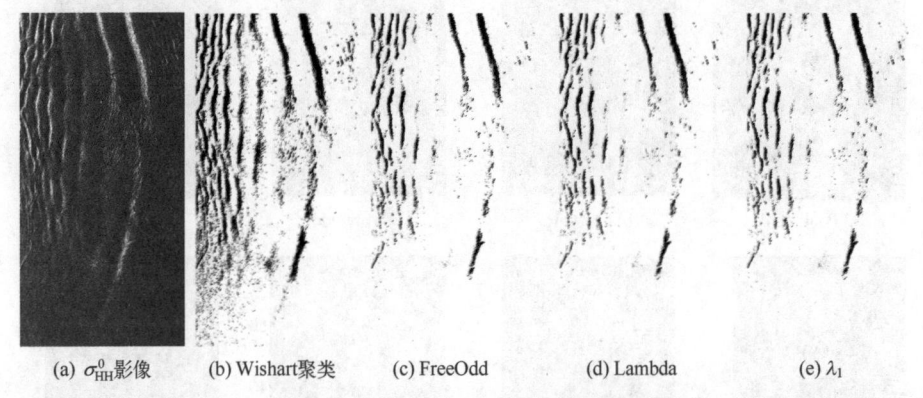

(a) σ_{HH}^0影像　　(b) Wishart聚类　　(c) FreeOdd　　(d) Lambda　　(e) λ_1

图5.18　影像#3全极化特征参数图像内波聚类结果比较，
图（c）～图（e）为k-means聚类结果

5.2.4 适合内波检测的最优极化特征

5.2.3节中比较分析了内波在不同极化特征参数图像中的可检测性，其效果差异源于内波引起的海面变化对极化SAR有着不同的响应特性。图5.19展示了对影像#1处理得到的7个全极化特征参数图像，这些特征参数均属于Level Ⅰ。由图可知，极化特征参数图像中的内波目视解译效果较好，能够突出内波区域特征。此外，内波可检测性效果越好的极化特征参数，其对内波的响应特性也就越强，本节据此分析了内波的极化响应特征。

本节对影像#3进行了处理，截取图像中包括内波和海水的区域作为感兴趣区，然后选择断面（图5.20（a）），获取最优极化特征参数图像的断面分布曲线，以进一步分析内波的极化响应特性。

图5.20展示了针对上述7个特征参数图像提取得到的内波剖面图。由图5.20（b）可知，其图像中左侧的三个峰值对应图5.20（a）中左侧三条尺寸较小的内波，中间偏右的两个峰值对应图5.20（a）中右侧两条幅度较大的内波。对比分析图5.20（b）～图（h），不难发现表面散射系数Odd、Lambda（λ）值及特征值λ_1对内波的识别效果最好。其中参数Lambda表明内波具有较好的反射电磁波能力，相比于均匀海面，内波引起的海面变化部分具有较强的极化散射功率。参数Odd表明内波的散射机制主要为表面散射。另外，在极化熵值

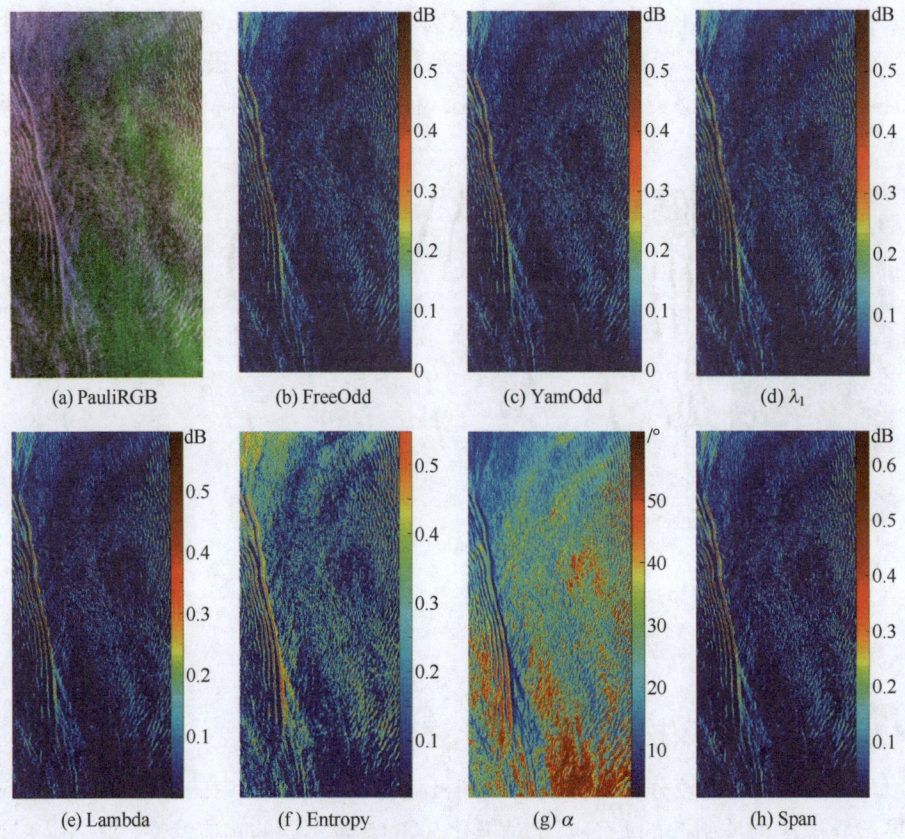

图 5.19 影像#1 的全极化特征参数图像

条件下（图 5.20（f））可清楚地识别出内波，图像中内波的强度高于海水的强度，表明内波相对于海面具有较强去极化作用。在 α 图像中（图 5.20（g）），内波的强度低于海水，内波的 α 值范围介于 $0 \sim 10°$ 印证了其散射机制主要为表面散射。对于该影像，当 α 阈值设为 $5°$ 时，可有效分离出内波。

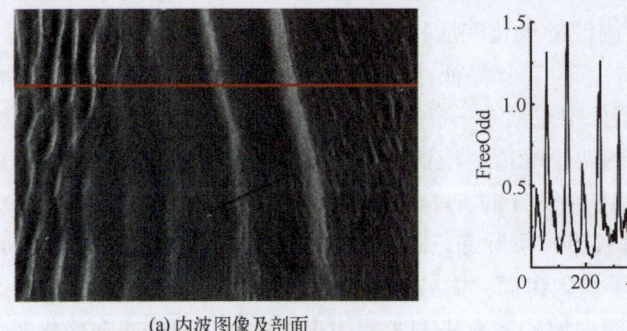

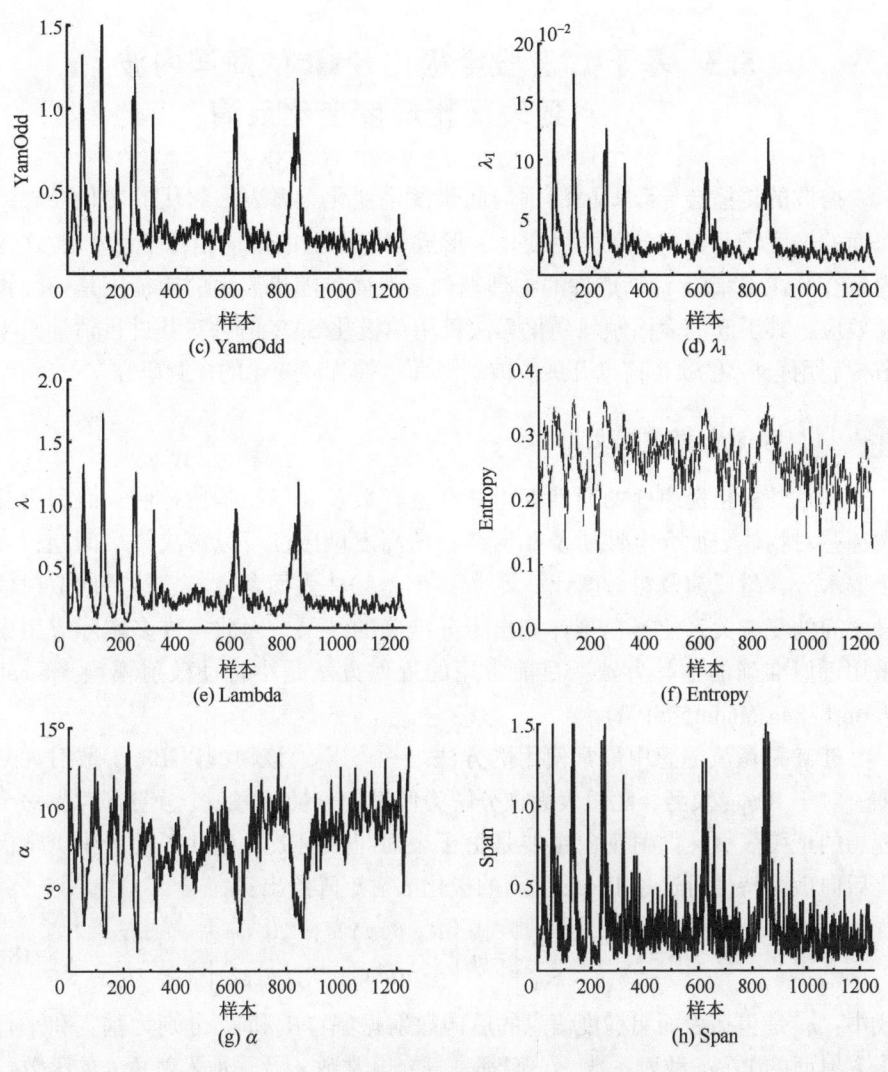

图 5.20 影像#3 的极化特征参数剖面图

表 5.5 中的 Level Ⅱ 代表了较易识别内波的极化特征参数,如交叉极化比参数和体散射系数。交叉极化比参数主要表征海面粗糙度起伏高度特征,这意味着在海水内部传播的内波能够在海表面引起一定程度的粗糙起伏。体散射系数特征中内波仍较易检测,表明了内波具有微弱的体散射特征。

5.3 基于 L 波段全极化 SAR 的海洋内波致表面粗糙度变化反演

内波的传播会导致海面的垂向起伏发生变化，海表面起伏的变化会导致海面的坡度场及斜率分布发生变化，形成较为明显的海面粗糙变化[11]，这是内波在 SAR 影像中清晰成像的物理基础。然而，随机表面的粗糙度是一种扰动效应，其引起的表面倾斜变化无法仅用单极化 SAR 信息对其进行估计，本节拟利用全极化 SAR 信息开展内波致海面粗糙扰动变化的探测研究。

5.3.1 Bragg 散射模型

任意随机粗糙表面的属性都由其介电常数及几何结构所控制，而利用微波遥感对物体表面介电性质及几何结构的高度敏感性可以解决许多问题，如土壤水分含量反演及粗糙度计算等[12]。但是物体表面参数与雷达后向散射信号之间的复杂关系使得很难计算出十分准确的结果，因此在许多实际应用中采用近似准确的估计方法，目前常用的近似方法是小扰动散射模型（Small Perturbation Model，SPM）。

SPM 是微波遥感中最常使用的方法之一[13-14]，该模型以 Bragg 散射为基础。对于 Bragg 模型，随机表面被分解为傅里叶分量，每一个分量都对应一个理想的正弦表面，散射现象主要是由于表面与入射波发生共振而产生。其极化后向散射特性可通过 Bragg 表面的极化散射矩阵给出：

$$S = \begin{bmatrix} S_{HH} & S_{HV} \\ S_{VH} & S_{VV} \end{bmatrix} = m_s \begin{bmatrix} R_S(\theta,\varepsilon) & 0 \\ 0 & R_P(\theta,\varepsilon) \end{bmatrix} \quad (5.18)$$

式中：m_s 是包括表面粗糙度信息的后向散射振幅；R_S 和 R_P 分别为垂直和平行于入射面的 Bragg 散射系数，它们都是复介电常数 ε 及局地入射角 θ 的函数：

$$R_S = \frac{\cos\theta - \sqrt{\varepsilon - \sin^2\theta}}{\cos\theta + \sqrt{\varepsilon - \sin^2\theta}} \quad (5.19)$$

$$R_P = \frac{(\varepsilon - 1)(\sin^2\theta - \varepsilon(1 + \sin^2\theta))}{(\varepsilon\cos\theta + \sqrt{\varepsilon - \sin^2\theta})^2} \quad (5.20)$$

然而，对于大部分自然表面来说 Bragg 模型适应的粗糙度范围过于严格，不能满足实际需求。因此为了描述自然散射的相关特性，引入了包含二阶散射过程的极化相干矩阵 T。它的形成基于一个散射矢量 k_p 引入，其散射矩阵 S 基于 Pauli 旋转矩阵基的矢量化[15]。

$$k_p = [S_{HH}+S_{VV} \quad S_{HH}-S_{VV} \quad 2S_{HV}]^T \qquad (5.21)$$

通过，对 k_p 进行乘积平均得到相干矩阵：

$$T = \langle k_p \cdot k_p^T \rangle =$$
$$\frac{1}{2}\begin{bmatrix} \langle |S_{HH}+S_{VV}|^2 \rangle & \langle (S_{HH}+S_{VV})(S_{HH}-S_{VV})^* \rangle & 2\langle (S_{HH}+S_{VV})S_{HV}^* \rangle \\ \langle (S_{HH}-S_{VV})(S_{HH}+S_{VV})^* \rangle & \langle |S_{HH}-S_{VV}|^2 \rangle & 2\langle (S_{HH}-S_{VV})S_{HV}^* \rangle \\ 2\langle S_{HV}(S_{HH}+S_{VV})^* \rangle & 2\langle S_{HV}(S_{HH}-S_{VV})^* \rangle & 4\langle |S_{HV}|^2 \rangle \end{bmatrix}$$
$$(5.22)$$

式（5.22）中的相干矩阵 T 为 Hermitian 半正定矩阵，表明它具有实的非负特征值及正交特征矢量，因此可以实现对角化。其对角线元素由后向散射功率的实数部分得到，而非对角线元素包含散射矢量 k_p 之间的复相关系数。

在 Bragg 模型中其相应的散射矢量 k_p 可由下式表示：

$$k_p = \frac{1}{\sqrt{2}}\begin{bmatrix} S_{HH}+S_{VV} \\ S_{HH}-S_{VV} \\ 2S_{HV} \end{bmatrix} = m_s\begin{bmatrix} R_S+R_P \\ R_S-R_P \\ 0 \end{bmatrix} = m\begin{bmatrix} \cos\alpha e^{i\varphi_1} \\ \sin\alpha e^{i\varphi_2} \\ 0 \end{bmatrix} \qquad (5.23)$$

$$T = \langle k_p \cdot k_p^T \rangle =$$
$$m_s^2\begin{bmatrix} \langle |R_S+R_P|^2 \rangle & \langle (R_S+R_P)(R_S-R_P)^* \rangle & 0 \\ \langle (R_S-R_P)(R_S+R_P)^* \rangle & \langle |R_S-R_P|^2 \rangle & 0 \\ 0 & 0 & 0 \end{bmatrix} \qquad (5.24)$$

$$\gamma(HH+VV)(HH-VV) = \frac{T_{12}}{\sqrt{T_{11}T_{22}}} = 1 \qquad (5.25)$$

式中：m_s 表示绝对散射振幅。Bragg 散射中的相干矩阵 T 由式（5.24）给出，其两个非对角元素中由于交叉极化为 0 而消失，而第三个非对角线元素只与表面介电常数及雷达入射角相关。同时式（5.25）表明其对应的归一化相关系数为 1，这表明了 Bragg 模型无法描述去极化效应。

图 5.21 展示了影像#3 的交叉极化通道后向散射系数图及交叉极化比特征参数图，图中内波区域的值远大于均匀海面值。结合第三章的分析可知内波作用海面区域的交叉极化散射系数并不为 0，且其具有较强的去极化效应，因此无法用 Bragg 模型描述内波引起的海面粗糙变化。

5.3.2 X-Bragg 散射模型

为了克服 Bragg 散射模型中无法描述非零交叉极化后向散射及去极化效应的缺陷，2003 年，Hajnesk 等引入了 X-Bragg 模型，即改进的 Bragg 散射模

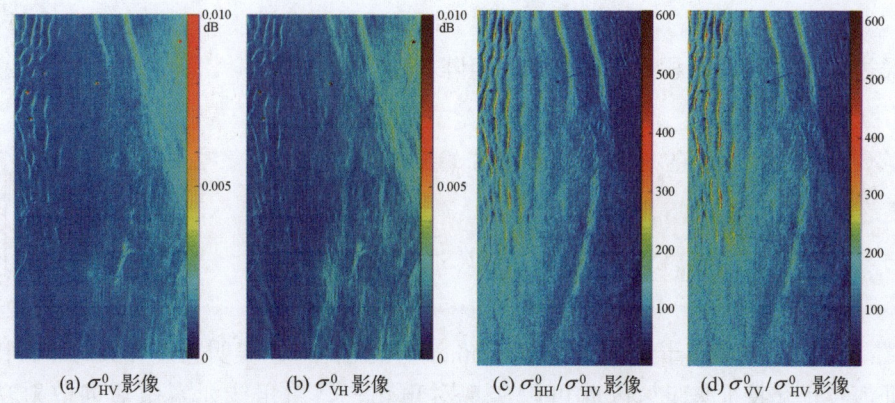

图 5.21 影像#3 的交叉极化散射系数图及交叉极化比特征图

型[16]。在 X-Bragg 模型中,散射表面由粗糙的随机倾斜小平面组成,小平面相对于波长较大。对于任意一个平面元,假设一个随机的倾斜导致产生一个随机的入射角变化 $\Delta\theta$ 和一个局地入射平面的方位向旋转角 β,见图 5.22。其中,随机入射角变化量 $\Delta\theta$ 可被忽略,入射平面的方位向旋转角 β 被认为是可假设均匀分布在 $(-\beta_1, \beta_1)$ 内,可用于描述大尺度方位向粗糙起伏程度。

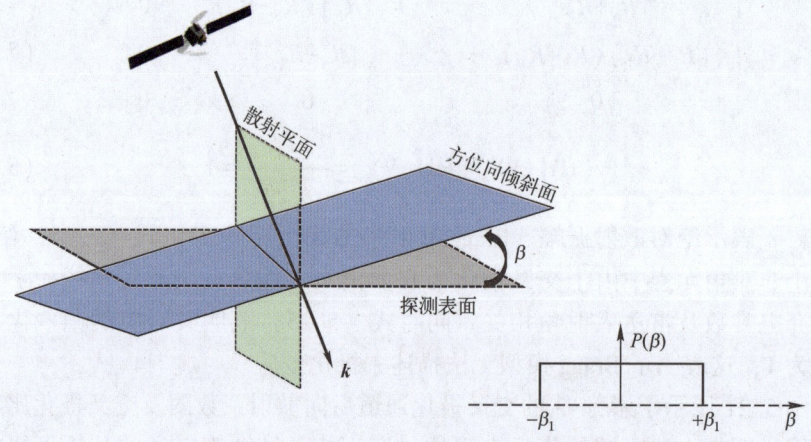

图 5.22 X-Bragg 模型中散射面方位向倾斜示意图

在上述假定情况下,粗糙表面的相干矩阵 T 可表示如下:

$$T(\beta) = \begin{bmatrix} 1 & 0 & 0 \\ 0 & \cos 2\beta & \sin 2\beta \\ 0 & -\sin 2\beta & \cos 2\beta \end{bmatrix} \begin{bmatrix} \langle |R_S+R_P|^2 \rangle & \langle (R_S-R_P)(R_S+R_P)^* \rangle & 0 \\ \langle (R_S+R_P)(R_S-R_P)^* \rangle & \langle |R_S-R_P|^2 \rangle & 0 \\ 0 & 0 & 0 \end{bmatrix}$$

$$\begin{bmatrix} 1 & 0 & 0 \\ 0 & \cos 2\beta & -\sin 2\beta \\ 0 & \sin 2\beta & \cos 2\beta \end{bmatrix} \tag{5.26}$$

$$\boldsymbol{T} = \int_0^{2\pi} [\boldsymbol{T}(\beta)] P(\beta) \mathrm{d}\beta \tag{5.27}$$

$P(\beta)$ 是一个关于 0 的均匀分布,宽度 β_1 则对应散射表面方位向粗糙度扰动量:

$$P(\beta) = \begin{cases} \dfrac{1}{2\beta_1} & |\beta| \leq \beta_1 \\ 0 \leq \beta_1 \leq \dfrac{\pi}{2} \end{cases} \tag{5.28}$$

因此,粗糙表面的相干矩阵 $\boldsymbol{T}$ 可由 $\mathrm{sinc}(x) = \sin(x)/x$ 给出:

$$\boldsymbol{T} = \begin{bmatrix} T_{11} & T_{12} & T_{13} \\ T_{21} & T_{22} & T_{23} \\ T_{31} & T_{32} & T_{33} \end{bmatrix} = \begin{bmatrix} C_1 & C_2 \mathrm{sinc}(2\beta_1) & 0 \\ C_2 \mathrm{sinc}(2\beta_1) & C_3(1+\mathrm{sinc}(4\beta_1)) & 0 \\ 0 & 0 & C_3(1-\mathrm{sinc}(4\beta_1)) \end{bmatrix} \tag{5.29}$$

式中:系数 C_1、C_2、C_3 为表面 Bragg 散射分量,分别表示为

$$C_1 = |R_S + R_P|^2, \quad C_2 = (R_S + R_P)(R_S - R_P)^*, \quad C_3 = \frac{1}{2}|R_S - R_P|^2 \tag{5.30}$$

式 (5.29) 表明 X-Bragg 模型中,扰动量 β_1 的宽度决定了交叉极化能量及相干系数 γ 的大小。同时式 (5.31) 中的极化相干性小于 1,表明存在粗糙扰动效应。

$$\gamma(\mathrm{HH+VV})(\mathrm{HH-VV}) = \frac{T_{12}}{\sqrt{T_{11}T_{22}}} \frac{\mathrm{sinc}(2\beta_1)}{\sqrt{1+\mathrm{sinc}(4\beta_1)/2}} \leq 1 \tag{5.31}$$

根据式 (5.29),Hajnesk 指出左圆极化与右圆极化之间的相干系数仅与散射平面方位向粗糙扰动量宽度 β_1 有关:

$$\gamma_{LLRR} = \frac{T_{22} - T_{33}}{T_{22} + T_{33}} = \mathrm{sinc}(4\beta_1) \tag{5.32}$$

基于式 (5.32) 计算得到影像中表征方位向倾斜的扰动量宽度角 β_1。另外,实际海洋表面的随机粗糙情况较为复杂,如风场、涌浪、涡旋等都会改变海表面的粗糙度,无法利用上式定量计算内波传播所产生的表面粗糙具体值。然而由式 (5.32) 可知,内波区域与均匀海面区域的 γ_{LLRR} 均只与表征海面散射面元方位向粗糙扰动量宽度角 β_1 有关,因此基于相对变化概念,计算得到去除均匀海面区域作用后的"粗糙变化"。在假设整幅 SAR 影像的风速

及涌浪差别不大的情况下，影像中的显著 $\Delta\beta_1$ 变化值仅与内波作用有关。$\Delta\beta_1$ 称为内波致海面方位向粗糙扰动变化值：

$$\Delta\beta_1 = \frac{\beta_1 - \beta_{1海面}}{\beta_{1海面}} \tag{5.33}$$

5.3.3 X-Bragg 散射模型的应用与分析

本节利用 X-Bragg 散射模型，以 5 幅 ALOS PALSAR 影像为例进行了内波致海面方位向粗糙扰动变化计算，影像如图 5.23 所示。

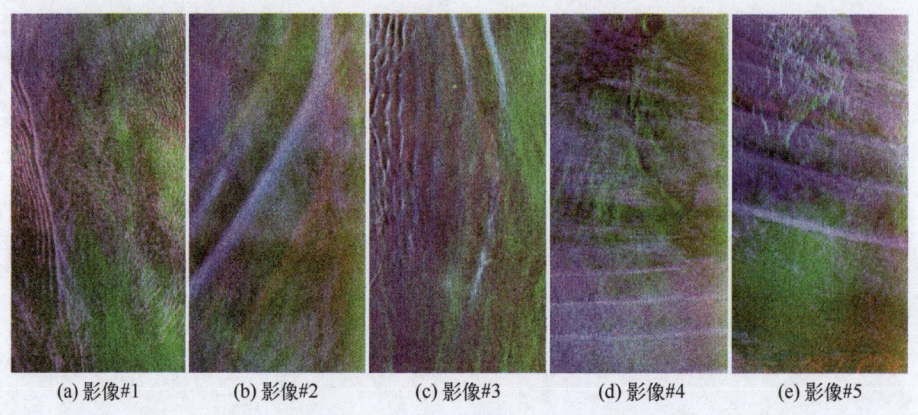

(a) 影像#1　　(b) 影像#2　　(c) 影像#3　　(d) 影像#4　　(e) 影像#5

图 5.23　ALOS PALSAR 内波伪彩色影像

对 ALOS PALSAR 影像进行滤波和极化处理后可得到极化散射矩阵 S 和极化相干矩阵 T，然后对相干矩阵 T 进行极化变换得到圆极化信息。利用式 (5.32) 及式 (5.33)，定量计算得到了上述两幅影像中的内波致海面方位向粗糙扰动变化值 $\Delta\beta_1$，如图 5.24 所示。

由图可知，在 5 景影像中，内波区域的海面方位向粗糙扰动变化值介于 0~30% 之间。对其进行均值统计分析后得到，影像#1 中内波区域的方位向粗糙扰动相对于均匀海面处增加了约 25%，影像#2 中内波区域的方位向粗糙扰动增加了约 13%，影像#3 中内波区域的方位向粗糙扰动相对于均匀海面约增加了 14%，影像#4 和影像#5 中内波区域的此处倾斜相对于均匀海面分别增加了 11% 和 19%。上述定量分析结果表明内波在海洋中传播时，会对海表面的方位向粗糙变化起到增强效果。

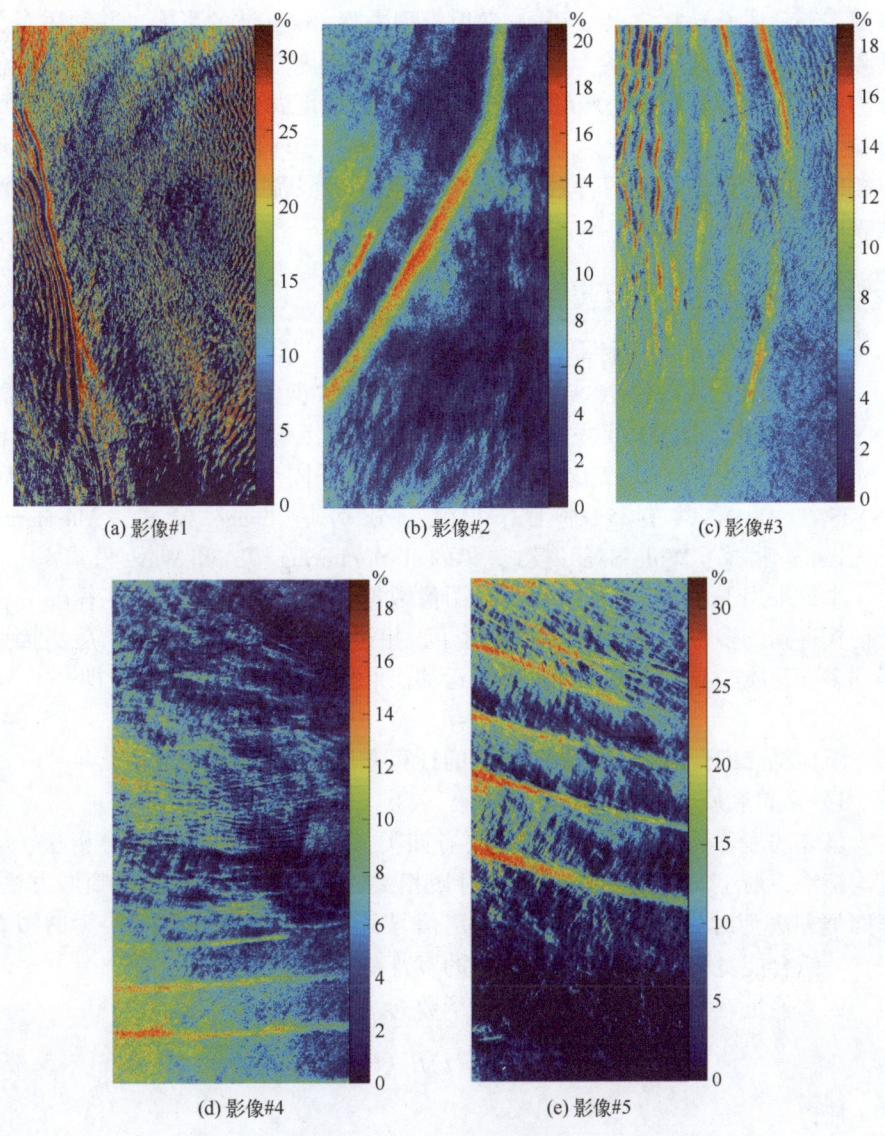

图 5.24 内波致海面粗糙倾斜变化

5.4 基于 SAR 多普勒异常的海洋内波致表面流速反演方法

本节主要介绍基于 SAR 海洋内波致海面流速提取方法。首先,基于多普勒频移理论,计算多普勒质心频移,并去除卫星与地球相对运动产生的频移,得到多普勒质心异常。根据 Bragg 散射模型去除 Bragg 波的影响，并利用多普勒频移与速度的理论关系，计算得到雷达视向速度。依据风场对雷达回波信号的影响，将多普勒质心频移转化为雷达视向速度并去除。根据风生海流的经验关系，去除风生海流。最后采用克里金法基于非内波影响区域的背景流速插值出内波影响区域的背景流速，在去除了背景流速后，得到了海洋内波致表面流速。

5.4.1 海表面流速反演算法

1. 多普勒质心异常计算

本节采用 ENVISAT ASAR 的单视复数图像数据来计算多普勒质心异常。ENVISAT 卫星于 2002 年发射，2012 年失联。工作波段为 C 波段，波长 5.6cm，脉冲频率 1650~2100Hz。运行轨道为太阳同步轨道，重访周期 35 天。ENVISAT ASAR 共有 5 种工作模式，分别是 Image 模式、Alternating Polarisation 模式、Wide Swath 模式、Global Monitoring 模式和 Wave 模式[17]。

本节采用 Image 模式的单视复数图像数据来计算多普勒质心频率 f_{DC}。由于计算得到的多普勒质心频率 f_{DC} 包含了卫星运动产生的多普勒频移 f_{Sat}，因此得到多普勒质心异常需要去除由卫星运动而产生的多普勒频移 f_{Sat}，即

$$f_{Dca} = f_{DC} - f_{Sat} \tag{5.34}$$

下面将详细介绍多普勒质心异常的计算方法。

1) 多普勒质心计算

已有的多普勒质心估算方法主要有四类，分别为多普勒频谱分析法、能量均衡法、最小均方误差估计法和时域相关法。前三类方法都是频域方法，第四类方法为时域方法[18]。本节采用信号处理中常用的方法——频谱拟合法，并结合能量均衡思想来计算影像的多普勒质心。

因为能量有限信号 $f(t)$ 的自相关函数为

$$R(\tau) = \int_{-\infty}^{+\infty} f(t) f^*(t-\tau) \mathrm{d}t \tag{5.35}$$

所以

$$R(0) = \int_{-\infty}^{+\infty} |f(t)|^2 \mathrm{d}t \tag{5.36}$$

已知

$$F[f(t)] = F(\omega) \tag{5.37}$$

由帕塞瓦尔定理可得

$$F[R(t)] = |F(\omega)|^2 \tag{5.38}$$

$$R(\tau) = \frac{1}{2\pi} \int_{-\infty}^{+\infty} |F(\omega)|^2 \mathrm{e}^{j\omega t} \mathrm{d}\omega \tag{5.39}$$

所以

$$R(0) = \frac{1}{2\pi} \int_{-\infty}^{+\infty} |F(\omega)|^2 d\omega \tag{5.40}$$

可得

$$R(0) = \int_{-\infty}^{+\infty} |f(t)|^2 dt = \frac{1}{2\pi} \int_{-\infty}^{+\infty} |F(\omega)|^2 d\omega = \int_{-\infty}^{+\infty} |F_1(f)|^2 df \tag{5.41}$$

由式（5.41）知，对于能量有限信号，时域内信号的能量和频域内信号的能量相等，即经傅里叶变换，信号总能量保持不变。

基于上述理论，采用常用的信号处理方法——频谱拟合法。首先，对影像的局部窗口进行快速傅里叶变换（Fast Fourier Transform，FFT）；其次，通过 FFT shift 将 FFT 结果与 [-fs/2, fs/2] 对应；最后对 FFT shift 处理后的结果进行方位向能量估算，得到该窗口的多普勒中心频率。因为直接根据方位向能量谱寻找其中心位置较为困难，而在多普勒中心频率左右两侧能量积分相等，参考 Curlander 等提到的能量均衡思想[19]，对方位向能量进行正弦曲线拟合，以拟合正弦曲线的中心点频率作为该局部窗口的多普勒中心频率。通过滑动窗口，得到整幅影像的多普勒中心频率，最终像元的空间分辨率约为 100m。

采用频谱拟合法计算得到 2004 年 1 月 12 日苏禄海海域 SAR 影像方位向能量（蓝线）及拟合的正弦曲线（红线），如图 5.25（a）所示。横轴为方位向多普勒频率，单位为赫兹，纵轴表示在该频率下能量的大小。可以看到拟合的正弦曲线能很好地反映局部窗口中方位向能量的变化，正弦曲线的顶点与方位向能量谱的峰值十分一致，这也保证了多普勒中心频率计算的准确性。整景影像的多普勒中心频率如图 5.25（b）所示，多普勒中心频率整体分布在 200~500Hz，沿影像的距离向由左向右可以看到明显的卫星与地球相对运动产生的多普勒频移（图 5.25（b）中由红色到绿色再到蓝色的均匀过渡）。同时，也可以较清晰地看到内波存在区域的多普勒频移比非内波存在区域的多普勒频移大（图中较红的条纹），这也表明，内波在传播过程中引起的海表面流速对应的多普勒频移是较为显著的，确保了下文进行的流速反演及流速分离是可行的。

2）卫星频移计算

卫星与地球相对运动产生的多普勒频移 f_{Sat} 包含在 SAR 数据提取的多普勒质心频率 f_{DC} 中，卫星与地球相对运动产生的多普勒频移的计算方法通常包括两种：

（1）在已知卫星运动速度和姿态信息的情况下，可利用几何方法计算卫星的多普勒频移[20]：

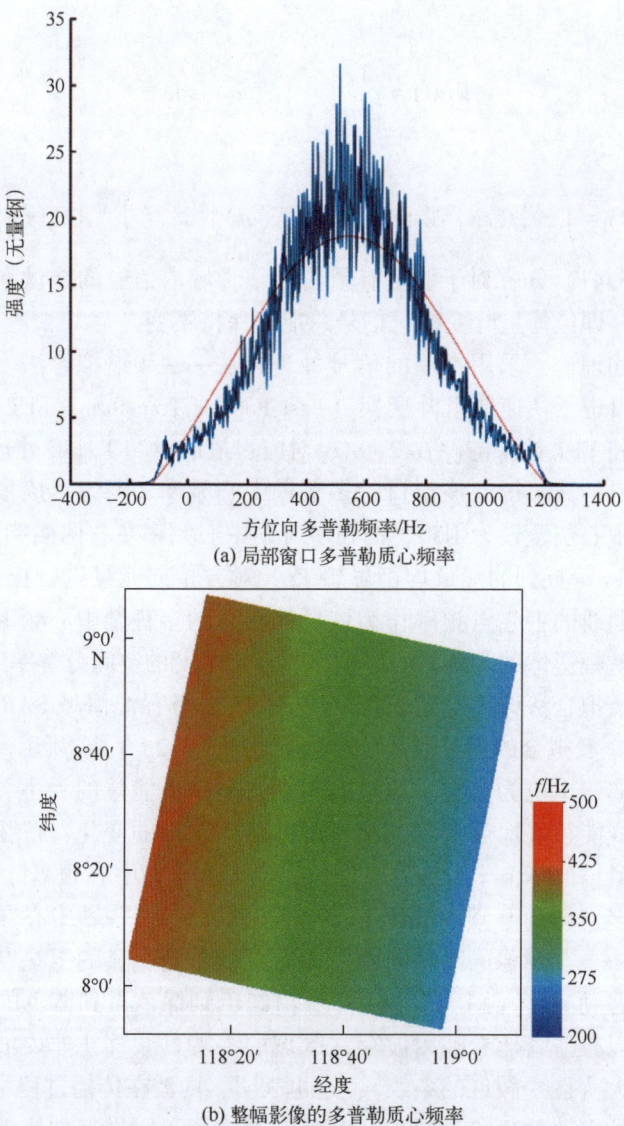

(a) 局部窗口多普勒质心频率

(b) 整幅影像的多普勒质心频率

图 5.25 多普勒中心频率图

$$f_{\text{Sat}}=\frac{K_r V_{\text{SC}}}{\pi}\sin\gamma\cos\alpha[1-(\omega_e/\omega)(\varepsilon\cos\beta\sin\psi\tan\alpha+\cos\psi)] \quad (5.42)$$

式中：K_r 为雷达电磁波波数；V_{SC} 为卫星沿轨道的速度分量；γ 为高度角；α 为径向高度平面与卫星轨道平面的夹角；ω_e 为地球自转的角速度；ω 为卫星的角速度；ε 表示雷达升降轨状态；β 为纬度的幅角；ψ 为卫星轨道平面的倾角。

(2) 由原始影像信息中的多普勒系数和斜距时间 t 计算 f_{Sat},表达式为

$$f_{Sat} = \text{dop}_{coef(1)} + \text{dop}_{coef(2)} * (t-t_0) + \text{dop}_{coef(3)} * (t-t_0)^2 + \\ \text{dop}_{coef(4)} * (t-t_0)^3 + \text{dop}_{coef(5)} * (t-t_0)^4 \tag{5.43}$$

式中:$\text{dop}_{coef(1)}$ 至 $\text{dop}_{coef(5)}$ 为多普勒系数;t_0 为标准斜距时间。

本节采用第二种方法计算卫星的多普勒频移,由原始数据读出多普勒系数、斜距时间以及标准斜距时间 t_0,进而计算出卫星与地球相对运动产生的多普勒频率 f_{Sat}。2004 年 1 月 12 日苏禄海海域影像对应的 f_{Sat} 如图 5.26 所示,可以看到计算的卫星频移趋势与整幅影像的多普勒中心频率在空间分布和频率范围方面较为一致,这是因为卫星运动速度比海面运动的速度要大很多,在整幅影像的多普勒中心频率中卫星与地球的相对运动产生的多普勒频移占据的比重很大。

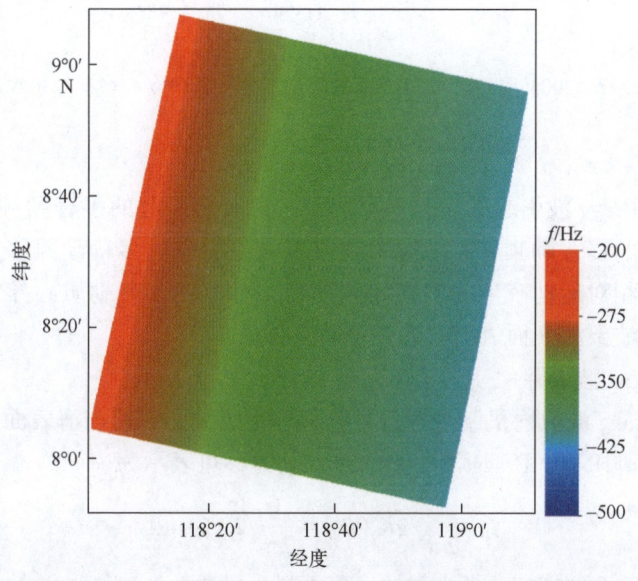

图 5.26 2014 年 1 月 12 日苏禄海海域影像对应的卫星频率 f_{Sat}

3) 多普勒质心异常

从计算得到的多普勒质心频率 f_{DC} 中减去卫星运动产生的频率 f_{Sat} 后即可得到多普勒质心异常 f_{Dca}(图 5.27),即

$$f_{Dca} = f_{DC} - f_{Sat} \tag{5.44}$$

多普勒质心异常中包含了 Bragg 波、风场、背景流场等的贡献,此外,还应包含内波致表面流的贡献。即

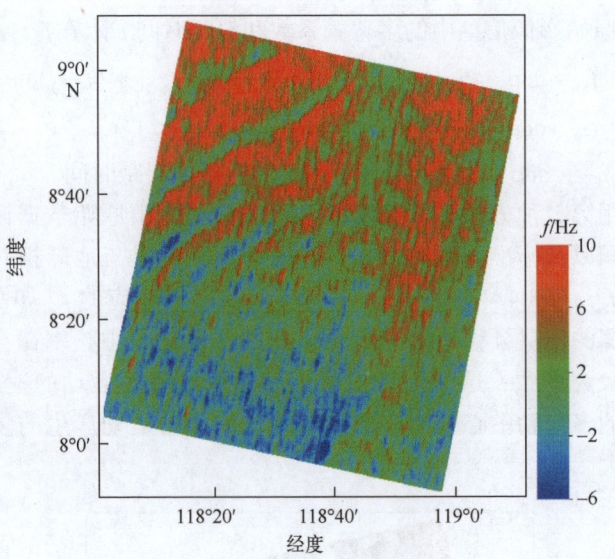

图 5.27 2004 年 1 月 12 日苏禄海海域影像对应的多普勒质心异常 f_{Dca}

$$f_{Dca}=f_B+f_w+f_c+f_{iw} \qquad (5.45)$$

式中：f_B 为 Bragg 波引起的多普勒频移；f_w 为风场引起的多普勒频移；f_c 为背景流场引起的多普勒频移；f_{iw} 为内波致表面流引起的多普勒频移。在去除卫星与地球的相对运动产生的多普勒频移后，可以在多普勒质心异常图像中清晰地看到内波致海表面流引起的多普勒频移。

2. Bragg 波去除

基于 Bragg 波散射机制与多普勒频移理论公式，忽略与海表面张力和海水密度有关的高阶项，Bragg 波引起的多普勒频移可表示为

$$f_B=\frac{1}{2\pi}\sqrt{gK_b(\theta_i)}=\frac{1}{2\pi}\sqrt{2gK_r\sin\theta_i} \qquad (5.46)$$

式中：g 为重力加速度；K_r 为雷达入射电磁波的波数，对于 ENVISAT ASAR 卫星，K_r 取 112ms^{-1}；θ_i 为雷达入射角。

假设去除 Bragg 波后的多普勒异常为

$$f'_{Dca}=f_{Dca}-f_B \qquad (5.47)$$

图 5.28 为去除 Bragg 波影响后的多普勒异常，相较于去除前，图像的多普勒频率范围发生了改变，由 $-10\sim6$Hz 变为 $-6\sim10$Hz。由上式可以发现，Bragg 波造成的多普勒频移与雷达入射角密切相关，对于 ENVISAT ASAR 卫星，其成像时雷达波的入射角范围在 $18°\sim26°$。相应的，Bragg 波造成的多普勒频移分布在 $4.2\sim4.9$Hz。这也解释了在图 5.28 中去除 Bragg 波影响后多普

勒频率范围发生的改变。

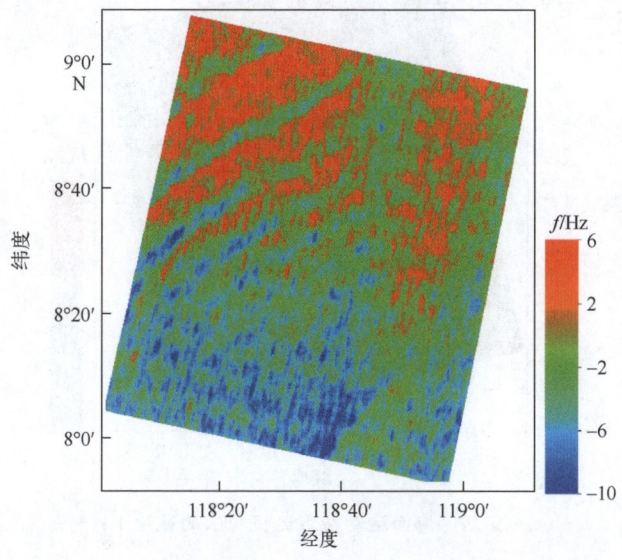

图 5.28 去除 Bragg 波影响后的多普勒质心异常 f'_{Dca}

3. 海表面流速

1) 多普勒异常与雷达视向速度的关系

在去除了 Bragg 波引起的多普勒频移后,海面运动在雷达视向上的速度可表示为

$$V_{\text{slc}} = -\frac{\pi f'_{\text{Dca}}}{K_r} \tag{5.48}$$

式中:K_r 为雷达电磁波的波数(对于 ENVISAT ASAR,$K_r = 112 \text{m}^{-1}$);f'_{Dca} 为去除 Bragg 波产生的多普勒频移 f_B 后剩余的多普勒频移。图 5.29 为计算得到的海面运动在雷达视向上的速度,速度整体分布在 $-0.3 \sim 0.1 \text{m/s}$。内波出现区域的雷达视向速度分布在 -0.2m/s 左右,其周围非内波出现区域的流速在 0.1m/s 左右,可以发现内波造成的海表面运动在雷达视向上非常明显。

2) 风场对雷达回波信号的影响

Chapron 等在将多普勒异常转换为雷达视向速度时发现转换得到的结果比预期的海洋环境要大几倍[21],这是因为风场对雷达回波信号有影响,海面运动在雷达视向上的速度包含了风场的贡献。因此需进一步去除该影响。Chapron 等基于欧洲中期天气预报中心(ECMWF)风场对该影响进行了计算,将风场引起的多普勒质心频移转换成雷达视向速度[22]:

$$V_{\text{wind}} = \gamma U_{10} \tag{5.49}$$

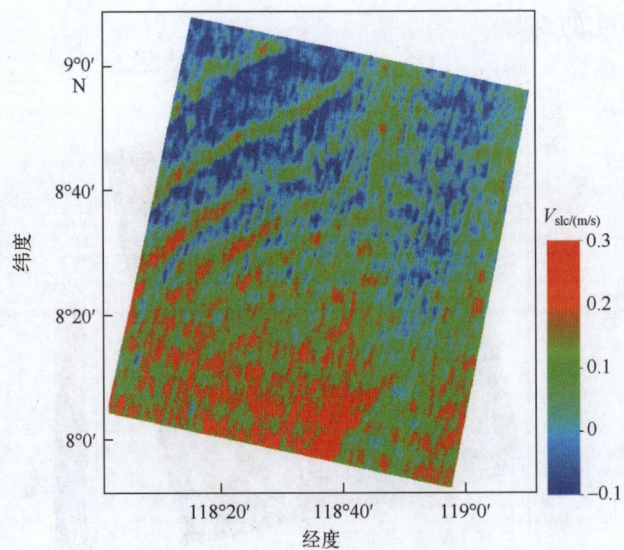

图5.29 海面运动在雷达视向上的速度 V_{slc}

式中：γ 是与风速相关的变系数；U_{10} 是海面上方 10m 风速在雷达视向的投影速度。在中等风速下（5~10m），γ 取值为 0.2~0.25。

海面风场的获取有两种方法：第一种是通过 ECWMF 等再分析风场数据获取；第二种是基于 SAR 数据反演。因为再分析风场数据的时空分辨率较低，所以本节采用第二种方法，使用 SAR 数据反演成像时刻的海面风场信息。该方法反演的风场具有高精度、高空间分辨率的特点。目前海面风场反演模式中较广泛使用的是 CMOD（C-band models）系列模式函数，包括早期的 CMOD4 模型以及后来的 CMOD5 模型。CMOD5 模型由 ECMWF 为 C 波段雷达设计，形式为[23]

$$\sigma_{\text{lin}}^0 = b_0(1+b_1\cos\varphi+b_2\cos2\varphi)^{1.6} \tag{5.50}$$

式中：$b_0 = 10^{a_0+a_1v}f(a_2V, s_0)^\gamma$，$f(s, s_0) = \begin{cases}(s/s_0)^\alpha g(s_0), s<s_0 \\ g(s_0), s \geq s_0\end{cases}$，$g(s) = 1/(1+\exp(-s))$，$\alpha = x_0(1-g(s_0))$，$a_0 = c_1+c_2x+c_3x^2+c_4x^3$，$a_1 = c_5+c_6x$，$a_2 = c_7+c_8x$，$\gamma = c_9+c_{10}x+c_{11}x^2$，$s_0 = c_{12}+c_{13}x$，$x = (\theta-40)/25$；$b_1 = \dfrac{c_{14}(1+x)-c_{15}V(0.5+x-\tanh[4(x+c_{16}+c_{17}V)])}{1+\exp(0.34(V-c_{18}))}$；$b_2 = (-d_1+d_2v_2)\exp(-v^2)$，$v_2 = \begin{cases}a+b(y-1)^n, y<y_0 \\ y, y \geq y_0\end{cases}$，$y = \dfrac{V+v_0}{v_0}$，$y_0 = c_{19}$，$n = c_{20}$，$a = y_0-(y_0-1)/n$，$b = 1/[n(y_0-$

$1)^{n-1}]$,$v_0=c_{21}+c_{22}x+c_{23}x^2$,$d_1=c_{24}+c_{25}x+c_{26}x^2$,$d_2=c_{27}+c_{28}x$,$V$ 表示风速大小（m/s）；θ 为雷达入射角；φ 表示风向与雷达视向之间的夹角。

本节使用 CMOD5 模型反演 ENVISAT ASAR 数据的实时风场。首先，需进行风向的反演。采用二维快速傅里叶变换来获取风向信息，对于每个估算风向的窗口，都要确定一个局部的 FFT 大小。FFT 大小是窗口大小的 2/3，因此，每个窗口可以计算出四个频谱，每个频谱区域与相邻频谱有 50% 的重叠。使用一个大的均值滤波器对每一个窗口进行处理，并将处理后的图像进行划分。将一个环面应用到频谱中去除波数区域之外的任何能量。环的极限被设置为 3~15km。用 3×3 窗口对图像进行中值滤波，消除图像上的噪声。使用二元多项式对结果图像进行拟合，获得最大二次项特征方向，风向与该特征方向具有 90°的夹角。这时得到的风向具有 180°模糊的问题，本节使用 ECMWF 的业务化风场数据来进行消除。

在得到风向数据后，再使用 CMOD5 模型反演风速数据，但 CMOD5 针对的是 C 波段 VV 极化发展的，对于 HH 极化，CMOD5 模型不能直接应用。因此需要先将 HH 极化的 NRCS 转换为相应的 VV 极化的 NRCS，再利用 CMOD5 模型反演风速。HH 和 VV 极化的 NRCS 转化关系如下：

$$\sigma_{VV}^0=\frac{(1+2\tan^2\theta)^2}{(1+\alpha\tan^2\theta)^2}\sigma_{HH}^0 \quad (5.51)$$

式中：θ 为雷达入射角；α 设置为 1。对反演的风速与风向进行插值，如图 5.30 所示。

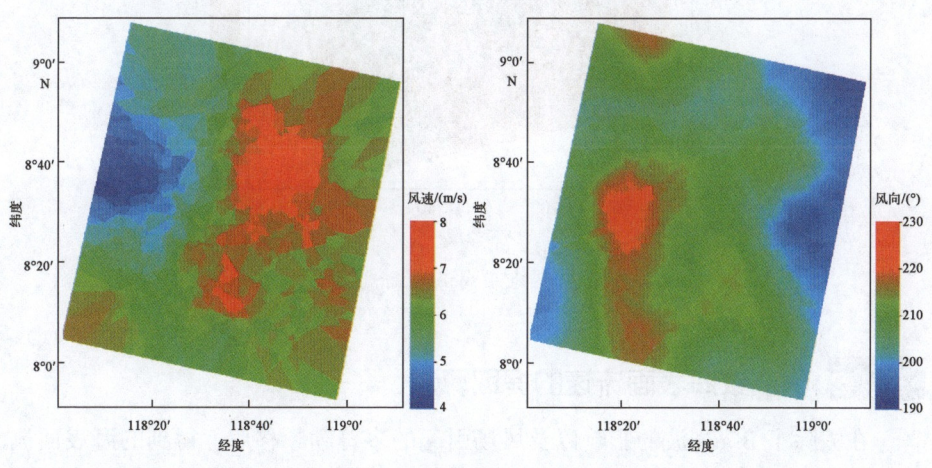

图 5.30 基于 CMOD5 模型反演的风速与风向

将海面风场投影到雷达视向后，风速分布在 1~2.5m/s。因此 γ 近似取 0.08，代入上式即可将风场引起的多普勒频移转换成雷达视向多普勒速度。

3）流速计算与空间投影

在去除风场对雷达回波信号的影响后，即可得到海表面运动在雷达视向的真实速度：

$$V_s = V_{slc} - V_{wind} \tag{5.52}$$

为了直观表示海表面运动在雷达径向的速度，将雷达视向速度进行空间投影，得到地距向的海表面流速：

$$V'_s = V_s / \sin\theta \tag{5.53}$$

图 5.31 为海表面运动在地距向的速度，在内波影响区域，地距向的海表面流速达到了 -0.5m/s，在其周围非内波影响区域，地距向的海表面流速分布在 0.5m/s 左右。可见，内波致海表面流的流速十分显著。

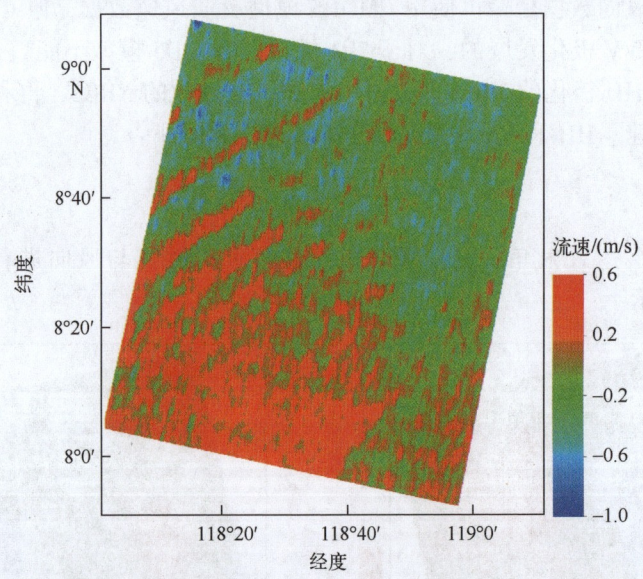

图 5.31　地距向海表面流速 V'_s

5.4.2　内波致海表面流速的提取算法

在去除了 Bragg 波的影响以及风场引起的多普勒频移后，得到的海表面流速中还包含了风生海流、背景流以及内波致海表面流，为了得到内波引起的海表面流速，需要对风生海流和背景流进行分离。

1. 风生海流反演与去除

由于风场在海面产生的切向力作用,海水会产生相应的流动。Tsuruya 等基于水槽实验对风生海流做了详细的研究,其在水槽底部安装了一个假底以控制回流,在没有回流的情况下,表面流速与平均风速之比达到 3.8%[24]。实验结果表明,风场与风生流密切相关,是风速的函数。在真实海洋中,在一定风速条件下,通常采用下式来计算风生海表面流速:

$$U_w = 0.03 U_{10} \tag{5.54}$$

式中:U_{10} 为海平面上方 10m 处的风速大小。在 5.3.1 节中,基于 ENVISAT ASAR 数据,采用 CMOD5 模型反演了雷达成像时刻的海表面风场,该风场为海表面上方 10m 的风场,即式 (5.54) 中的 U_{10}。

将计算得到的风生海流投影到地距向,得到地距向风生海流的大小:

$$U_{RW} = U_w \cos\delta \tag{5.55}$$

式中:δ 为风场方向与雷达距离向的夹角。

在去除风海流后得到的海表面流速只包含背景流速和内波致海表面流(图 5.32)。从内波波包中的头波位置以及向后的几条内波附近,可以看到明显的背景流,流速大小约 -0.2m/s。而在图中 8°N~8°20′N、118°E~118°40′E 范围内(即内波尾波区域),不能清晰地看到内波影响区域的流速异常条纹,考虑到内波传播的特性以及其在原始影像中的空间尺度,其原因可能有二:一是因为在内波波包的尾波附近,内波的破碎导致局部海表面流的混合,进而不再能看到流速异常条纹。二是因为在内波波包的尾波附近,内波的空间尺度较小,在做傅里叶变换后,这些信息被平均掉了,进而看到类似于背景流的特征,即在该区域内流速较为稳定,看不到流速异常条纹。在原始影像的右下角(约 8°5′N、118°40′E 处)存在一个相对较小的内波波包,但是其头波的空间尺度较大,后面跟随很多小尺度的内波,对应于流速图像,可以在头波位置处较清晰地看到其流速异常条纹,而后面的小尺度内波位置处则不再能看到这种特征,这也验证了上述的两种解释。

为了定量地了解去除风生海流后的流速,取点 A 到点 B 做了一个剖面(图 5.32 (b)),图中的横坐标为由点 A 到点 B 的像素位置,纵坐标为流速,蓝色折线表示了在剖面上的流速,淡蓝色区域表示在剖面线的两侧取 3 个像素得到的流速变化范围。剖面共与 4 条内波条纹相交,相应地在流速剖面图中可以清楚地看到 4 个峰值,峰值处的流速大小约 0.4m/s。

2. 背景流场插值与去除

在去除风海流后,剩余的流速中包含了背景流和内波致海表面流。因此,在去除背景流场后即可得到内波致海表面流。为此,我们采用如下的流程:

首先对去除风海流后的流速数据中内波影响区域进行掩膜，得到不包含内波影响区域的流速数据，然后基于非内波影响区域的流速，采用克里金法插值得到局部区域的背景流速（包含内波影响区域）。在去除风生海流后，海表面流速只包含背景流和内波致流（图 5.33（a）），因此，将包含背景流和内波致流的局部区域数据与采用克里金法插值得到的背景流速数据作差，即可得到局部区域的内波致海表面流。

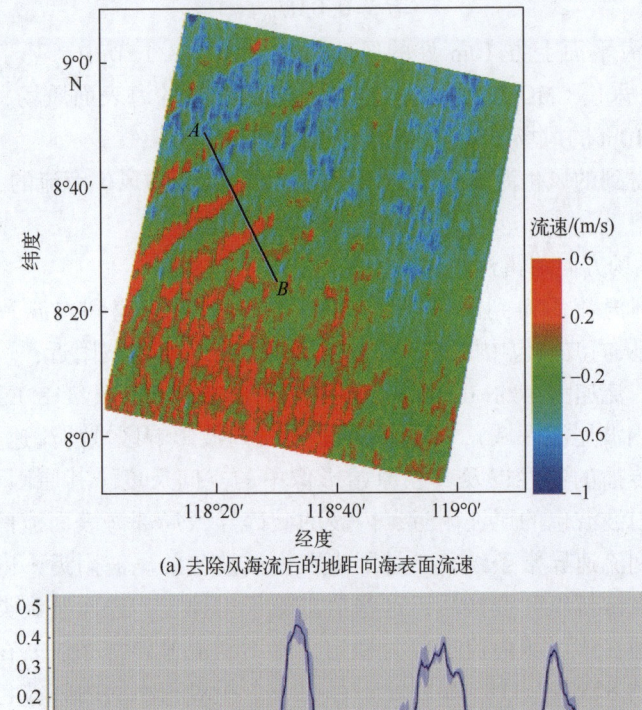

(a) 去除风海流后的地距向海表面流速

(b) 点A到点B的流速剖面

图 5.32　海表面流速图

图 5.33（b）~图 5.33（d）分别对应区域 1 到区域 3 的内波致海表面流，在内波致流影响区域外，流速整体分布在 0m/s 左右，在内波致流影响区域

内,整体流速分布在 0.3~0.8m/s,对比处理前的数据,在局部区域内,背景流速得到了很好的去除,也证实了采用克里金法对局部区域背景流速插值的有效性。反演流速使用的 ENVISAT ASAR 影像为降轨影像,流速为正值时,海流远离雷达天线运动,流速为负值时,朝向雷达天线运动。在去除背景流速后,区域 1 和区域 2 中内波致海表面流的地距向流速整体分布在 0.3~0.6m/s,区域 3 中内波致海表面流的地距向流速较大,最大流速达到了 0.8m/s。图中的正号表示内波致海表面流远离雷达天线运动,该流速方向与苏禄海内波的传播方向较为一致。

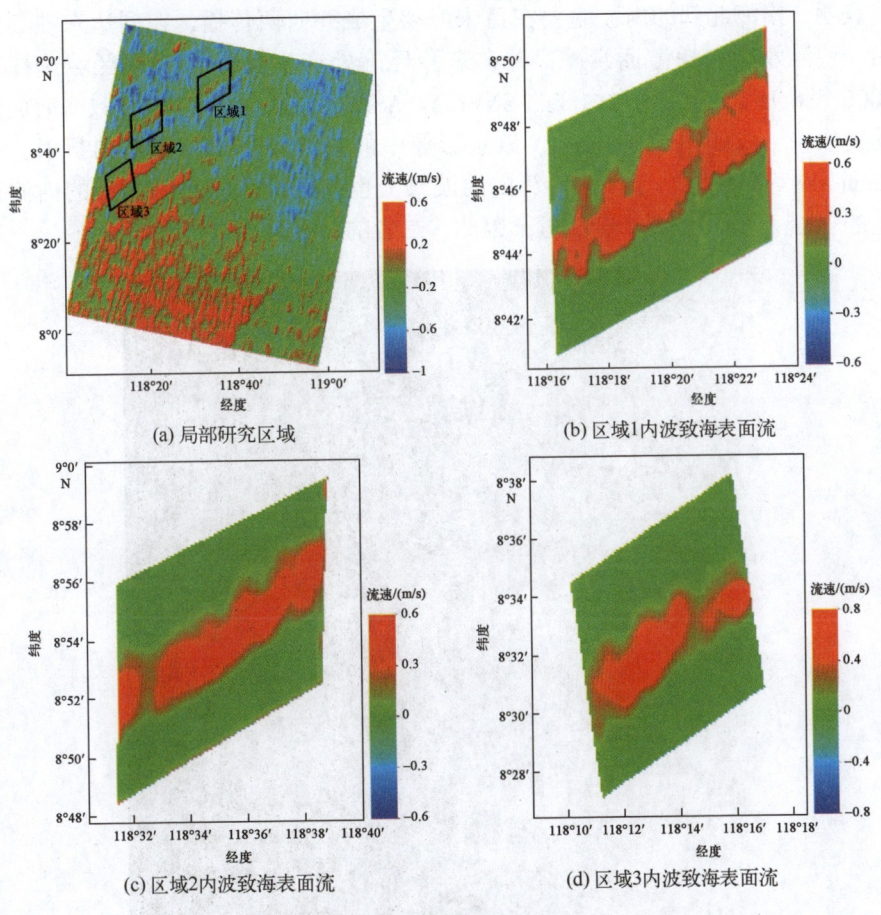

图 5.33 海表面流速(背景流场和内波致海表面流)及局部区域内波致海表面流速

5.4.3 典型海区结果示例

内波广泛分布于全球海洋中,在不同的海区,内波的振幅、速度等特征各不相同。本节对内波频发的三大典型海区(南海、苏禄海和安达曼海)进行了数据收集,反演了影像覆盖区域的海表面流速,并分离出了内波致海表面流。在南海区域,本节还与 Romeiser 等采用顺轨干涉法计算的内波致流进行了对比验证[25]。

1. 南海东沙岛附近内波致表面流速提取

南海北部是海洋内波发生热点区域之一,是内波的天然试验场。已有研究表明,南海北部的内波主要在吕宋海峡生成并向西传播,在到达东沙岛时由于浅滩效应和耗散而衰减,并在东沙环礁处产生折射[26]。本区域选择了 2006 年 8 月 15 日一景含内波的 ENVISAT ASAR 数据,进行了内波致海表面流的提取,影像如图 5.34 所示。该景影像中的内波经过了东沙岛的折射,而 Romeiser 等采用顺轨干涉法计算的内波致流也是经过东沙岛折射后的内波产生的[25],且空间位置十分接近,因此,二者的结果可以进行对比验证。

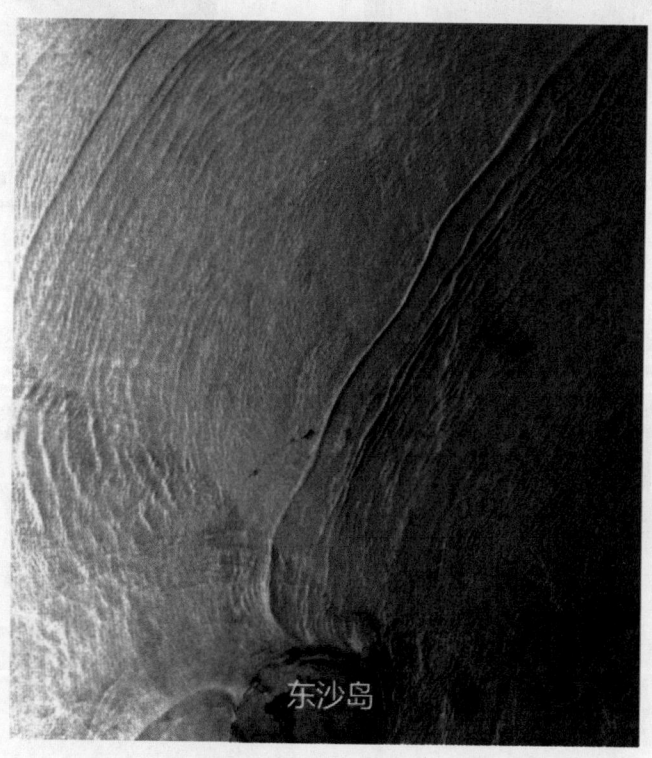

图 5.34 2006 年 8 月 15 日 ENVIST ASAR IMS 影像

图 5.35 显示了 2006 年 8 月 15 日含内波的 ENVISAT ASAR 数据提取内波致海表面流的过程数据。图 5.35（a）是经过预处理的 SAR 图像，在图中可以看到经东沙岛折射后的内波波包。图 5.35（b）是经过多普勒质心估算后得到的总的多普勒质心，大致分布在 250～450Hz。从左向右看，可以看到多普勒频移总体由蓝到绿再到红的均匀过渡，这是卫星与地球相对运动造成的多普勒频移，同时，也可以隐约看到内波造成的多普勒频移。图 5.35（c）是去除卫星与地球相对运动后得到的多普勒质心异常，其分布在 -6～10Hz，可以较清晰地看到内波造成的多普勒频移（红色条纹）以及海表面其他动力过程造成的多普勒频移。在去除了 Bragg 波的影响、风场对雷达回波信号的影响后，根据频移与速度的关系，可计算得到海表面流速，再根据风生海流经验公式对风生海流进行去除，得到包含背景流与内波致海表面流的流速图

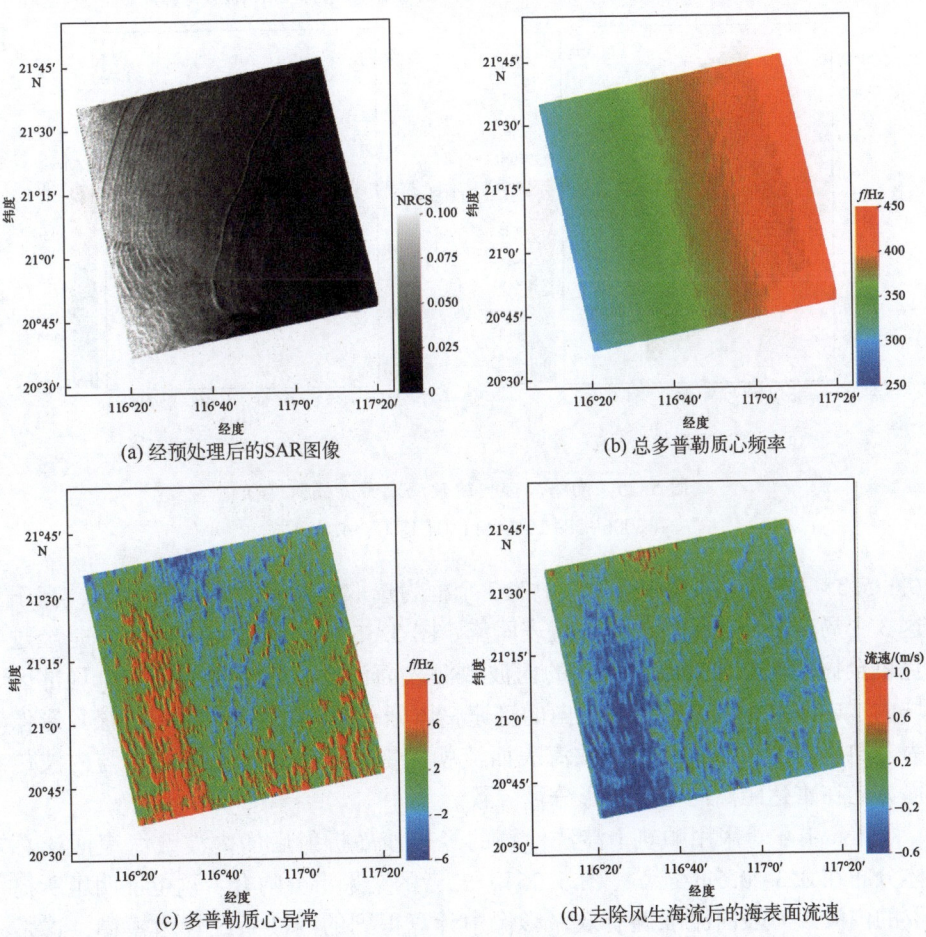

(a) 经预处理后的SAR图像　　(b) 总多普勒质心频率

(c) 多普勒质心异常　　(d) 去除风生海流后的海表面流速

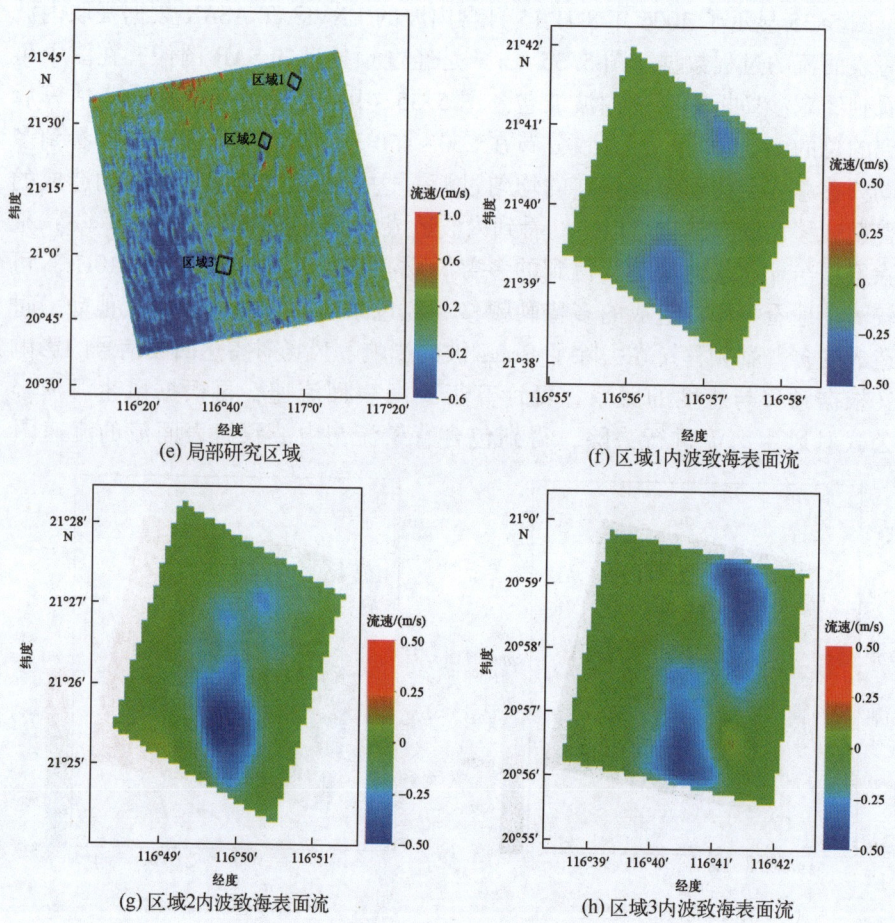

图 5.35 南海北部内波致海表面流提取过程
(2006-08-15 14:11:04 UTC, 东沙岛)

(图 5.35 (d))。图 5.35 (e) 中的 3 个框为选取的 3 个局部研究区域,基于这 3 个局部区域,提取内波致海表面流。图 5.35 (f) 至图 5.35 (h) 是经过克里金插值去除背景流后得到的内波致海表面流,可以看到,在 3 个局部区域内,内波致海表面流在地距向的流速整体分布在 $-0.5 \sim -0.2$ m/s,该景影像为升轨影像,负号表示内波致海表面流朝向雷达天线运动,该方向与内波传播方向在雷达距离向上的投影分量一致。

Romeiser 等采用顺轨干涉法计算的经东沙岛折射后的内波致海表面流总体分布在 $0.3 \sim 0.5$ m/s[25] (图 5.36),二者的结果十分吻合,这也证明了所提取的内波致海表面流准确有效。影像中计算得到的内波条纹较为模糊,这是因为相对于影像的分辨率,经东沙岛折射后的内波的空间尺度较小,且强度也有大幅减弱,而傅里叶变换会平滑掉一些信息,因此得到的内波条纹会较为模糊,但提取的内波致海表面流还是非常准确的。

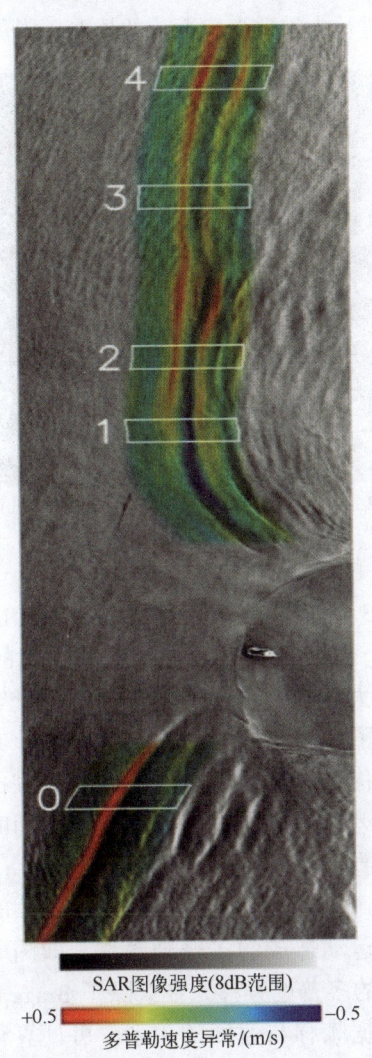

图 5.36　南海北部经东沙岛折射后内波所在区域的海表面流速[26]

2. 苏禄海附近内波致表面流速提取

苏禄海位于太平洋西南部,被菲律宾的苏禄群岛、巴拉望岛、棉兰老岛以及马来西亚的沙巴地区围绕,连通南海和苏拉威西海,水深 200~2000m。苏禄海位于低纬度区域(5°N~12°N),上层水温 25~28℃,跃层深度较为稳定,内波的发生受季节影响不大。苏禄海的内波尺度较大,前导波波峰线长度可达

300km。由东南向西北方向的巴拉望岛传播，最终耗散于巴拉望岛附近海域。本节选择了 2003 年 12 月 24 日和 2006 年 2 月 1 日苏禄海海域各一景含内波的 EN-VISAT ASAR 数据，来进行内波致海表面流的提取。影像见图 5.37。

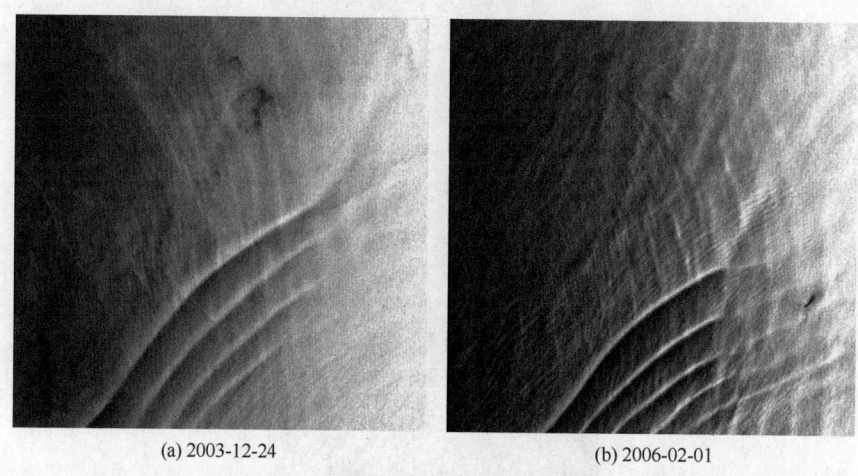

(a) 2003-12-24 (b) 2006-02-01

图 5.37　苏禄海 ENVISAT ASAR IMS 影像

图 5.38 显示了 2003 年 12 月 24 日含内波的 ENVISAT ASAR 数据提取内波致海表面流的过程数据。图 5.38 (a) 是经过预处理的 SAR 图像，在图中可以看到一个空间尺度较大的内波波包，由东南向西北传播。图 5.38 (b) 为总多普勒质心，其经过了多普勒质心估算，值大致分布在 200～500Hz。自右向左能够看到多普勒频移总体呈现出由蓝到绿再到红的均匀过渡情况，这是由于卫星与地球的相对运动而造成的多普勒频移；同时可以较清晰地看到图中较红的条纹即为内波造成的多普勒频移。图 5.38 (c) 是经过了去除卫星与地球相对运动处理后得到的多普勒质心异常，大致分布在 -6～10Hz 之间，可以较为清晰地看到内波运动造成的多普勒频移，即图中红色条纹；以及海表面的其他动力过程造成的多普勒频移。在去除了 Bragg 波的影响、风场对雷达回波信号的影响后，根据频移与速度的关系，可计算得到海表面流速，再根据风生海流经验公式对风生海流进行去除，得到包含背景流与内波致海表面流的流速图（图 5.38 (d)）。图 5.38 (e) 框出了选取的 3 个局部研究区域，基于这 3 个局部区域，提取得到了内波致海表面流。图 5.38 (f) 至图 5.38 (h) 所示为利用克里金插值算法去除背景流后得到的三个研究区域的内波致海表面流，可以看到，在 3 个局部研究区域内，内波致海表面流在地距向的流速整体为 0.3～0.8m/s，正号表示内波致海表面流朝着远离雷达天线的方向运动，这与内波传播方向在雷达距离向上的分量一致。

第五章 极化SAR海洋内波探测

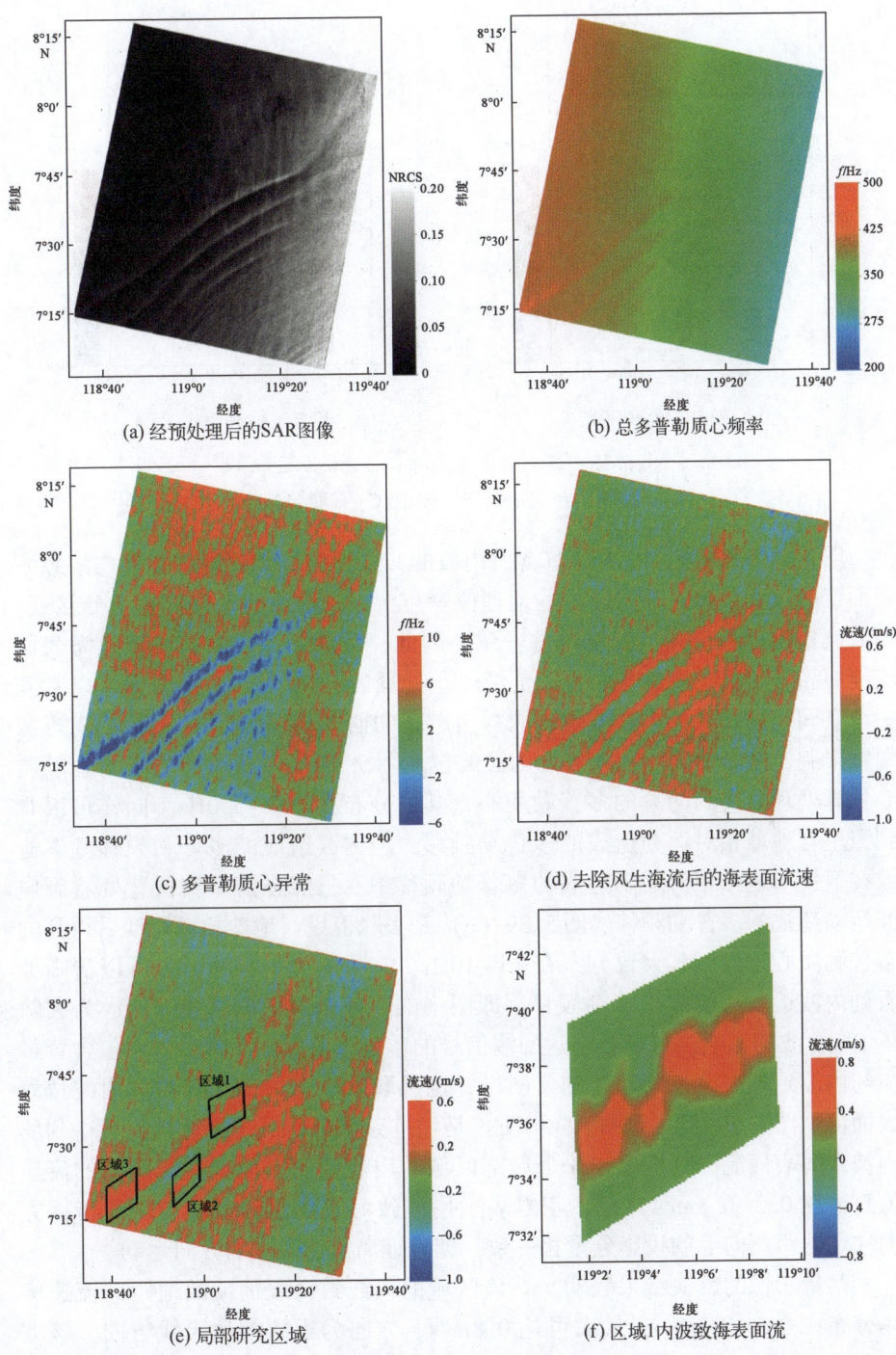

(a) 经预处理后的SAR图像
(b) 总多普勒质心频率
(c) 多普勒质心异常
(d) 去除风生海流后的海表面流速
(e) 局部研究区域
(f) 区域1内波致海表面流

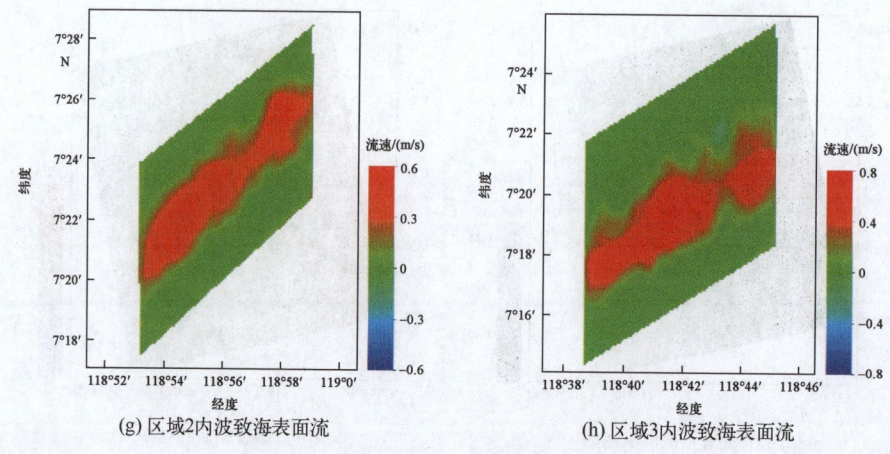

(g) 区域2内波致海表面流　　　　　(h) 区域3内波致海表面流

图 5.38　苏禄海内波致海表面流提取过程
(2003-12-24 01:57:28 UTC，苏禄海)

图 5.39 为 2006 年 2 月 1 日含有内波的 ENVISAT ASAR 数据提取内波致海表面流的过程数据。该景影像的地理位置与上一景影像的地理位置十分接近，内波波包出现的空间位置也非常一致，因此，两景影像提取的内波致海表面流能够相互印证。图 5.39 (a) 是经过预处理的 SAR 图像，在图中可以看到一个空间尺度较大的内波波包，同样由东南向西北传播，但由于受 SAR 影像幅宽限制，并未能完全覆盖整个内波波包。图 5.39 (b) 是在进行了多普勒质心估算处理后得到的总的多普勒质心，其值分布在 200~500Hz。同样可以看到卫星与地球相对运动造成的多普勒频移，但内波造成的多普勒频移基本淹没在卫星与地球相对运动造成的多普勒频移中，只能在前导波位置处看到内波运动造成的多普勒频移。图 5.39 (c) 是去除卫星与地球相对运动后得到的多普勒质心异常，其大致分布在-6~10Hz，在去除卫星频移后，可以清晰地看到内波运动造成的多普勒频移，即图中的红色条纹。图 5.39 (d) 为去除了 Bragg 波的影响、风场对雷达回波信号的影响以及风生海流后得到包含背景流与内波致海表面流的流速图。同样，也选取了 3 个局部区域提取内波致海表面流。图 5.39 (f) 至图 5.39 (h) 是经过克里金插值去除背景流后得到的内波致海表面流。分析可知 3 个局部区域的内波致海表面流在地距向的流速值整体在 0.3~0.8m/s 之间，正号表示内波致海表面流的方向与内波传播方向在雷达距离向上的投影分量相一致，朝着远离雷达天线的方向运动。

两景影像的反演结果表明，在该区域的内波致海表面流的地距向流速整体分布在 0.3~0.8m/s，最大可达 0.8m/s，方向为远离雷达天线方向，该方向与内波传播方向在雷达距离向上的投影分量一致。

第五章 极化 SAR 海洋内波探测

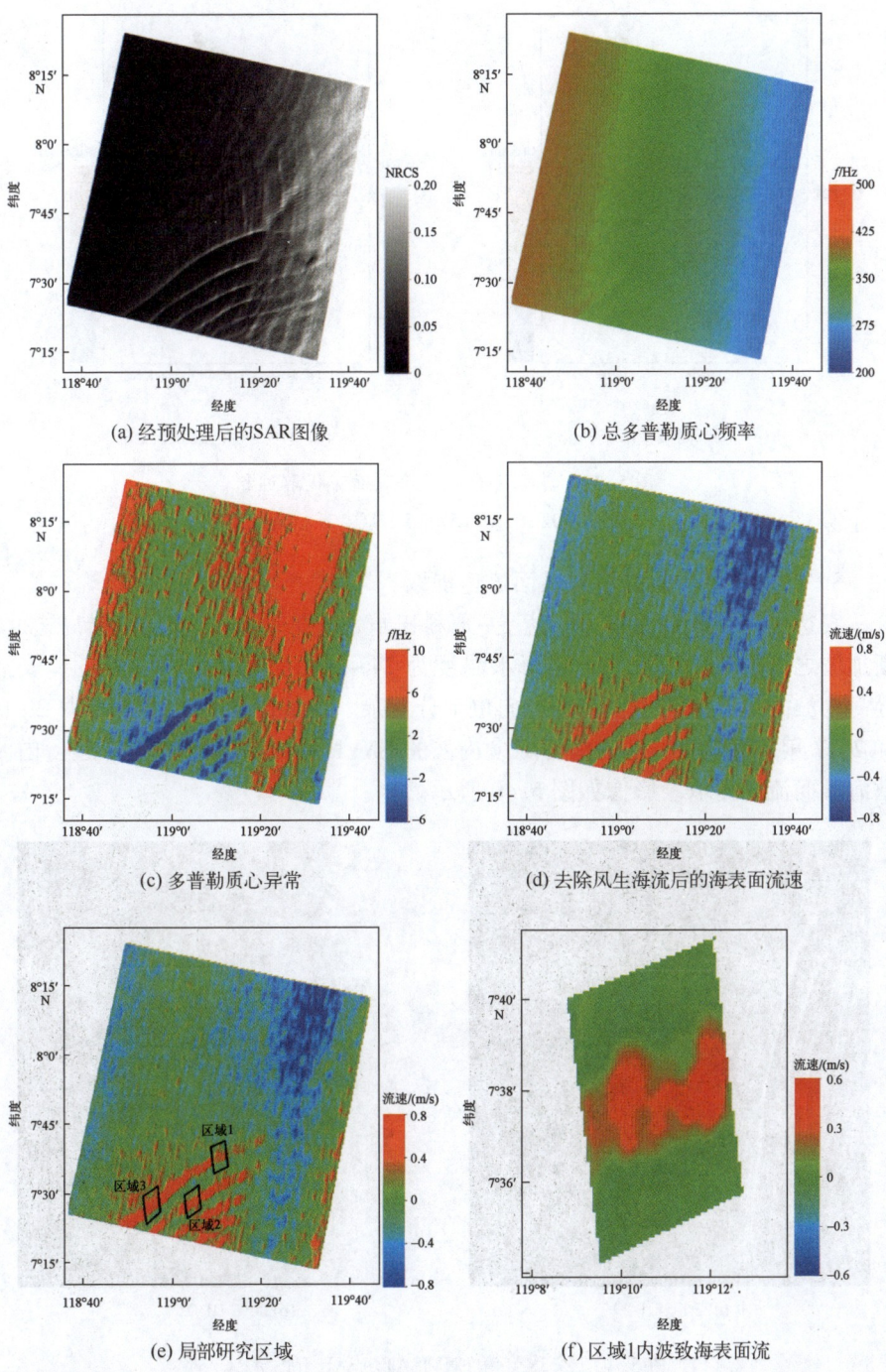

(a) 经预处理后的SAR图像
(b) 总多普勒质心频率
(c) 多普勒质心异常
(d) 去除风生海流后的海表面流速
(e) 局部研究区域
(f) 区域1内波致海表面流

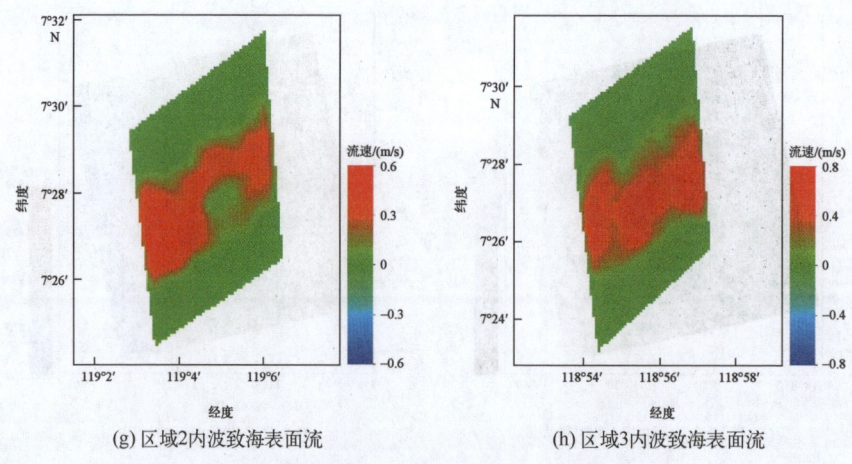

(g) 区域2内波致海表面流   (h) 区域3内波致海表面流

图5.39 苏禄海内波致海表面流提取过程
（2006-02-01 01:57:15 UTC，苏禄海）

3. 安达曼海附近内波致表面流速提取

安达曼海在缅甸西南、安达曼-尼科巴群岛之东、印度苏门答腊岛之北、新加坡之西的整个海域，上层海水温度为 24～29℃，平均水深 1096m。安达曼海内波的生成源较多，传播方向也十分复杂。本节选取了 2005 年 1 月 29 日和 2007 年 1 月 2 日安达曼海海域含内波的 ENVISAT ASAR 数据，来进行内波致海表面流的提取。影像如图 5.40 所示。

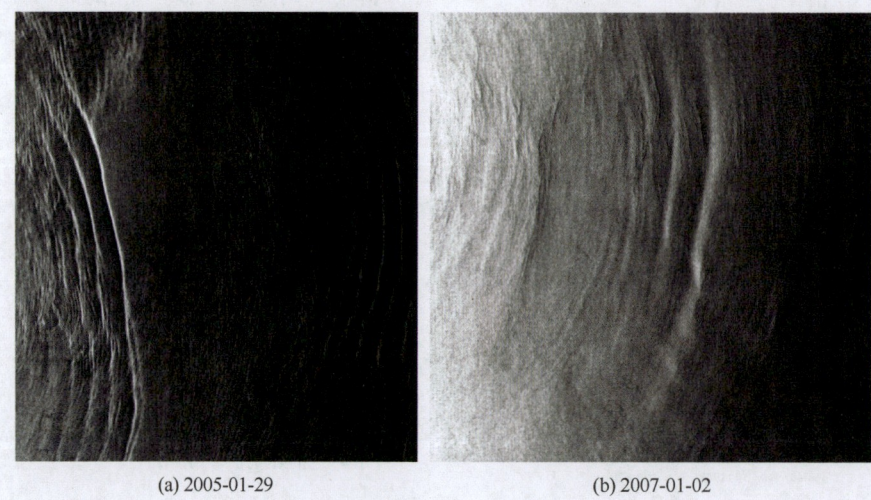

(a) 2005-01-29   (b) 2007-01-02

图 5.40 安达曼海 ENVISAT ASAR IMS 影像

图 5.41 显示了 ENVISAT ASAR 数据提取内波致海表面流的过程数据，数据时间为 2005 年 1 月 29 日。图 5.41（a）是在经过多视、去噪等预处理操作后的 SAR 影像，可以看到影像中存在由东向西传播的 2 个内波波包。图 5.41（b）所示经过多普勒质心估算后得到的总多普勒质心值为 $-40\sim180\text{Hz}$。从左向右看，可以看到卫星与地球相对运动造成的多普勒频移。并且在图中能够清晰地看到较绿的条纹，即为左侧内波造成的多普勒频移；而在右侧卫星与地球相对运动造成的多普勒频移几乎淹没了由内波造成的多普勒频移。由图 5.41（c）可知去除了卫星与地球的相对运动后得到的多普勒质心异常的结果为 $-6\sim12\text{Hz}$；图中可以清晰地看到由于两个内波波包的运动而造成的多普勒频移（蓝色条纹）以及海表面其他动力过程造成的多普勒频移。在去除了 Bragg 波的影响、风场对雷达回波信号的影响后，根据频移与速度的关系，可计算得到海表面流速，再根据风生海流经验公式对风生海流进行去除，得到包含背景流与内波致海表面流的流速图（图 5.41（d））。图 5.41（e）所示为选取的 3 个局部研究区域，基于这 3 个研究区域提取了内波致海表面流。图 5.41（f）至图 5.41（h）为 3 个局部研究区域经过克里金插值去除背景流后得到的内波致海表面流，分析可知内波致海表面流在地距向的流速整体分布在 $0.3\sim0.8\text{m/s}$；此遥感影像为 ASAR 升轨影像，卫星右视成像并且由南向北运动，因此流速的正值表示内波致海表面流远离雷达天线运动，该方向与内波传播方向在雷达距离向上的投影分量一致。

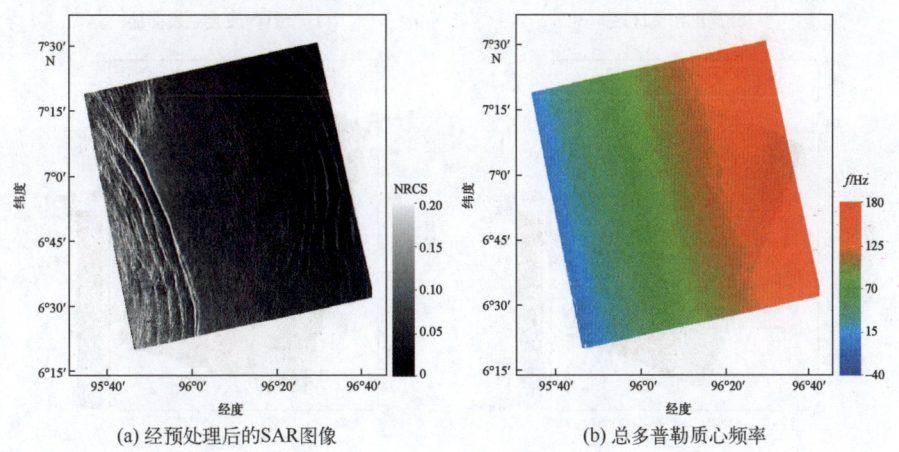

(a) 经预处理后的SAR图像　　(b) 总多普勒质心频率

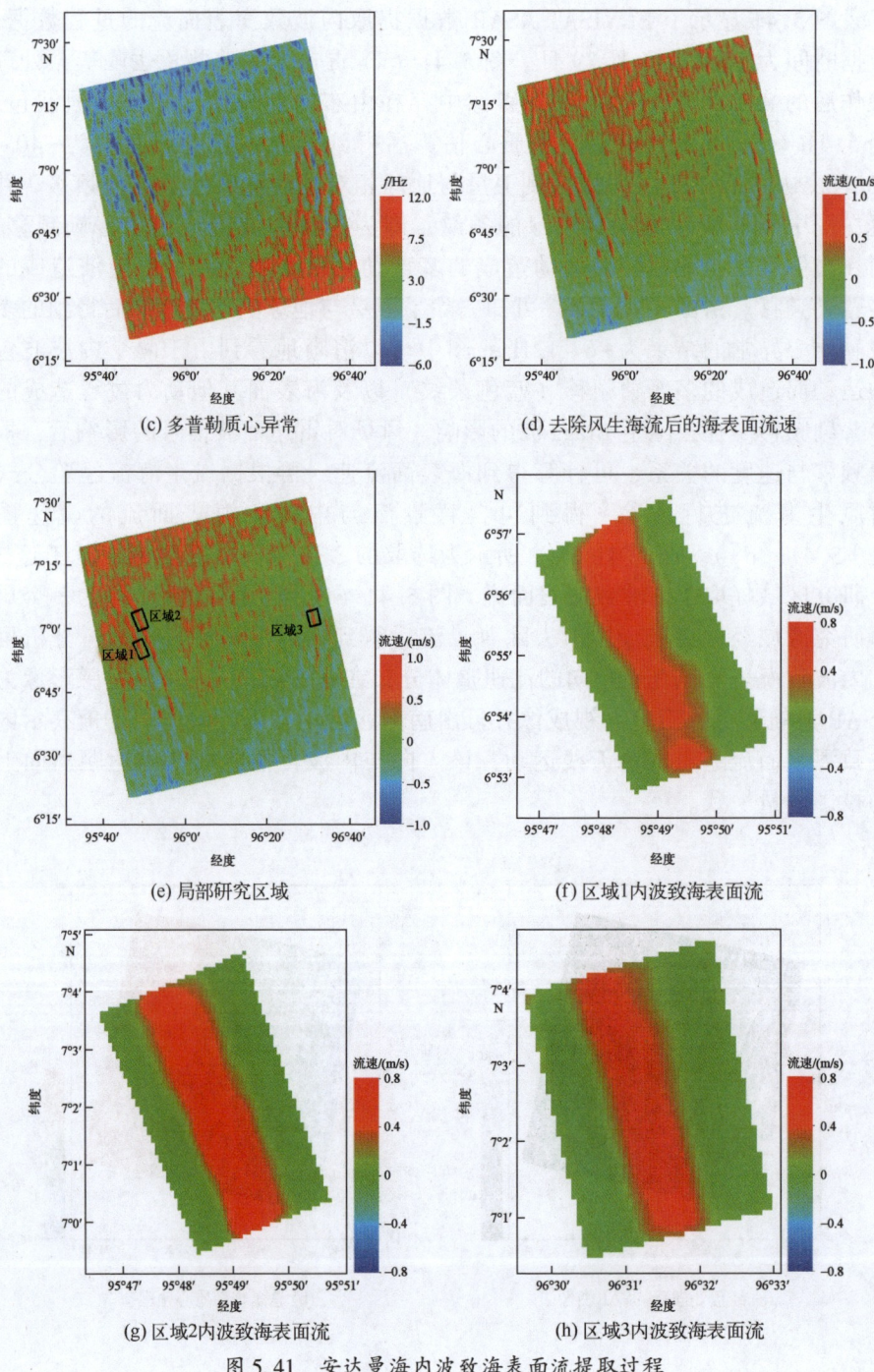

(c) 多普勒质心异常　　　　　　　(d) 去除风生海流后的海表面流速

(e) 局部研究区域　　　　　　　　(f) 区域1内波致海表面流

(g) 区域2内波致海表面流　　　　　(h) 区域3内波致海表面流

图 5.41　安达曼海内波致海表面流提取过程
（2005-01-29 15:41:53 UTC，安达曼海）

图 5.42 所示为利用 2007 年 1 月 2 日获取的含有内波的 ENVISAT ASAR 数据所提取内波致海表面流的过程数据。图 5.42（a）是经过多视、去噪等预处理后的 SAR 图像，在图中可以看到 1 个内波波包，其方向为自东向西传播。图 5.42（b）是得到的总的多普勒质心，并已进行了多普勒质心估算，其值分布在 20~240Hz。从左向右看，可以看到卫星与地球相对运动造成的多普勒频移。同时，可以较清晰看到左侧内波造成的多普勒频移（图中较红的条纹）。图 5.42（c）为多普勒质心异常，其去除了卫星与地球相对运动造成的影响，其值分布在 -6~10Hz，可以较为清晰地看到内波波包运动造成的多普勒频移（蓝色条纹）以及海表面其他动力过程造成的多普勒频移。在去除了 Bragg 波的影响、风场对雷达回波信号的影响后，根据频移与速度的关系，可计算得到海表面流速，再根据风生海流经验公式对风生海流进行去除，得到包含背景流与内波致海表面流的流速图（图 5.42（d））。基于图 5.42（e）中线框选取出的 3 个局部研究区域，提取内波致海表面流。图 5.42（f）至 5.42（h）是经过克里金插值去除背景流后得到的三个局部区域的内波致海表面流，可知其在地距向的流速整体分布在 0.3~0.6m/s 区间内；该影像为一景 ASAR 升轨影像，卫星由南向北运动，右视成像，所以流速的正值表示内波致海表面流朝着远离雷达天线的方向运动，与内波传播方向在雷达距离向上的投影分量一致。

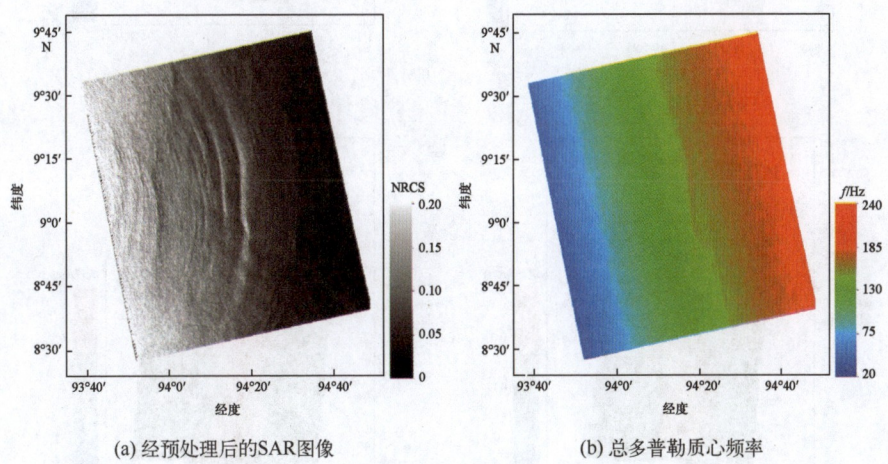

(a) 经预处理后的 SAR 图像　　　　　(b) 总多普勒质心频率

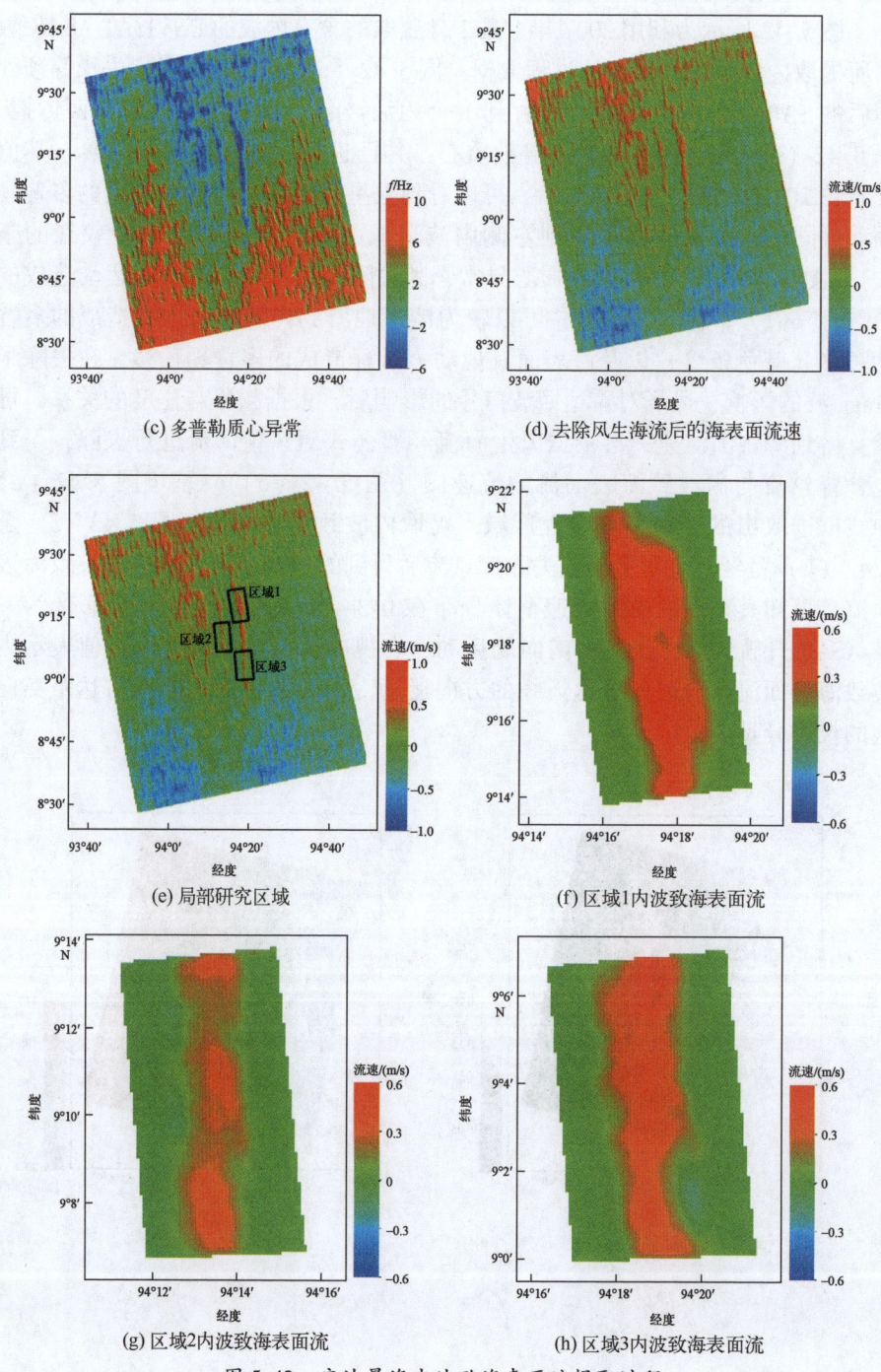

图 5.42 安达曼海内波致海表面流提取过程
(2007-01-02 15:48:11 UTC,安达曼海)

参 考 文 献

[1] Valenzuela G R. Theories for the interaction of electromagnetic and oceanic waves-a review [J]. Boundary-Layer Meteorology, 1978, 13 (1-4): 61-85.

[2] 袁业立. 海波高频谱形式及 SAR 影像分析基础 [J]. 海洋与湖沼, 1997, 28 (增刊): 1-5.

[3] Cloude S R, Pottier E. An entropy based classification scheme for land applications of polarimetric SAR [J]. IEEE Transactions on Geoscience and Remote Sensing, 1997, 35 (1): 68-78.

[4] Freeman A, Durden S L. A three-component scattering model for polarimetric SAR data [J]. IEEE Transactions on Geoscience and Remote Sensing, 1998, 36 (3): 963-973.

[5] Yamaguchi Y, Moriyama T, Ishido M, et al. Four-component scattering model for polarimetric SAR image decomposition [J]. IEEE Transactions on Geoscience and Remote Sensing, 2005, 43 (8): 1699-1706.

[6] Ainsworth T L, Cloude S R, Lee J S. Eigenvector analysis of polarimetric SAR data [C]// International Geoscience and Remote Sensing Symposium. Ellsworth LeDrew. Toronto: IEEE Publications, 2002: 626-628.

[7] Raney R K, Cahill J T S, Patterson G W, et al. The m-chi decomposition of hybrid dual-polarimetric radar data with application to lunar craters [J]. Journal of Geophysical Research: Planets, 2012, 117 (E12): 3986-3994.

[8] Dabboor M, Howell S, Shokr M, et al. The Jeffries-Matusita distance for the case of complex Wishart distribution as a separability criterion for fully polarimetric SAR data [J]. International Journal of Remote Sensing, 2014, 35 (19): 6859-6873.

[9] Cao C H, Zhang J, Meng J M, et al. Analysis of ship detection performance with full-, compact- and dual-polarimetric SAR [J]. Remote Sensing, 2019, 11 (18): 2160-2183.

[10] Skrunes S, Brekke C, Eltoft T. Characterization of marine surface slicks by RADARSAT-2 multipolarization features [J]. IEEE Transactions on Geoscience and Remote Sensing, 2014, 52 (9): 5302-5319.

[11] Osborne A R, Burch T L. Internal solitons in the Andaman Sea [J]. Science, 1980, 208 (4443): 451-460.

[12] 林利斌, 鲍艳松, 左泉, 等. 基于 Sentinel-1 与 FY-3C 数据反演植被覆盖地表土壤水分 [J]. 遥感技术与应用, 2018, 33 (4): 750-758.

[13] Funks I M. Wave scattering from statistically rough surfaces [M]. Oxford: Pergamon Press, 1979.

[14] Fung A K. Microwave scattering and emission models and their applications [M]. America: Artech House, 1994.

[15] Ellison W, Balana A, Delbos G, et al. New permittivity measurements of seawater [J].

Radio Science, 1998, 33 (3): 639-648.
[16] Hajnsek I, Pottier E, Cloude S R. Inversion of surface parameters from polarimetric SAR [J]. IEEE Transactions on Geoscience and Remote Sensing, 2003, 41 (4): 727-744.
[17] Kult A. ENVISAT-1 ASAR Products specifications: volume 8 ASAR Products specifications [M]. Europe: European Space Agency, 2012.
[18] 黄岩, 陈杰, 李春升, 等. 精确估计 RADARSAT 多普勒中心频率的实现方法 [C]//中国航空学会第二届青年电子学术会论文集. 中国航空学会, 1999: 55-56.
[19] Curlander J C, Mcdonough R N. 合成孔径雷达——系统与信号处理 [M]. 韩传钊, 译. 北京: 电子工业出版社, 2014.
[20] Raney R K. Doppler properties of radars in circular orbit [J]. International Journal of Remote Sensing, 1986, 7 (9): 1153-1162.
[21] Chapron B, Collard F, Ardhuin F. Direct measurements of ocean surface velocity from space, Interpretation and validation [J]. Journal of Geophysical Research: Oceans, 2005, 110: C07008.
[22] Chapron B, Collard F, Kerbaol V. Satellite synthetic aperture radar sea surface Doppler measurements [C]//Proceeding of the 2nd workshop on SAR coastal and marine applications. Norvege: ESA Special Publication, 2004: 8-12.
[23] 程玉鑫, 戈书睿, 袁凌峰. 星载合成孔径雷达海面风速反演技术研究 [J]. 电子测试, 2016, 7: 133-134.
[24] Tsuruya H, Nakano S, Kato H. Experimental study on wind driven current in a wind-wave tank [M]//Toba Y, Mitsuyasu H. The ocean surface. Dordrecht: Springer, 1985: 425-430.
[25] Romeiser R, Graber H. Advanced remote sensing of internal waves by spaceborne along-track InSAR-a demonstration with TerraSAR-X [J]. IEEE Transactions on Geoscience and Remote Sensing, 2015, 53 (12): 6735-6751.
[26] 孙丽娜, 张杰, 孟俊敏. 基于遥感与现场观测数据的南海北部内波传播速度 [J]. 海洋与湖沼, 2018, 49 (3): 471-480.

第六章

极化 SAR 海浪参数反演

海浪是发生在海面的一种风生重力波，波长从几十厘米到几百米。SAR 图像中的海浪可认为是由众多含有粗糙小波的散射面元组成的。每一个散射面元的回波都是由这个散射面元内的与电磁波波长大小约为同一量级的 Bragg 波通过 Bragg 散射机制产生的。Bragg 波又依次在方向、能量和运动上受到更大尺度波的调制，从而使海浪在 SAR 图像上成像。这些调制作用包括倾斜调制、水动力调制和速度聚束调制。

6.1 海浪 SAR 成像机理与反演方法

6.1.1 海浪 SAR 成像机理

1. 倾斜调制

倾斜调制是由于海浪中长涌浪的存在改变了雷达对 Bragg 共振的响应方式。长涌浪本身造成波面的倾斜，使散射面元的法线方向产生变化，导致雷达入射角发生改变，从而引起后向散射信号强度的改变。倾斜调制作用最明显的是那些沿着距离向传播的波浪，当波面朝向雷达时后向散射最强，背离时最弱（图 6.1）。

随着海浪传播角度向方位向变化，倾斜调制作用的影响逐渐减小，当海浪沿方位向传播时，波峰波谷线与雷达距离方向平行，倾斜调制作用不会发生。如果仅存在倾斜机制，传感器接收返回的后向散射后，成像得到就是一景具有明暗相间的 SAR 图像。倾斜调制的大小与短波能量的谱分布有关，也与雷达对平均海面的观测角和长波的传播方向有关。倾斜调制传递函数 T_t 可由 Bragg 散射理论以及双尺度模型给出：

$$T_t = \mathrm{j}k_r \frac{4\cot\theta}{1\pm\sin^2\theta} \tag{6.1}$$

其中，正负号分别表示垂直极化和水平极化两种不同的极化方式，$k_r = \pm k\sin\varphi$

为 k 在雷达视向上的分量，正号对应左视，负号对应右视，方位角 φ 是长波传播方向与卫星飞行方向的夹角。显然倾斜调制是由几何效应产生的，是典型的线性调制。

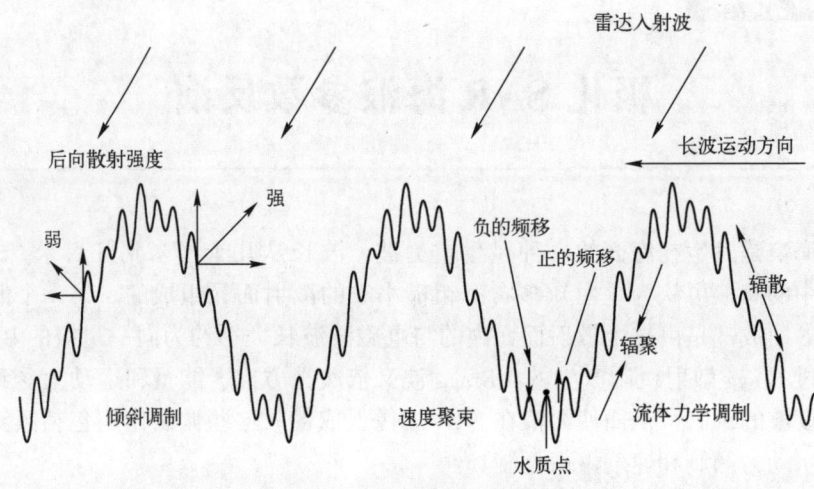

图 6.1　SAR 海浪成像机制

2. 水动力调制

水动力调制是指海面 Bragg 波的振幅受长波相位调制的流体动力过程。海面并不是由幅度均匀的 Bragg 波叠加在长波上构成的，长波会调制 Bragg 波的幅度，导致后向散射截面在长波上分布不均（图 6.1），生成汇聚区和辐散区。在长波波峰附近，Bragg 波振幅会随汇聚表面速度场在波浪上升边缘上的推移而增加，而波谷附近的 Bragg 波振幅相应的减小。正是这种长波与短波的流体力学相互作用，长波调制短 Bragg 散射波的能量和波数，其调制传递函数如下：

$$T_h = -4.5k\omega \frac{\omega - \mathrm{j}\mu}{\omega^2 + \mu^2} \sin^2\Phi \qquad (6.2)$$

式中：T_h 为水动力调制函数；k 为波数；ω 为角频率；μ 为衰减因子，用来描述短波对长波调制的响应；Φ 为方位角，是方位方向与长波传播方向之间的夹角。

倾斜调制和水动力调制都是线性关系，只改变返回电磁波信号强度而不会改变电磁波本身的频率，这两种调制作用不会造成海面目标点在 SAR 图像上位置的变化。

3. 速度聚束调制

速度聚束是由长波的轨道速度引起的。长波的轨道速度使叠加在上面的微尺度波散射面元产生上下的运动,这个上下的运动速度会改变目标的多普勒频移,从而改变目标在 SAR 图像中的位置,如图 6.1 所示。这种错位取决于长波轨道速度大小,而轨道速度大小又与它的平均频率和波高成比例。

当长波沿方位向传播时,即波峰线垂直于雷达速度矢量时,波峰前方海域产生一个向上的附加速度,从而产生正的多普勒频移,使目标向 SAR 图像的正方位方向移动,而波峰后面海域向 SAR 图像的负方位方向移动。如果长波轨道速度导致散射目标在图像上的位移与波长之比不太大,即位移量是波长的几分之一,那么速度聚束效应是线性的。在 SAR 图像上,波浪在波峰附近黑暗,波谷附近明亮。但是如果错位的位移等于或大于一个波长,速度聚束作用则表现为高度的非线性,这种非线性会导致图像的模糊,并使在方位向传播的波浪产生方位截断,即 SAR 在方位向上无法分辨出高于某个波数(称为截断波数)的波浪。方位向上的截断波数依赖于海况是不同的,但从整体上来讲,SAR 一般难以分辨在方位向传播的波长短于 100~200m 的波浪。

海面散射面元的方位向位移 η 与长波轨道速度的斜距向量分量 v 关系如下:

$$\eta = \frac{R}{V} v \tag{6.3}$$

其中,R 为斜距,V 为平台移动速度。由于 SAR 成像时间远小于海浪周期,因此,v 也可视为瞬时速度。其值由经典表面波理论得到,即

$$v = \sum_k T_k^v \eta_k \exp(jkr) + \text{c.c.} \tag{6.4}$$

式中:η_k 表示海面起伏,c.c. 表示复共轭。距离向速度传递函数由下式给出:

$$T_k^v = -\omega \left(\sin\theta \frac{k_t}{|k|} + j\cos\theta \right) \tag{6.5}$$

6.1.2 海浪 SAR 反演方法

利用 SAR 进行海浪统计参数的反演有两种常见的方式,一种是通过 SAR 图像谱获取二维海浪方向波谱,继而获取海浪统计参数。例如,有效波高(H_s)可以表示为方向波谱的积分:

$$H_s = 4\sqrt{\iint F(f,\varphi) \mathrm{d}f\varphi} \tag{6.6}$$

其中,$F(f,\varphi)$ 表示二维海浪方向谱,f 为频率,φ 为方向。另一种方式是通过直接建立 SAR 图像与海浪参数之间的关系,在无须反演得到海浪方向谱的情况下进行海浪参数反演。

第一种通过 SAR 图像谱获取海浪谱并反演海浪参数的方式在海浪遥感应用中是很常见的。但由于速度聚束所产生的方位向截断效应，海洋的 SAR 图像常常在方位向上显得十分模糊且导出的波谱容易发生畸变[1-2]。在这种情况下，海浪的成像过程中常表现出很强的非线性[3-4]。因此，通过 SAR 图像推导二维海浪谱绝非一项简单的任务，必须通过引入其他数值模式结果作为先验信息才有可能估计完整的二维波谱[5-7]。为克服引入先验信息的问题，有学者提出利用 SAR 图像的交叉谱计算海浪谱，该方法虽不需要初猜信息，且可以消除海浪传播方向 180°模糊的问题，但产生的海浪谱无法完全解析高频波，即丢失短波信息，得到的多数情况下是涌浪成分[8]。由此可见，通过 SAR 图像谱获取海浪谱，进一步获得有效波高等海浪参数，具有一定的困难性和局限性。因此，很多学者针对第二种方法，即在不获取二维海浪谱的情况下反演海浪参数的方法进行了研究。Schulz-Stellenfleth 等[7]基于 ERS-2 SAR 数据，提出了一个经验二次模型 CWAVE-ERS，该方法在不需要先验信息的条件下，通过 SAR 图像直接获取海浪积分参数。Li 等[9]与 Stopa 等[2]在 CWAVE-ERS 模型的基础上，分别提出了针对 ENVISAT ASAR 数据的 CWAVE-ENV 模型以及针对 Sentinel-1A 数据的 CWAVE-S1A 模型，用于计算有效波高、平均周期等海浪参数。

除以上两种方法之外，随着海浪参数反演研究的不断进步，许多学者认识到方位向截断波长与海况条件之间具有强相关性，可用于海浪统计参数反演的研究[10-13]。方位向截断波长为 SAR 数据所特有的海况参数，可作为对 SAR 方位向分辨率的一种度量[1]。在假设线性波的情况下，方位向截断波长可表示为[11, 14]

$$\lambda_c = \pi\beta\sqrt{\iint \omega^2 F(f,\varphi)\,\mathrm{d}f\mathrm{d}\varphi} \qquad (6.7)$$

其中，$\beta = \dfrac{R}{V}$，表示卫星平台距目标物的距离 R 与卫星飞行速度之比；$F(f,\varphi)$ 表示二维海浪方向谱，f 是频率，φ 是方向；$\omega = 2\pi f$ 为角频率，$\iint \omega^2 F(f,\varphi)\,\mathrm{d}f\mathrm{d}\varphi$ 表示海浪谱二阶矩。

Beal 等[15]研究发现 λ_c 与有效波高 H_s 的平方根有强相关性，而且对于 1~8m 范围内的 H_s，二者成正比关系。Marghany 等[16]依据 λ_c 与 H_s 的相关性（见图 6.2），建立了二者之间的经验公式，并利用 ERS-1 方位向截断波长反演了有效波高，他们发现 λ_c 与 H_s 随着 ERS-1 图像时间的变化具有相似的变化趋势，提出 λ_c 可用来分析有效波高的季节变化。Stopa 等[17]发现 SAR 方位向截断波长包含海浪轨道速度方差信息，并通过海浪谱二阶矩建立了二者的理论关系，进一步证实了方位向截断波长可反演海浪参数的能力。Shao 等[18]基于 Sentinel-1A 卫星 SAR 图像，根据式（6.6）、式（6.7）表示的有效波高、方位向截断波长与海浪谱之间的关系，提出了一种 SAR 波浪参数反演的半经验算法，该算法能够描述有效波高、λ_c、雷达入射角、波浪传播方向与距离向的夹角之间的关系，同时根据平均波周期与海浪谱之间的关系，进一步提出可利用 H_s 和 λ_c 反演海浪的平均波周期。Grieco 等[1]基于 Sentinel-1A 图像，建立了 λ_c 与 H_s、海表面 10m 风速（U_{10}）的地球物理模型函数，他们的实验发现：λ_c 与所有海况条件下的有效波高都具有强相关性；且在充分发展的海况条件下，U_{10} 与 λ_c 也表现出很高的相关性。

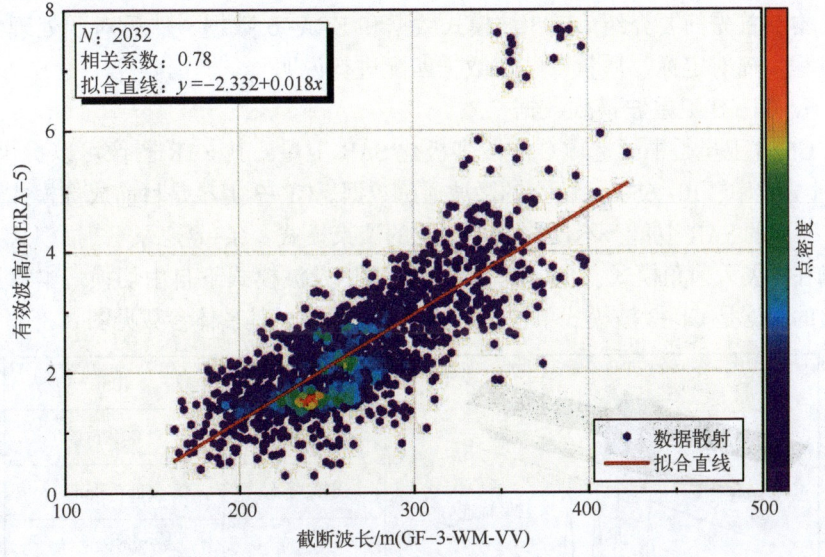

图 6.2 GF-3 波模式 SAR 数据 VV 极化的截断波长与第五代大气再分析（ERA-5）有效波高的相关性

虽然截断波长在风浪观测中起着重要的作用，但它受到许多因素的影响。首先，截断波长主要取决于速度聚束调制。当波沿着方位角方向传播时，由 SAR 成像生成的位移是距离速度比和定向雷达的径向速度分量的乘积。这一方面严格取决于 SAR 分辨率单元中散射体的速度分布，并且它只影响波的方位角方向。其次，有限寿命是海面散射元件的基本属性，其被称为固有场景相干时间。当场景相干时间小于 SAR 获取时间时，这也将导致方位向的截断。此外，一些研究证明，截断波长不仅取决于雷达配置和海浪参数，而且还显著受到电磁波极化状态的影响。但当前对于不同的极化状态下的截断波长反演浪场参数会产生怎样的影响并不清楚。目前常用的 H-V 线极化，是否是最优的极化状态？引入其他极化状态能否显著提高海浪的反演精度？

本章针对上述问题，重点利用极化 SAR 数据开展不同极化状态的截断波长与多种风和浪参数进行相关性分析，探讨不同极化状态的截断波长反演海浪信息的能力。这部分工作对进一步认识极化在海浪反演中的作用，有着重要意义。

6.2 实验数据与方法介绍

6.2.1 实验数据与预处理

本节首先简要介绍 GF-3 波模式数据和 ERA-5 数据，然后对预处理的三个过程：辐射定标、质量筛选、数据匹配进行说明。

1. GF-3 卫星波模式数据

GF-3 卫星是中国首颗 C 波段多极化 SAR 卫星，其 SAR 图像可以提供 1~500m 分辨率、10~650km 幅宽的微波遥感数据。GF-3 卫星是目前成像模式最多（12 种）的 SAR 卫星，不仅包括了传统的聚束模式、条带模式、扫描模式，还可以在扩展入射角模式、全球观测成像模式以及波模式下自由切换。本章用于实验的数据是 GF-3 波模式单视复数（SLC）数据，其具体参数见图 6.3。

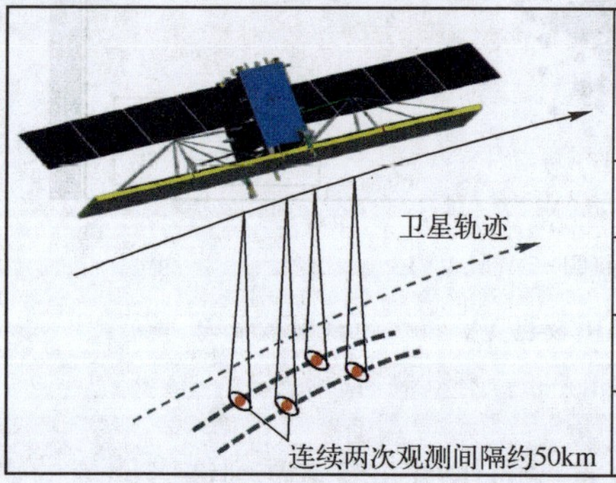

空间分辨率	方位向	10m
	距离向	8~12m
影像幅宽		5km×5km
入射角		20°~50°
视数		1×2
极化模式		全极化（HH、HV/VH、VV）

图 6.3 GF-3 SAR 波模式数据参数详情

本章选择波模式数据的原因有以下两点：首先，实验预处理中的极化基变换都是以全极化 SAR 的 S 矩阵为基础，通过变换 S 矩阵的笛卡儿正交基可以得到目标物在不同极化基下的后向散射信息。其次，波模式数据的空间尺度、空间分辨率等雷达参数在海洋观测中比较合适，其海浪参数反演的精度与海洋观测的潜力也已经通过实验得到了证明[19]。波模式数据反演有效波高（SWH）经过 WAVEWATCH Ⅲ 预报数据的精度验证，均方根误差（RMSE）在 0.5m 左右，平均绝对百分比误差（MAPE）在 20% 左右。

第六章 极化 SAR 海浪参数反演

在本章中，共使用了 4648 景 1A 级 SLC 波模式数据，将其中的 2342 景影像用于研究截断波长与风和浪参数在不同极化基下的相关性，以此来初步确定极化基如何通过改变截断波长来影响风场和浪场的观测；之后根据相关性分析的结果，将剩余 2306 景影像用于风和浪参数的反演精度对比实验中，通过对比误差指标进一步证明极化基的选择是风和浪参数反演中需要考虑的重要影响因素。

2. ERA-5 数据

本节的验证数据选择的是 ECMWF（欧洲中期天气预报中心）提供的 ERA-5（第五代大气再分析）数据。ERA-5 数据可以支持各种大气、陆地、海洋气候的研究，其参数网格为 0.125°×0.125°，空间分辨率约为 30km，时间分辨率为 1h。此外，ERA-5 预报数据的优势在于全球覆盖以及全天时，这充分避免了因实验数据位置分散而难以匹配的问题。

在本章中 ERA-5 共提供了 7 种风和浪参数，包括了 SWH、平均波周期（MWP）、风速（WS）、风浪的有效波高（SWH（wind））和平均波周期（MWP（wind））、涌浪的有效波高（SWH（swell））和平均波周期（MWP（swell）），上述风和浪参数将作为参考来分析极化基在 SAR 观测混合浪、风浪和涌浪中的影响。

3. 数据预处理

为了实验的后续研究，本节对波模式数据共进行了三步预处理，分别是：辐射定标、质量控制和数据匹配。

（1）本章首先使用 PIE-SAR（https://engine.piesat.cn/）软件从 GF-3 波模式数据中提取了 S 矩阵数据。

（2）其次为了防止图像中其他海洋元素（如冰、上升流、旋涡等）对实验的影响，本章通过计算 SAR 图像的统计信息方差 cvar 来对实验数据进行质量控制，以此来滤除不符合要求的影像，cvar 的计算公式如下：

$$\mu = \langle |I_C|^2 \rangle \tag{6.8}$$

$$\text{cvar} = \langle (|I_C|^2 - \mu) \rangle \tag{6.9}$$

式中：I_C 是后向散射系数的复数数据。这一环将 cvar 在 1.1 与 1.6 之间的数据规定为合格数据[2]，图 6.4 展示了所有数据的 cvar 分布，在所有数据中约有 90% 的样本合格。

（3）GF-3 波模式数据的幅宽小于 ERA-5 数据网格尺寸，因此需要对波模式数据和 ERA-5 数据进行匹配，本节采用了时空双线性插值的方法，如下所示为空间双线性插值的公式：

$$G = 64 \times (P_A \cdot d_3 \cdot d_4 + P_B \cdot d_1 \cdot d_3 + P_C \cdot d_2 \cdot d_4 + P_D \cdot d_1 \cdot d_2) \tag{6.10}$$

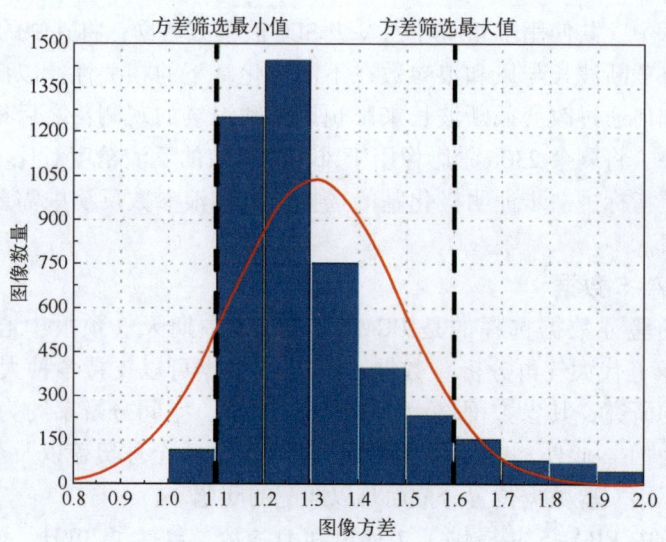

图 6.4　GF-3 波模式数据方差示意图

其中，G 是经过空间插值后 GF-3 影像中心位置对应的结果，$P_i(i=A,B,C,D)$ 表示了 ERA-5 数据四个网格顶点对应的风和浪参数，$d_i(i=1,2,3,4)$ 表示四个网格顶点的经纬度与影像中心位置的差值。此外，空间和时间的插值窗口由 ERA-5 数据的网格大小决定，分别为 0.125°和 1h。通过网格顶点与影像中心位置的经纬度差来对空间插值的结果进行加权，较高的经纬度差对应了较低的权值，时间插值的方法与空间插值一致，最后将空间插值和时间插值的结果结合可以估计出 GF-3 影像中心对应的风和浪参数。

经过上述的预处理操作后，不同极化基下截断波长与风和浪参数的相关性分析实验中共筛选了 2032 景数据，不同极化基下风和浪参数反演的精度对比实验中共筛选了 2061 景数据。

6.2.2　极化基变换

参考电磁波原理[20]，可以假设在笛卡儿基 $(\hat{x},\hat{y})$ 下单色平面波的 Jones 矢量形式如下：

$$\widetilde{E}=A\begin{bmatrix}\cos\psi & -\sin\psi \\ \sin\psi & \cos\psi\end{bmatrix}\begin{bmatrix}\cos\chi & j\sin\chi \\ j\sin\chi & \cos\chi\end{bmatrix}\begin{bmatrix}e^{j\delta} & 0 \\ 0 & e^{-j\delta}\end{bmatrix}\begin{bmatrix}1 \\ 0\end{bmatrix} \tag{6.11}$$

$$\widetilde{E}=AU_2(\psi)U_2(\chi)U_2(\delta)\hat{x}=AU_2(\psi,\chi,\delta)\hat{x} \tag{6.12}$$

式中：ψ 是电磁波所处的坐标系轴的正方向与极化椭圆的长轴之间的夹角，一般称为方向角（Orientation Angle）；χ 是以极化椭圆的长轴和短轴为边的直角三角形中的最小内角，一般称为椭圆角（Elliptical Angle）；方向角与椭圆角的取值范围为：$\Psi \in \left[-\dfrac{\pi}{2}, \dfrac{\pi}{2}\right]$，$\chi \in \left[-\dfrac{\pi}{4}, \dfrac{\pi}{4}\right]$；$\delta$ 代表了绝对相位项，因为一旦方向角与椭圆角固定，那么在公式推导中 δ 为常数，所以在一般研究中往往会将这一项忽略；$\hat{x}$ 表示了水平极化下的单位琼斯矢量。

参考第三章的极化基变换，式（6.13）的正交琼斯矢量可以表示为

$$\widetilde{E}_\perp = AU_2(\psi, \chi)\hat{y} = AU_2(\psi_\perp, \chi_\perp)\hat{x} \tag{6.13}$$

式中：$\psi_\perp = \psi + \dfrac{\pi}{2}$；$\chi_\perp = -\chi$；$\hat{y}$ 表示了在垂直极化下的单位琼斯矢量；$\widetilde{E}$ 与 $\widetilde{E}_\perp$ 表示一对笛卡儿正交基。那么，电场 $\widetilde{E}_{(\hat{u},\hat{u}_\perp)}$ 在任意极化基下的表达式可以写为

$$\widetilde{E}_{(\hat{u},\hat{u}_\perp)} = E_u \hat{u} + E_{u_\perp} \hat{u}_\perp \tag{6.14}$$

$\widetilde{E}_{(\hat{u},\hat{u}_\perp)}$ 在笛卡儿正交基下与电场的关系可以用琼斯矢量表示为

$$\begin{bmatrix} E_u \\ E_{u_\perp} \end{bmatrix} = U_2(\psi, \chi)^{-1} \begin{bmatrix} E_1 \\ E_2 \end{bmatrix} \tag{6.15}$$

电场在任意极化基下的琼斯矢量表达式可以将特殊酉矩阵 U_2 引入并获取。极化 SAR 入射电磁波 E_i 与散射电磁波 E_s 的关系可以通过 S 矩阵表示为

$$E_{s(1,2)} = \begin{bmatrix} S_{11} & S_{21}^* \\ S_{21} & S_{22} \end{bmatrix} E_{i(1,2)} \tag{6.16}$$

联立式（6.15）与式（6.16）可以得到：

$$E_{s(u,u_\perp)} = U_2(\psi, \chi)^{-1} \begin{bmatrix} S_{11} & S_{21}^* \\ S_{21} & S_{22} \end{bmatrix} U_2(\psi, \chi) E_{i(u,u_\perp)} \tag{6.17}$$

式中：S_{11}、S_{21}^*、S_{21}、S_{22} 分别表示了 H-V 线极化基下 HH、HV、VH、VV 的后向散射系数，由式（6.17）可以得到极化 SAR 在 H-V 线极化基下的 S 矩阵变换到其他极化基下的公式：

$$\begin{bmatrix} S_{uu} & S_{uu_\perp} \\ S_{u_\perp u} & S_{u_\perp u_\perp} \end{bmatrix} = U_2(\psi, \chi)^{-1} \begin{bmatrix} S_{11} & S_{21}^* \\ S_{21} & S_{22} \end{bmatrix} U_2(\psi, \chi) \tag{6.18}$$

在式（6.18）中，极化基变换后的极化状态可以通过设置 ψ 和 χ 来确定，极化 SAR 在任意极化基下的极化响应可以通过 H-V 极化基的 S 矩阵变换得到。以左旋-右旋圆极化基的获取为例，因为左旋-右旋圆极化基不是一对正交极化基，这不符合极化基变换的要求，因此左旋-右旋圆极化基下目标极化特征的获取可以采用左旋-正交左旋圆极化基代替，H-V 极化基变换到左旋-正交左旋圆极化基的两个酉矩阵表达式可以写成：

$$U_2(\psi = 0°, \chi = 45°)^{-1} = \dfrac{1}{\sqrt{2}} \begin{bmatrix} 1 & -j \\ -j & 1 \end{bmatrix} \tag{6.19}$$

$$U_2(\psi=0°, \chi=45°) = \frac{1}{\sqrt{2}} \begin{bmatrix} 1 & j \\ j & 1 \end{bmatrix} \tag{6.20}$$

将式（6.19）和式（6.20）代入式（6.18）中，左旋-正交左旋圆极化基下的 S 矩阵表达式可以写为

$$\begin{bmatrix} S_{11}(\text{Cir}) & S_{21}^*(\text{Cir}) \\ S_{21}(\text{Cir}) & S_{22}(\text{Cir}) \end{bmatrix} = \begin{bmatrix} S_{11}+S_{22}+(S_{21}^*-S_{21})j & S_{21}^*+S_{21}+(S_{11}-S_{22})j \\ S_{21}^*+S_{21}+(S_{22}-S_{11})j & S_{11}+S_{22}+(S_{21}-S_{21}^*)j \end{bmatrix} \tag{6.21}$$

其中，$S_{11}(\text{Cir})$、$S_{21}^*(\text{Cir})$、$S_{21}(\text{Cir})$、$S_{22}(\text{Cir})$ 分别表示 S_{11}、S_{12}、S_{21}、S_{22} 经过极化基变换后得到的圆极化基下的后向散射系数。参考上述的变换过程，任意极化基下的目标散射信息 $S_{ij}(\psi,\chi)$ 都可以通过确定极化椭圆的几何参数 Ψ 和 χ 来变换获取。

6.2.3 基于交叉谱的截断波长反演方法

截断波长反演中最常用的经验方法是交叉谱法，其通过对 SAR 交叉谱的互相关函数进行高斯拟合来估算截断波长，这种方法的优势在于可以提高影像的信噪比，对于其他海杂波影响具有一定的抑制作用[21]。

图 6.5　时间：2017-01-29 15:19:43 UTC，极化：VV，中心经度：-136.38°W，中心纬度：39.25°N，中心入射角：23.62°，归一化雷达后向散射截面：-7.20dB，归一化方差：1.42

在本节中我们以一景 GF-3 SAR 波模式图像为例使用交叉谱法进行截断波长反演，其具体流程如下：

（1）对 SAR 图像的方位向进行快速傅里叶变换，SAR 图像从空间域转换到平均剖面为 sinc 窗函数的距离多普勒域。使用最小二乘优化的方法将余弦

函数与方位向轮廓进行拟合，以此来去除 sinc 窗函数。为了便于分视，我们将原始轮廓除以拟合轮廓来得到一个在 RD 域中表现为矩形的谱轮廓。

（2）将矩形谱轮廓进行分割得到三个子视，对其中的子视 1 与子视 3 进行交叉谱反演，反演方程如下式：

$$P_s^{(1,3)}(k,\Delta t)=\frac{1}{\langle I^{(1)}\rangle\cdot\langle I^{(3)}\rangle}\left\langle I^{(1)}\left(k,\frac{t}{2}\right)\cdot I^{*(3)}\left(k,-\frac{t}{2}\right)\right\rangle \quad (6.22)$$

式中：$\langle I^{(m)}\rangle$ 为子视图像的平均强度；$I^{(m)}\left(k,\frac{t}{2}\right)$ 为子视强度图进行傅里叶变换后得到的结果；Δt 为子视分离时间，$\Delta t=\frac{t_m}{2}-\left(-\frac{t_n}{2}\right)$，即每个子视图像之间的时间差。三个子视中子视 1 和子视 3 之间时间间隔相对较大，避免了因为子视相邻导致的相位变化小、噪声大的结果，选择这两个子视得到的交叉谱质量相对更高[22]。

（3）通过对交叉谱实部部分进行傅里叶变换得到方位向的自相关函数，使用高斯函数对自相关函数进行拟合求解截断波数，拟合公式如下：

$$C(x)\sim e^{-\pi^2\frac{x^2}{\lambda^2}} \quad (6.23)$$

确定了上式中拟合系数 λ 的值可以得到截断波数，最终得到截断波长 λ_c，截断波长反演结果见图 6.6。

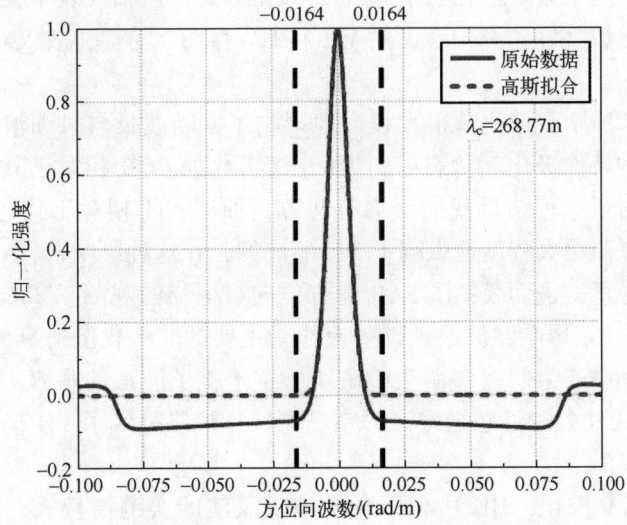

图 6.6 GF-3 波模式截断波长反演结果图（蓝色实线为原始数据的归一化强度值，红色虚线为高斯拟合获得的拟合曲线，黑色虚线表示截断波长对应的截断波数）

6.3 不同极化基下截断波长与风和浪参数的相关性分析

在本节中我们首先以一些常用的特殊极化基（H-V 线极化基、圆极化基、45°线极化基）为例，评估不同极化基对截断波长与风和浪参数的相关性的影响，然后对一般椭圆极化基下的更多情况进行相关性分析，分析的结果将为 6.4 节中参数反演提供依据。

6.3.1 特殊极化基下截断波长与风和浪参数相关性分析

极化分析中常用的特殊极化基主要为 H-V 线极化基、圆极化基和 45°线极化基，以这三种特殊极化基为例，我们对不同极化基下的 2032 景 GF-3 波模式 SAR 数据进行了截断波长与风和浪参数的相关性评估（图 6.7），色块中的参数表示皮尔森相关系数，皮尔森相关系数反映了 2 个变量之间的线性相关程度，相关系数与两者的相关性呈正比关系，且理论上相关性越强参数反演的性能也会越强。在之后的研究中，我们用 COR 来表示相关系数，图 6.7 的纵轴代表了 S 矩阵经过极化基变换得到的特殊极化基状态，其中，HH、VH、VV 表示了 SAR 全极化数据的不同极化通道，$S_{ij}(45°\text{Lin})$ 表示经过极化基变换后复散射系数 S_{ij} 在 45°线极化基下的极化形式，$S_{ij}(\text{Cir})$ 表示经过极化基变换后复散射系数 S_{ij} 在圆极化基下的极化形式，横轴代表了实验中常用的几种风和浪参数（在本章中考虑到 VH 和 HV 存在互易性，故仅对其中的 VH 进行实验）。

如图 6.7 所示，极化基很大程度地影响了截断波长与风和浪参数的相关性；在这几种特殊极化基状态中，VH 交叉极化的 COR 相对于其他极化状态普遍较低，对于这种结果我们认为有两方面原因：①相对于其他极化，SAR 固有的基底噪声更大程度地影响了 VH 的成像，在这种影响下，VH 影像的信噪比会大大降低，进而模糊了 SAR 对方位向目标物的观测。②非极化散射对 VH 极化也有一定影响，波浪破碎效应作为主要的非极化散射事件，其在 VH 极化成像过程中产生的短寿命粗糙斑块严重干扰了海浪的观测。有限的积分时间内 SAR 无法处理这些短寿命的粗糙斑块，最终降低了 VH 极化在方位向的成像分辨率。

相对于 VV 极化，HH 极化下截断波长反演的实测值较大，这种高估使 HH 极化的 COR 相对于 VV 极化整体偏低。非极化散射很大程度上影响了 HH 极化的成像，在 HH 极化的总后向散射贡献中，破碎波通过镜面反射造成的贡献可以占比 60% 到 70%，这严重影响了小尺度 Bragg 波的极化贡献在 HH 极化观测中的占比，最终导致了 HH 极化对随机运动相对较高的敏感性[23]。

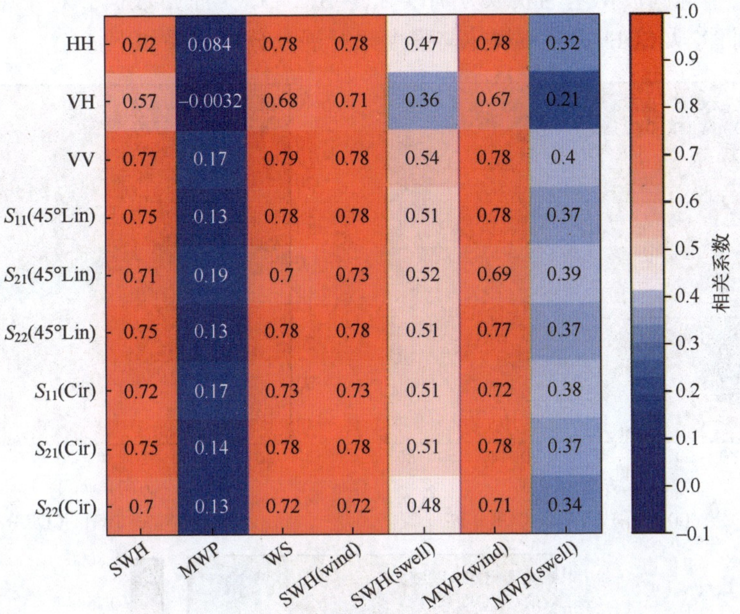

	SWH	MWP	WS	SWH(wind)	SWH(swell)	MWP(wind)	MWP(swell)
HH	0.72	0.084	0.78	0.78	0.47	0.78	0.32
VH	0.57	−0.0032	0.68	0.71	0.36	0.67	0.21
VV	0.77	0.17	0.79	0.78	0.54	0.78	0.4
S_{11}(45°Lin)	0.75	0.13	0.78	0.78	0.51	0.78	0.37
S_{21}(45°Lin)	0.71	0.19	0.7	0.73	0.52	0.69	0.39
S_{22}(45°Lin)	0.75	0.13	0.78	0.78	0.51	0.77	0.37
S_{11}(Cir)	0.72	0.17	0.73	0.73	0.51	0.72	0.38
S_{21}(Cir)	0.75	0.14	0.78	0.78	0.51	0.78	0.37
S_{22}(Cir)	0.7	0.13	0.72	0.72	0.48	0.71	0.34

图 6.7　特殊极化状态下截断波长与风和浪参数相关系数图

如图 6.7 所示，45°线极化和圆极化下的 COR 也普遍低于 VV，但在部分情况下其他特殊极化状态对风和浪的敏感性不亚于 VV 极化。另外，对于同一种极化基状态，其截断波长与不同的风和浪参数的相关性也存在着巨大差异，混合浪、风浪相关的参数（SWH、WS、SWH（wind）、MWP（wind））与截断波长的 COR 普遍高于 0.7，涌浪相关的参数（SWH（swell）、MWP（swell））与截断波长的 COR 在 0.4 与 0.5 之间，此外，MWP 与截断波长的相关性可忽略不计。截断波长主要影响了 SAR 对高频海浪的观测，这可以解释为什么截断波长与混合浪以及风驱动参数有更好的相关性。

6.3.2　椭圆极化基下截断波长与风和浪参数相关性分析

在本小节中，我们将相关性分析的场景推广到了椭圆极化下，并将分析的结果作为海浪参数反演实验的参考。在特殊极化基下的相关性分析中，SWH、WS、SWH（wind）、MWP（wind）与截断波长有相对较高的 COR，所以我们以这四种参数为例进行了椭圆极化基下的相关性分析，分析结果分别如图 6.8～图 6.11 所示。需要注意的是，极化椭圆参数方向角与椭圆角的变化步长分别为 10°和 5°，经过插值处理可以得到如图所示的等值线。

图 6.8 所示为不同极化基的截断波长与 SWH 的 COR 图,其中图 (a) ~ 图 (c) 中椭圆极化基的获取分别以 S_{11}、S_{21}、S_{22} 为原始数据,对于结果的分析,我们将从 COR 的分布规律与强度来开展。分析结果如下:

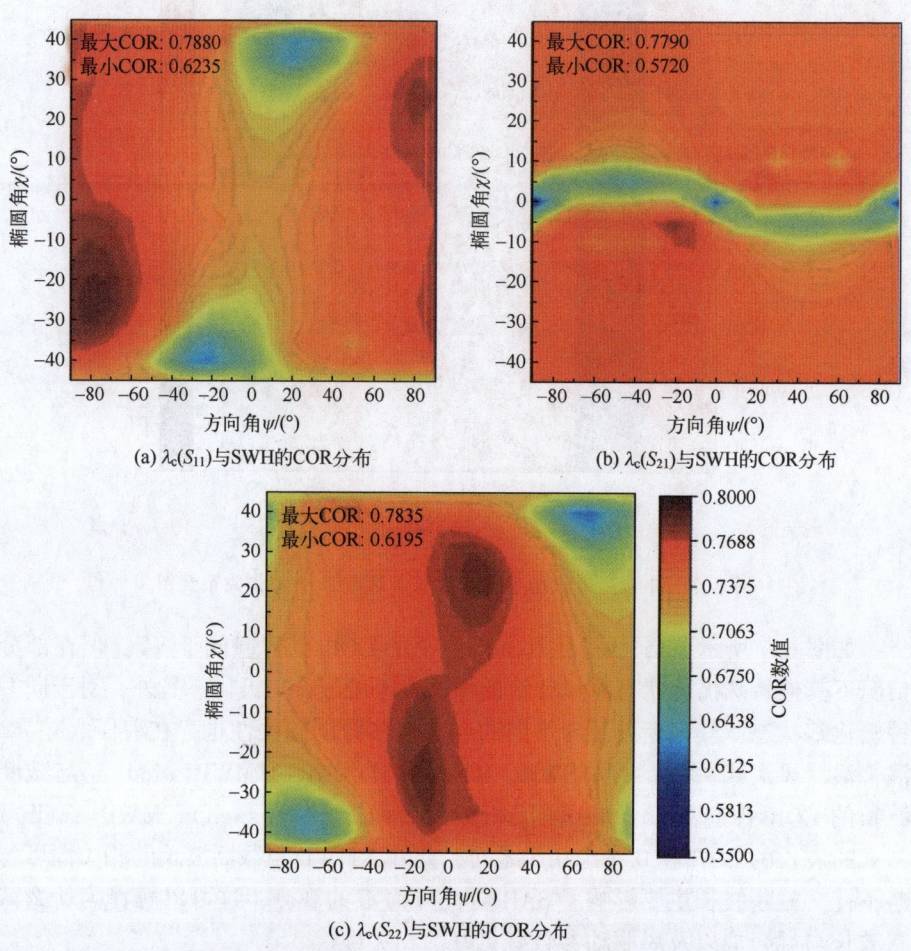

图 6.8 椭圆极化状态下 (a) S_{11}、(b) S_{21}、(c) S_{22} 截断波长与风场和有效波高 (SWH) 相关系数图

(1) 如图 (a) ~ 图 (c) 所示,COR 强度分布呈中心对称,但分布规律有明显的差异。图 (a) 与图 (c) 中 COR 的变化趋势较为平缓,图 (b) 中 COR 的分布较为特殊,且在峰值区域有较大的梯度。除此之外,参考极化基变换的原理可知,图 (a) 中 $S_{11}(0°,0°)$ 所对应的极化状态为 HH,$S_{11}(90°,0°)$ 及 $S_{11}(-90°,0°)$ 所对应的极化状态为 VV,那么 $S_{11}(0°,0°)$ 随方向角的增大与减小即为 HH 极化接近 VV 极化的过程,同理,图 (c) 中 $S_{22}(0°,0°)$ 随方

向角的增大与减小等同于 VV 极化不断向 HH 极化接近,这也是为什么图(a)与图(c)中等值线的轮廓如此相似。

(2)经过极化基变换后,截断波长与风和浪参数的 COR 相对于 VV 有明显的提升,最大值为 $S_{11}(-80°,-25°)$ 的 0.788,最小值为交叉极化 $S_{21}(-90°,0°)$ 的 0.572,除此之外,所有交叉极化的 COR 都低于 0.6,在海浪观测中,基底噪声的影响无法忽视。

图 6.9~图 6.11 所示为不同极化基下截断波长与 WS、SWH(wind)、MWP(wind)的 COR 图,这三种参数主要受海表面风驱动,所以我们对其进行整体分析:

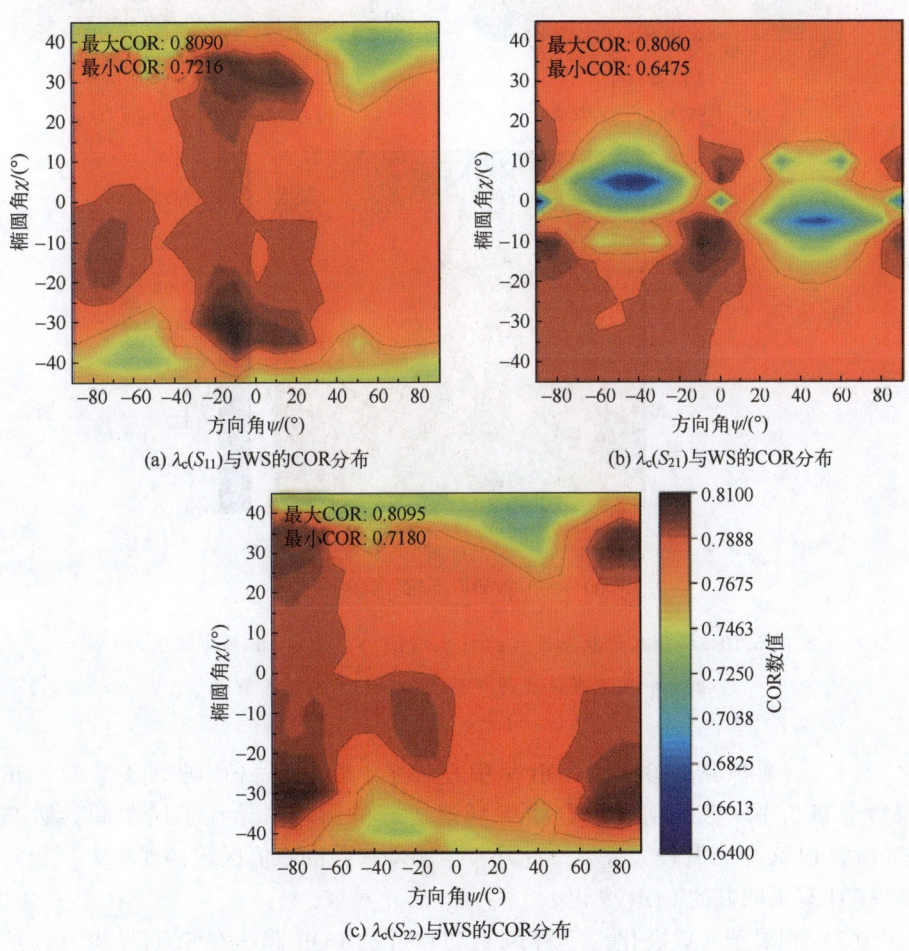

图 6.9 椭圆极化状态下 (a) S_{11}、(b) S_{21}、(c) S_{22} 截断波长与风场和风速(WS)相关系数图

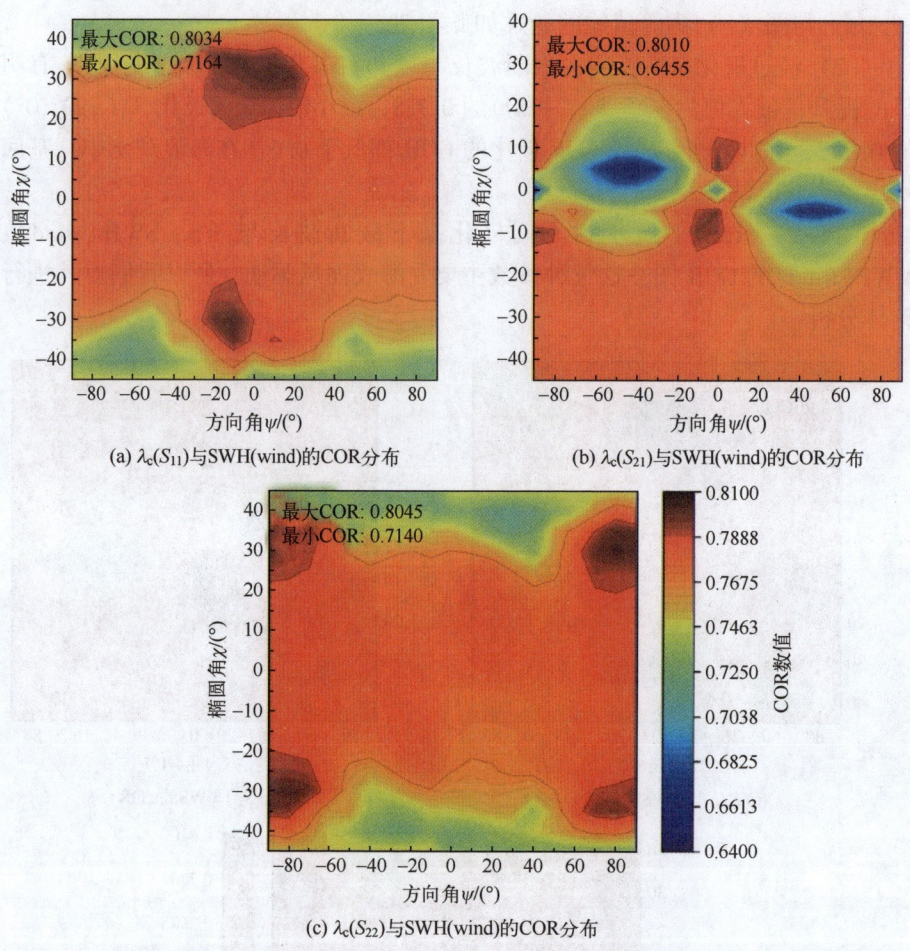

图 6.10　椭圆极化状态下 （a） S_{11}、（b） S_{21}、（c） S_{22} 截断波长与风场和风浪有效波高（SWH(wind)）相关系数图

（1）三种风驱动参数的 COR 呈中心对称分布，且每种风驱动参数的 COR 强度分布几乎一致，由于混合浪中涌浪成分的影响，导致了风驱动参数与 SWH 的 COR 分布有较大差异，此外，风驱动参数的峰值区域梯度较大，相对于 SWH 有更明显的 COR 变化。

（2）相对于 VV 极化，三种风驱动参数的 COR 最大值有明显提升，从 0.78 左右达到了普遍 0.8 之上。

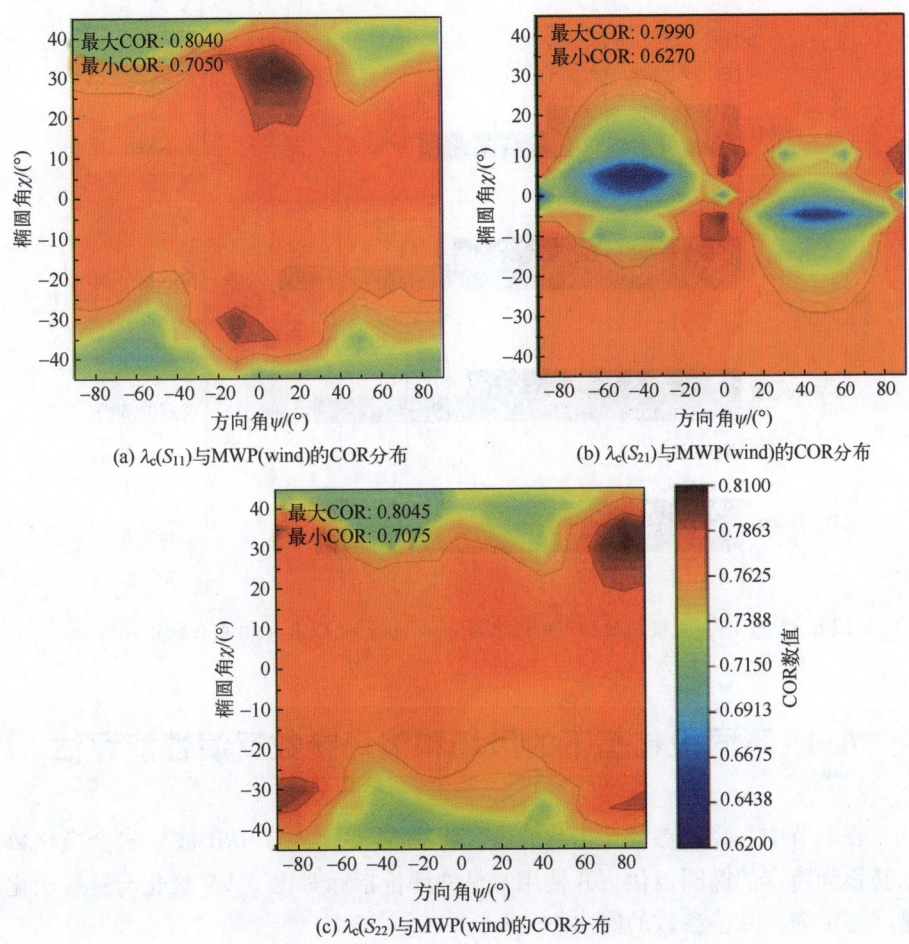

图 6.11 椭圆极化状态下（a）S_{11}、（b）S_{21}、（c）S_{22} 截断波长与风场和风浪平均波周期（MWP(wind)）相关系数图

为了风和浪参数反演实验的开展，在下面每种参数 COR 最大的极化基状态被定义为 peak state。图 6.12 所示是每种参数的 peak state 与 VV 的 COR 对比。

从图 6.12 可知，H-V 极化基数据经过极化基变换后对海表面风和海浪的敏感性大大增强，椭圆极化基下截断波长与风和浪参数的相关性远远高于常用的 VV 极化。在 6.4 节中我们将在风和浪参数反演实验对比中引入椭圆极化，以此来验证极化基改变对参数反演性能提升的可行性。

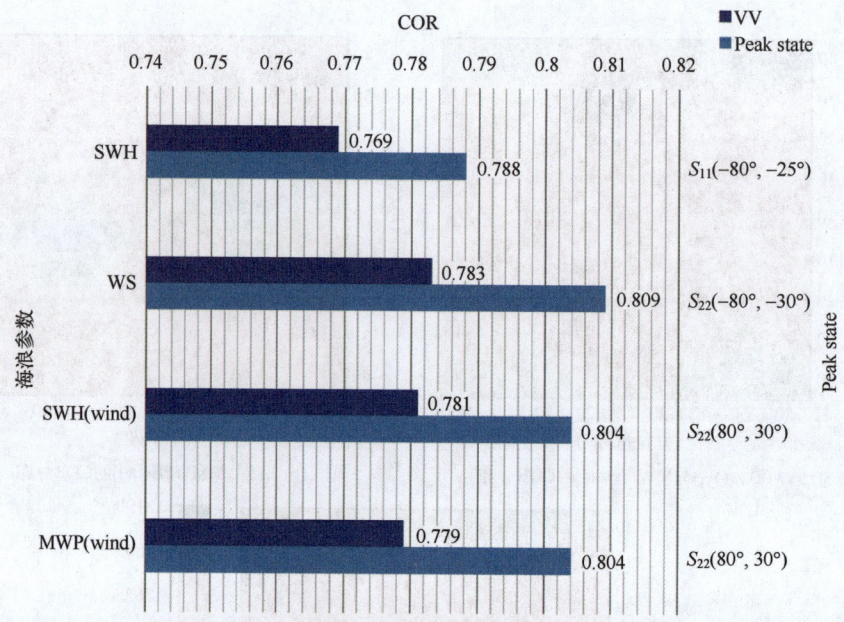

图 6.12 GF-3 波模式数据 VV 极化与 peak state 的 COR（相关系数）对照表

6.4 不同极化基下的风场和浪场参数反演性能评估

在本节中，我们参考 6.1 节的内容将 2061 景 GF-3 SAR 波模式全极化数据转换为特定的椭圆极化，并使用常见的评价指标对比了 VV 极化与这些极化基状态反演风和浪参数的能力。

6.4.1 椭圆极化与 VV 极化反演海浪信息精度对照

在本节中风和浪参数反演的模型我们采用了 CWAVE-ENV 经验模型[24]，该模型通过多元线性回归的方式确定 SAR 影像信息与风和浪参数之间的关系，如式（6.24）所示为二阶多元线性模型。

$$W = a_0 + \sum_{i=1}^{N} a_i k_i + \sum_{i=1}^{N} \sum_{j=1}^{i} a_{i,j} k_i k_j \quad (6.24)$$

式中：W 代表了模型反演得到的风和浪参数；a_i 为模型的参数常量；k_i 表示从 SAR 影像中提取的相互之间存在联系的图像特征参数；N 为训练数据对的样本数量。为了更好地探讨极化基变换对参数反演模型的重要性，我们选择的图像特征参数 k_i 在实验中的改变与极化基直接相关，这四种图像特征参数 k_i

分别为：截断波长、图像方差、归一化雷达后向散射系数以及入射角，前三个参数可以从极化基变换前后的 SAR 图像中直接提取，入射角在反演模型中可以作为定值输入，不会影响实验的结果。除此之外，我们选择了与 6.2.2 节中相同的反演参数：SWH、WS、SWH(wind)、MWP(wind)；参数反演模型中极化基的选择可以参考图 6.12，对于每种参数，我们将其 peak state 与原始的 VV 极化进行反演精度对比，比如，SWH 反演实验中我们使用 $S_{11}(-80°,-25°)$ 与 VV 极化进行比较。实验结果的评价指标我们选择了以下四种：RMSE、平均绝对误差（MAE）、MAPE、COR，计算公式如式（6.25）~式（6.28）所示。

$$\text{RMSE} = \sqrt{\frac{1}{N}\sum_{i=1}^{N}(y_i - x_i)^2} \quad (6.25)$$

$$\text{MAE} = \frac{1}{N}\sum_{i=1}^{N}\sqrt{(y_i - x_i)^2} \quad (6.26)$$

$$\text{MRE} = \frac{1}{N}\sum_{i=1}^{N}\sqrt{\left(\frac{y_i - x_i}{x_i}\right)^2} \quad (6.27)$$

$$\text{COR} = \frac{\sum_{i=1}^{N}(x_i - \langle x_i \rangle)(y_i - \langle y_i \rangle)}{\sqrt{\sum_{i=1}^{N}(x_i - \langle x_i \rangle)^2 \sum_{i=1}^{N}(y_i - \langle y_i \rangle)^2}} \quad (6.28)$$

式中：N 代表了验证数据对的样本数量；x_i 和 y_i 为第 i 对由 ERA-5 提供以及通过经验模型反演得到的风和浪参数。如图 6.13~图 6.16 分别为 VV 极化与 peak state 下 SAR 影像信息反演 SWH、WS、SWH(wind)、MWP(wind)的散点密度图。

如图 6.13 所示，在 VV 极化下反演 SWH 与 ERA-5 提供 SWH 的 RMSE 为 0.63m，在极化基状态转换到 peak state（$S_{11}(-80°,-25°)$）后，反演 SWH 与验证 SWH 之间的误差明显降低，RMSE 减小到 0.59m，另外几种误差指标也有一定程度的降低。如图 6.14~图 6.16 所示，在分别为每种风驱动参数引入了 peak state（$S_{22}(-80°,-30°)$、$S_{22}(80°,30°)$）之后，参数反演的误差指标同样有大幅度的降低，此外，如图 6.18 所示 SWH(wind)有相对较高的 MRE，这主要因为在实验中用到的 ERA-5 验证 SWH(wind)约 45%的值比 0.5m 小，这些值在 MRE 计算中造成了数据偏差与验证数据之间的严重失衡。

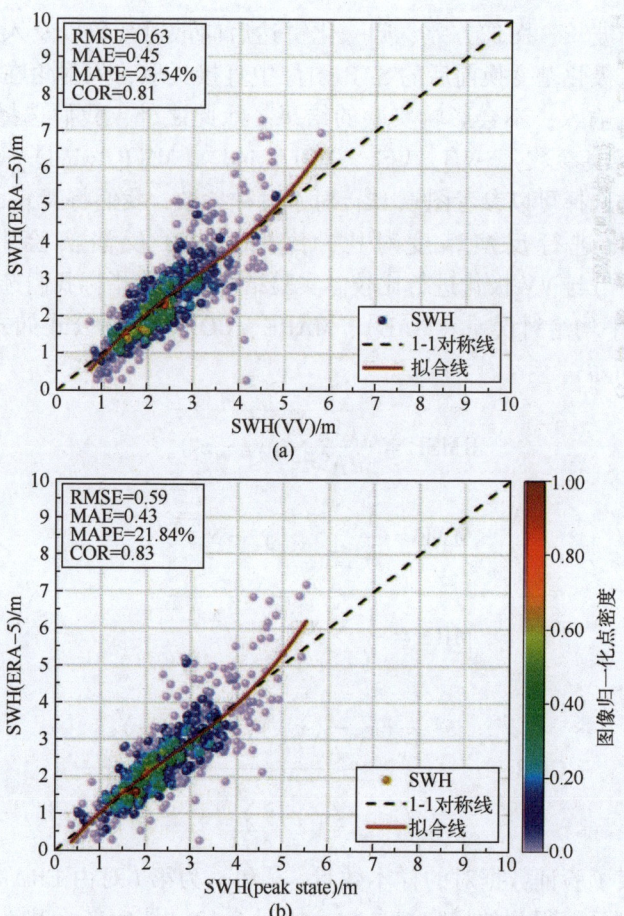

图 6.13 （a）VV 极化状态、（b）$S_{11}(-80°,-25°)$ 反演
SWH 与 ERA-5 提供 SWH 散点密度图

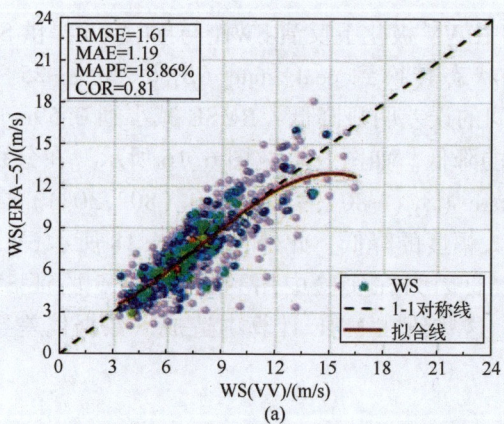

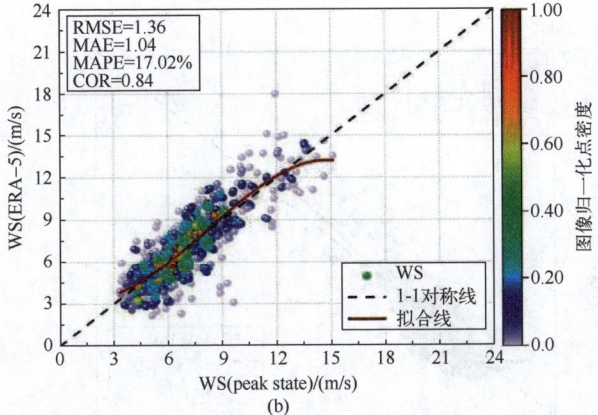

图6.14 (a) VV极化状态、(b) $S_{22}(-80°,-30°)$反演 WS与ERA-5提供WS散点密度图

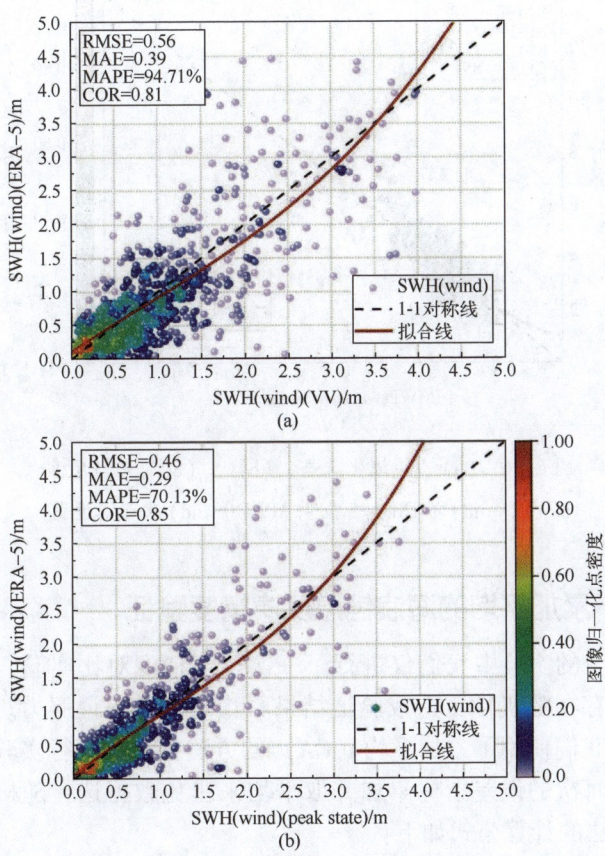

图6.15 (a) VV极化状态、(b) $S_{22}(80°,30°)$反演 SWH(wind)与ERA-5提供SWH(wind)散点密度图

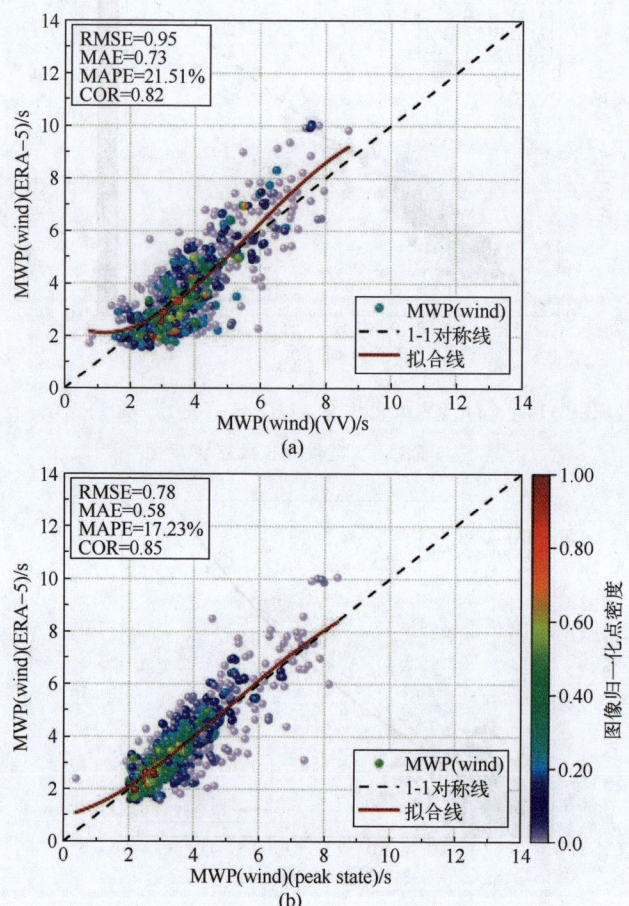

图 6.16 (a) VV 极化状态、(b) $S_{22}(80°,30°)$ 反演 MWP(wind) 与 ERA-5 提供 MWP(wind) 散点密度图

6.4.2 基于累加平均的海浪信息反演精度验证

在 6.4.1 节的实验中我们仅进行了一次反演精度对比实验,这会因为数据本身的影响存在随机性,造成验证结果不稳定且缺乏说服力。为了消除这种随机因素,我们使用了累加平均(CA)的方法,多次进行实验并随机选择实验数据,将每次的误差指标累加并取平均来避免数据选择随机性带来的误差[25]。CA 方法的计算公式如下:

$$A_n = \frac{1}{n}\sum_{m=1}^{n} P_m \qquad (6.29)$$

式中：A_n 表示经过 n 次实验后反演结果的累加平均值；P_m 表示第 m 次实验时反演精度的误差指标，在实验次数达到一定次数后，反演参数的误差指标会收敛，在下面称为收敛值（Convergence），通过 CA 法可以消除随机性，使极化基差异成为实验的唯一影响因素。

在实验过程中我们采用了三种误差指标 RMSE、MAE、MAPE。我们对每种风和浪参数共随机选取了 10000 次数据进行参数反演实验，图 6.17 ~ 图 6.20 所示为使用 CA 方法反演 SWH、WS、SWH(wind)、MWP(wind) 的误差指标变化示意图，图中黑线的值与左 y 轴对应，彩线的值与右 y 轴对应，在实验结果收敛以后我们使用虚线来表示 Convergence 对应的位置。

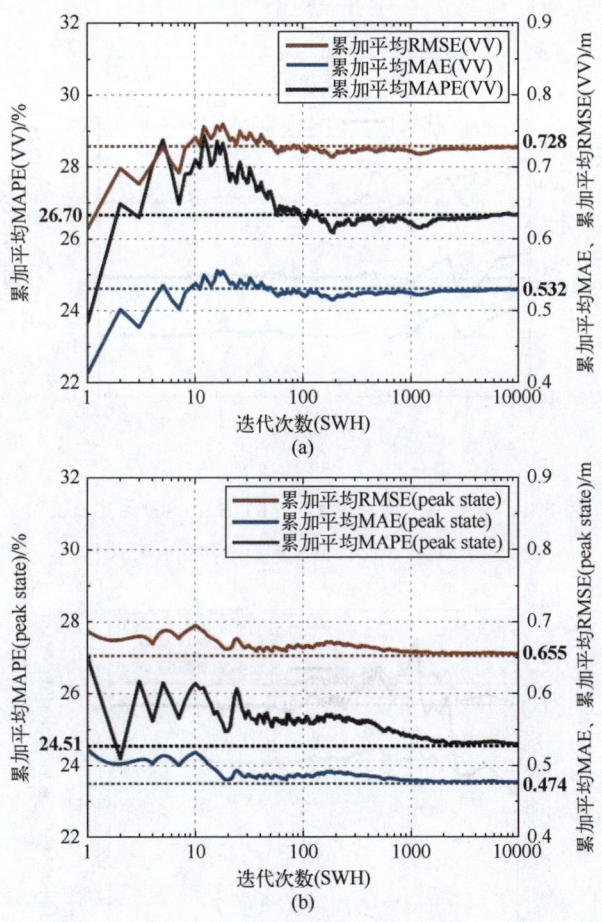

图 6.17 （a）VV 极化状态、（b）$S_{11}(-80°,-25°)$ 反演 SWH 与 ERA-5 提供 SWH 累加平均指标对比图

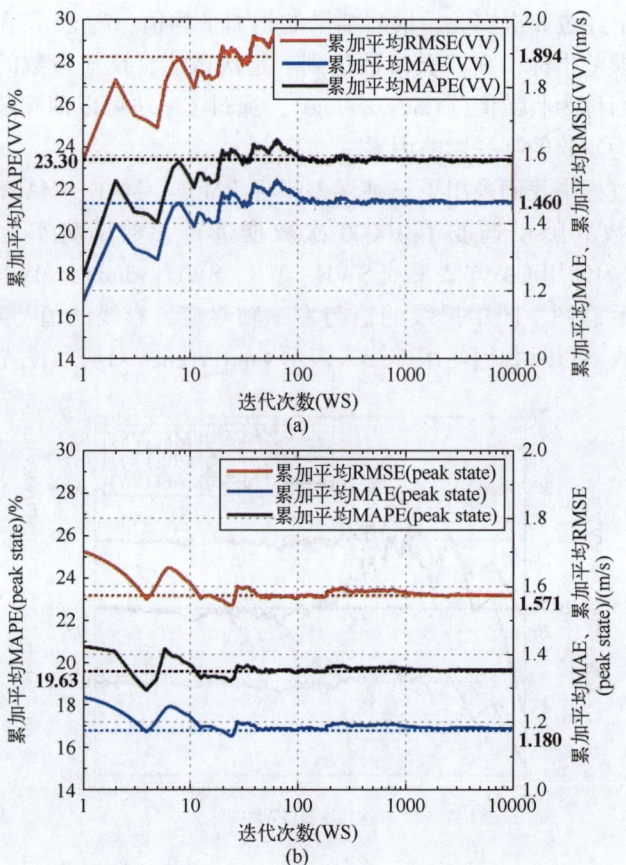

图 6.18 （a）VV 极化状态、(b) $S_{22}(-80°,-30°)$ 反演 WS 与 ERA-5 提供 WS 累加平均指标对比图

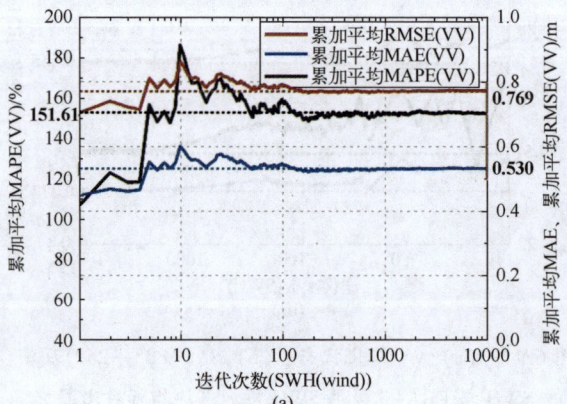

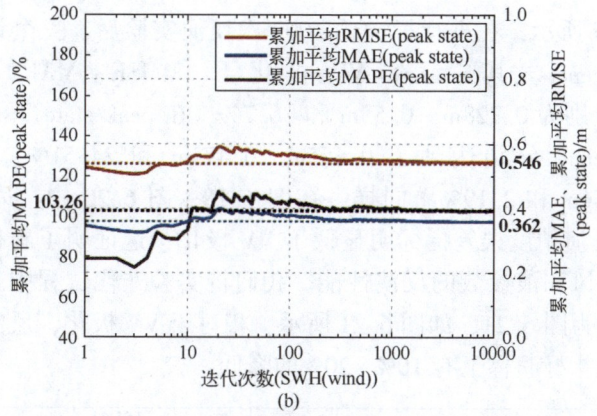

图 6.19 （a）VV 极化状态、（b）$S_{22}(80°,30°)$ 反演
SWH(wind) 与 ERA-5 提供 SWH(wind) 累加平均指标对比图

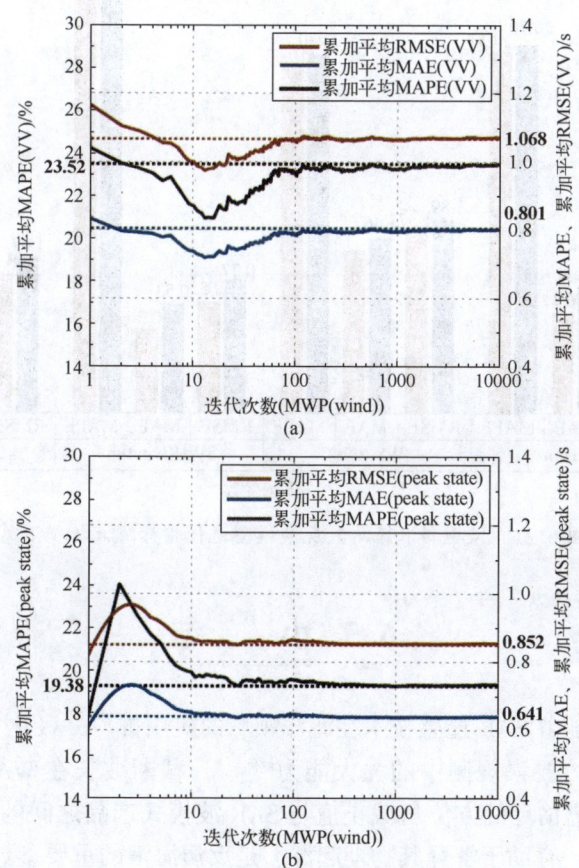

图 6.20 （a）VV 极化状态、（b）$S_{22}(80°,30°)$ 反演
MWP(wind) 与 ERA-5 提供 MWP(wind) 累加平均指标对比图

如图 6.17 所示，在进行了大约 1000 次反演实验后，三个误差指标会收敛为 Convergence，其中，在 VV 极化下，RMSE、MAE 和 MAPE 的 Convergence 分别为 0.728m，0.53m 和 26.7%，在 peak state 下，三个误差指标的 Convergence 分别达到了 0.655m、0.474m 和 24.51%，分别降低了 0.073m、0.056m 和 2.19%。同样，在图 6.18~图 6.20 中，风驱动参数在 peak state 的反演精度误差指标明显低于 VV 极化，这证明了新极化基的引入可以大幅提高风和浪参数的反演性能。我们将实验迭代过程中三种误差指标的统计属性列为图 6.21。如图 6.21 所示，相对于 VV 极化，反演模型在 peak state 下的误差指标整体上有 10%~20% 的降低。

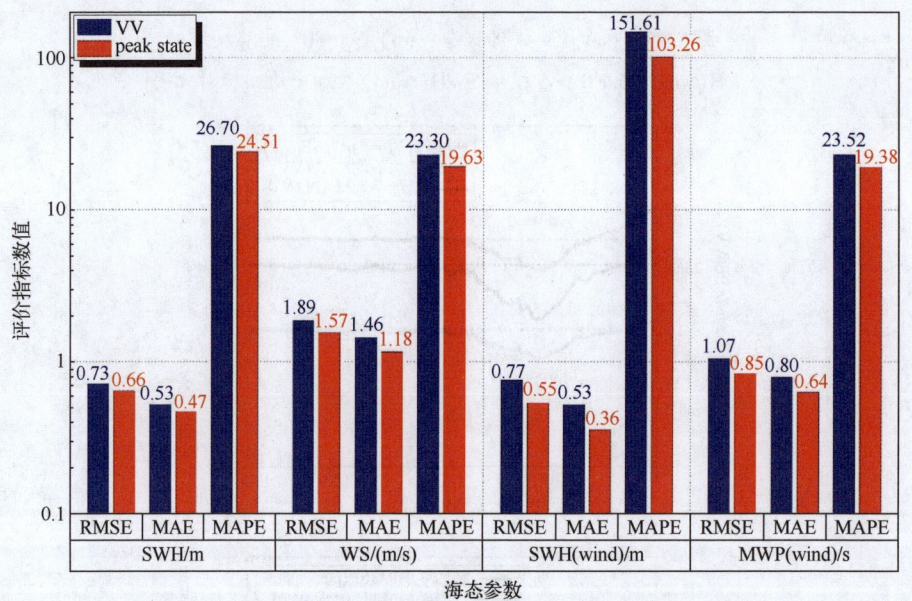

图 6.21 风场和浪场参数反演模型迭代指标统计特征汇总

6.5 小　　结

近年来，随着 SAR 遥感技术在海洋领域的应用推广，极化 SAR 充分证明了其在海洋动力要素观测中的强大能力[26-27]。截断波长在 WAVEWATCH III (WW3) 海浪谱估计的方位角截止值与 SAR 波模式产品之间的比较也显示出良好的一致性，有助于解释其物理起源，是反演海浪的重要参数。

在本章中，为了证明化状态对海浪信息观测的影响，我们首先采取极化基变换的方式求得 GF-3 SAR 波模式数据在不同极化基状态下的截断波长，然后分析了不同极化基下截断波长与 ERA-5 提供的风和浪参数的相关性，最后按照相关性分析结果比较了不同极化基下 SAR 截断波长反演风和浪参数的能力。

实验结果如下所述：在极化 SAR 常用的特殊极化基（H-V 极化/圆极化/45°线极化）中，VV 极化的截断波长与风和浪参数表现出了高度的相关性，混合浪参数与风驱动参数（SWH、WS、SWH(wind)、MWP(wind)）的 COR 可以达到 0.77 之上，普遍高于其他特殊极化基；当相关性分析的场景推广到一般椭圆极化时，出现了很多 COR 远远高于 VV 极化的椭圆极化基状态（如 $S_{11}(-80°,-25°)$、$S_{22}(-80°,-30°)$、$S_{22}(80°,30°)$ 等），在这些极化基状态下，截断波长与上述混合浪以及风驱动参数的相关性可以超过 0.8，这些椭圆极化状态与 VV 极化的差异说明了极化基是影响极化 SAR 观测海浪信息的关键性因素。除此之外，椭圆极化的引入改善了风和浪参数反演模型的能力，相关性分析中 COR 最大的椭圆极化基状态反演风和浪参数的误差指标比 VV 极化整体降低了 10%~20%，同样，选择其他高 COR 的极化基状态同样可以提高风和浪参数反演的精度。

此研究为风和浪参数反演模型的优化给出了建设性的新思路，使反演模型的建立不再局限于原始数据的全极化方式（HH，HV/VH，VV），充分挖掘了极化 SAR 中丰富的极化信息在海浪观测研究中的潜力。

参 考 文 献

[1] Grieco G, Lin W, Migliaccio M, et al. Dependency of the Sentinel-1 azimuth wavelength cut-off on significant wave height and wind speed [J]. International Journal of Remote Sensing, 2016, 37 (21): 5086-5104.

[2] Stopa J E, Mouche A. Significant wave heights from Sentinel-1 SAR: validation and applications [J]. Journal of Geophysical Research: Oceans, 2017, 122 (3): 1827-1848.

[3] Hasselmann K, Raney R K, Plant W J, et al. Theory of synthetic aperture radar ocean imaging: A MARSEN view [J]. Journal of Geophysical Research: Oceans, 1985, 90 (3): 4659-4686.

[4] Jackson C R, Apel J R. Synthetic aperture radar marine user's manual [M]. Washington: U.S. Department of Commerce National Oceanic and Atmospheric Administration, 2004.

[5] Hasselmann K, Hasselmann S. On the nonlinear mapping of an ocean wave spectrum into a synthetic aperture radar image spectrum and its inversion [J]. Journal of Geophysical Research: Oceans, 1991, 96 (C6): 10713-10729.

[6] Hasselmann S, Brüning C, Hasselmann K, et al. An improved algorithm for the retrieval of ocean wave spectra from synthetic aperture radar image spectra [J]. Journal of Geophysical

Research: Oceans, 1996, 101 (C7): 16615-16629.

[7] Schulz-Stellenfleth J, Lehner S, Hoja D. A parametric scheme for the retrieval of two dimensional ocean wave spectra from synthetic aperture radar look cross spectra [J]. Journal of Geophysical Research: Oceans, 2005, 110 (C5): C05004.

[8] Engen G, Johnsen H. SAR-ocean wave inversion using image cross spectra [J]. IEEE Transactions on Geoscience and Remote Sensing, 1995, 33 (4): 1047-1056.

[9] Li X M, Lehner S, Bruns T. Ocean wave integral parameter measurements using Envisat ASAR wave mode data [J]. IEEE Transactions on Geoscience and Remote Sensing, 2011, 49 (1): 155-174.

[10] Jackson F C, Walton W T, Baker P L. Aircraft and satellite measurement of ocean wave directional spectra using scanning-beam microwave radars [J]. Journal of Geophysical Research: Oceans, 1985, 90 (C1): 987-1004.

[11] Kerbaol V, Chapron B, Vachon P W. Analysis of ERS-1/2 synthetic aperture radar wave mode imagettes [J]. Journal of Geophysical Research: Oceans, 1998, 103 (C4): 7833-7846.

[12] Ren L, Yang J S, Zheng G, et al. Significant wave height estimation using azimuth cutoff of C-band RADARSAT-2 single-polarization SAR images [J]. Acta Oceanologica Sinica, 2015, 34 (12): 93-101.

[13] Wang H, Zhu J H, Yang J S, et al. A semiempirical algorithm for SAR wave height retrieval and its validation using Envisat ASAR wave mode data [J]. Acta Oceanologica Sinica, 2012, 31 (3): 59-66.

[14] Lyzenga D R. Numerical simulation of synthetic aperture radar image spectra for ocean waves [J]. IEEE Transactions on Geoscience and Remote Sensing, 1986, GE-24 (6): 863-872.

[15] Beal R C, Tilley D G, Monaldo F M. Large-and small-scale spatial evolution of digitally processed ocean wave spectra from SEASAT synthetic aperture radar [J]. Journal of Geophysical Research: Oceans, 1983, 88 (C3): 1761-1778.

[16] Marghany M, Ibrahim Z, Van Genderen J. Azimuth cut-off model for significant wave height investigation along coastal water of Kuala Terengganu, Malaysia [J]. International Journal of Applied Earth Observation and Geoinformation, 2002, 4 (2): 147-160.

[17] Stopa J E, Ardhuin F, Chapron B, et al. Estimating wave orbital velocity through the azimuth cutoff from space-borne satellites [J]. Journal of Geophysical Research: Oceans, 2015, 120 (11): 7616-7634.

[18] Shao W Z, Zhang Z, Li X F, et al. Ocean wave parameters retrieval from Sentinel-1 SAR imagery [J]. Remote Sensing, 2016, 8 (9): 707.

[19] Wang H, Wang J, Yang J, et al. Empirical algorithm for significant wave height retrieval from wave mode data provided by the Chinese satellite Gaofen-3 [J]. Remote Sensing, 2018, 10 (3): 363.

[20] Lee J S, Pottier E. Polarimetric radar imaging: from basics to applications [M]. Boca Raton: CRC Press, 2017.

[21] Kwant M. Remote sensing of swell waves in the North Sea with Sentinel-1 synthetic aperture radar [D]. Delft: Delft Universitg of Technology, 2017.

[22] Monteban D, Johnsen H, Lubbad R. Spatiotemporal observations of wave dispersion within sea ice using Sentinel-1 SAR TOPS mode [J]. Journal of Geophysical Research: Oceans, 2019, 124 (12): 8522-8537.

[23] Mouche A A, Chapron B, Reul N, et al. Predicted Doppler shifts induced by ocean surface wave displacements using asymptotic electromagnetic wave scattering theories [J]. Waves in Random and Complex Media, 2008, 18 (1): 185-196.

[24] Li X M, Lehner S, Bruns T. Ocean wave integral parameter measurements using Envisat ASAR wave mode data [J]. IEEE Transactions on Geoscience and Remote Sensing, 2010, 49 (1): 155-174.

[25] James F. Monte Carlo theory and practice [J]. Reports on Progress in Physics, 1980, 43 (9): 1145-1203.

[26] Chen S W. Polarimetric coherence pattern: a visualization and characterization tool for PolSAR data investigation [J]. IEEE Transactions on Geoscience and Remote Sensing, 2017, 56 (1): 286-297.

[27] Chen S W. SAR image speckle filtering with context covariance matrix formulation and similarity test [J]. IEEE Transactions on Image Processing, 2020, 29: 6641-6654.